The New Technologies of Highway Pavements

도로포장의 신기술·신공법

이 경 하 저

도서출판 동화기술

머리말

도로포장은 이용자의 안전성 및 쾌적성과 가장 밀접한 관련된 부분이므로 건설 및 유지관리에 관련된 기술발전이 크게 요구되는 분야라고 할 수 있겠다. 우리나라의 도로포장 관련 기술은 60년대 말 경부고속도로 건설을 시작으로 비약적인 발전을 거듭하고 있다. 앞으로도 국가 산업발전과 지역간 인적, 물적 교류를 위한 기간시설로서 도로의 역할은 더욱 중차대해질 것이다.

우리나라의 도로는 경부고속도로를 필두로 국가 경제발전을 선도해 왔으며 현재 여객수송의 90%와 화물수송의 93%를 처리하는 국가 핵심 교통시설로서의 역할을 수행하고 있다. 앞으로도 7×9의 격자형 간선도로망 건설과 함께 도로건설 수요는 계속 요구되고 있다.

그러나 막대한 도로의 투자에도 불구하고 교통량 증가와 더불어 대형화·중량화 되어 가는 차량 특성과 이상 기후 등으로 포장파손이 날로 심각해지고 있어 유지관리 비용의 증가는 물론 교통사고 위험도 증대되고 있으므로 이에 대한 개선방안이 마련되어야 한다.

도로포장의 파손을 저감시키기 위한 노력은 지금까지 꾸준히 진행되어 왔으며, 아스팔트 포장을 살펴보면 고속도로 건설 초창기에는 제대로 된 설계법이 없어서 포장단면이 부족하여 피로균열이 조기에 발생하였다. 80년대 들어 본격적인 아스팔트 포장의 설계 및 시공이 이루어졌으나, 90년대에는 중차량 교통량의 증가와 이상 기후 현상으로 인하여 소성변형이 많이 발생되었다.

따라서 소성변형을 저감시키기 위한 연구개발이 꾸준히 진행되어 왔으며 그 결과, 아스팔트 포장의 신공법인 SMA 등 포장공법과 개질아스팔트가 많이 개발되어 2000년대에는 고속도로의 아스팔트 포장에서 소성변형이 획기적으로 감소되었다. 그렇지만 소성변형은 많이 감소된 반면, 집중호우에 의한 포트홀 등의 파손이 증가되고 있어서 포트홀을 저감시키기 위한 노력이 진행 중이다.

콘크리트 포장은 80년대 중반에 건설된 88고속도로와 중부고속도로의 오랜 공용으로 인하여 콘크리트 포장이 노후화되어 파손이 진행되고 있어 노후 콘크리트 포장을 개량하기 위한 전략적인 연구가 필요한 실정이다. 그리고 알칼리-골재 반응에 의한 새로운 유형의 콘크리트 포장 파손이 일부 구간에서 발생되고 있어서 알칼리-골재 반응에 의한 파손을 저감시키기 위한 방안이 추진되고 있다.

앞으로 포장에 대한 기술 개발, 신공법의 연구 및 도입, 신소재의 개발 등 다양한 분야에서 자체적인 기술개발이 이루어지고 현장에서 응용됨으로서 저비용 고효율을 창출하며, 보다 튼튼한 도로를 만드는 기틀을 마련하여야 한다.

최근에는 도로포장의 신기술 신공법을 도입하기 위한 연구가 많이 진행되어 왔으며 우리나라에서는 아시아 최초의 시험도로 건설과 포장가속 시험시설을 건설하는 등 도로포장 분야에서 선도적인 역할을 담당하고 있다고 할 수 있다.

이와 같이 다양하게 신기술, 신공법을 도입하려는 노력이 많이 추진되어 왔으나 이를 체계적으로 정리하고 소개하는 책자가 없어서 늘 아쉬워하던 차에 저자가 그동안 연구실에서 연구와 강의 경험을 바탕으로 본 원고를 완성하게 되었다.

본 책자를 완성함에 있어서 많이 부족한 부분도 있을 것으로 생각되며 추가적으로 보완이 필요한 부분은 지속적으로 보완해 나갈 계획이니 독자 여러분의 많은 조언을 부탁드린다. 아울러 본 책자를 완성하기까지 많은 격려를 해주신 한국도로공사의 김성환 본부장님과 도로교통연구원 박상일 원장님과 이광호 실장님 그리고 도움을 주신 모든 분들께 감사드린다.

도로교통연구원에서

저자 이 경 하

목 차

Part 1 포장설계 및 재료시험

Chapter 1 한국형 포장 설계법 • 15

Chapter 2 아스팔트의 공용성 등급 • 31

Chapter 3 시험도로 • 50

Chapter 3 CRM 포장 • 113

Chapter 4 반강성 포장 • 130

Chapter 5 골재노출 콘크리트 포장 • 135

Chapter 6 포스트텐션 콘크리트 포장 • 139

Part 3 친환경 포장

Chapter 1 배수성 포장 • 149

Part 5 포장의 유지관리

Part 7 포장의 재활용

PART 1

포장설계 및 재료시험

1. 한국형 포장 설계법
2. 아스팔트의 공용성 등급
3. SMA 포장
4. 개질 아스팔트
5. CRM 포장
6. 반강성 포장
7. 골재노출 콘크리트 포장

제1장 한국형 포장 설계법

1.1 개 요

국내에서는 도로포장 단면 설계 시 외국의 설계법을 도입하여 사용하여 왔으나, 외국의 포장 설계법은 국내의 교통 및 환경특성을 반영할 수 없고 새로이 개발되는 재료 및 공법에 대한 검토가 불가능하다. 그러므로 〈그림 1.1〉과 같이 국내의 기후환경 및 재료여건에 적합한 포장설계법의 개발이 필요하게 되었다.

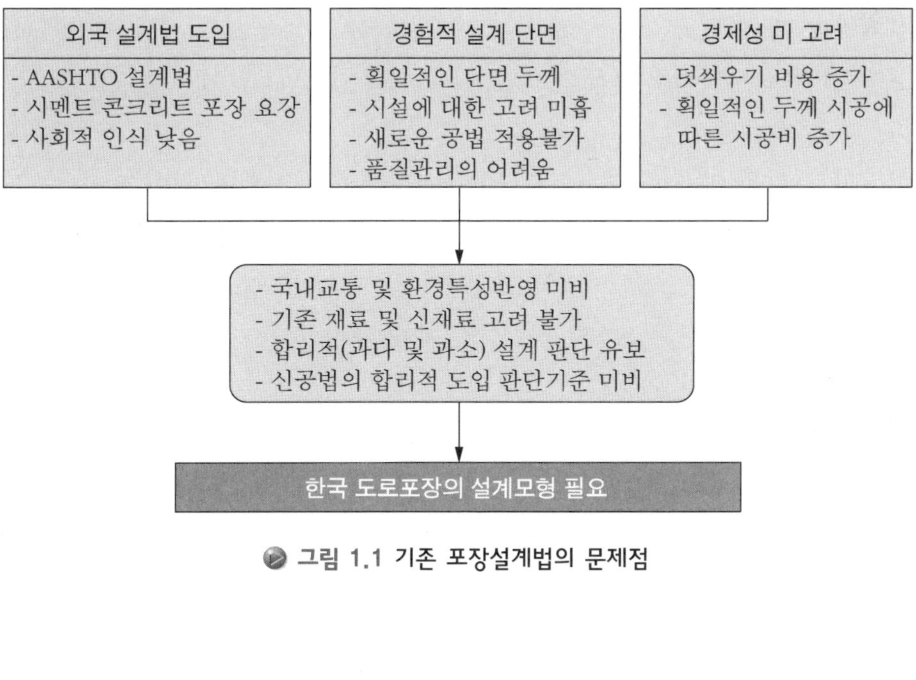

그림 1.1 기존 포장설계법의 문제점

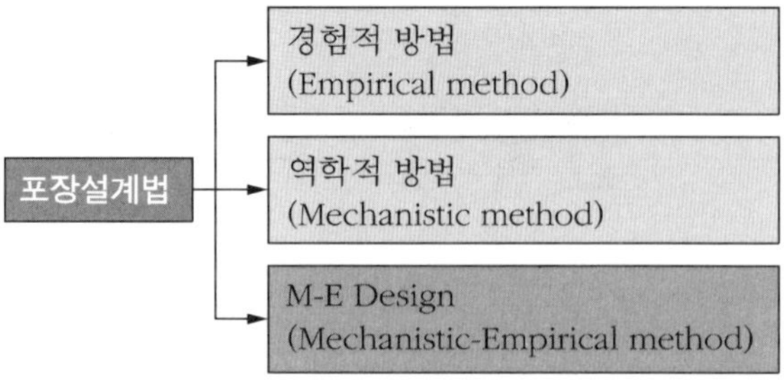

그림 1.2 포장 설계법의 개념

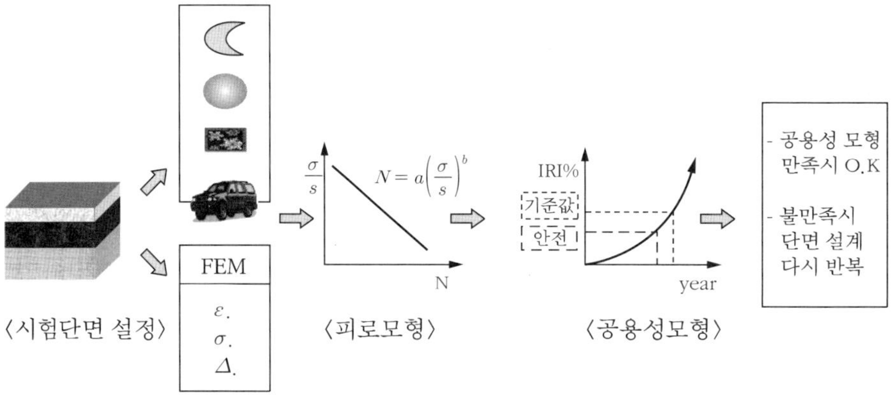

그림 1.3 역학적-경험적 포장설계의 개념

설계법의 개념에는 〈그림 1.2〉와 같이 세 가지의 개념으로 나눌 수 있고, 한국형 포장 설계법은 역학-경험적 방법을 적용하고 있으며 그 개념은 〈그림 1.3〉과 같다. 본 설계법은 〈그림 1.4〉과 같이 포장해석 모형을 바탕으로 거동을 추정하고 현장의 경험을 접목한 파손예측 모형을 개발하는 것으로 되어 있다.

한국형 포장 설계법은 〈그림 1.5〉와 같이 설계 대상지역에 적합하리라 판단되는 시험단면을 가정하고 그 지역의 교통량, 기후조건, 토질조건, 포장층의 조합, 재료 물성 등을 입력한다. 그리고 공용성 인자에 대한 허용기준 선정과 설계수준을 결정한다.

설계 기준차량이 재하되었을 때 포장의 구조적 거동(한계응력과 변형률)을 계산하고 이를 실내시험 및 현장 공용성 결과를 바탕으로 파손진행 모형에 적용하여 포장의 파손을 예측한다. 연도별 누적 손상을 반복 계산하여 주어진 포장 단면의 시간별 파손 진행을 추정하여 설정된 설계 기준에 만족하는가를 판단한다. 만약 기준을 만족시키지 못할 경우, 두께나 재료 혹은 구조를 변경한 후 공용성 기준을 만족할 때까지 반복 계산한다. 그리고 목표한 공용성 기준을 만족시키는 다양한 설계 단면들 중에서 생애주기 비용 분석을 수행하여 최적의 대안을 찾게 된다.

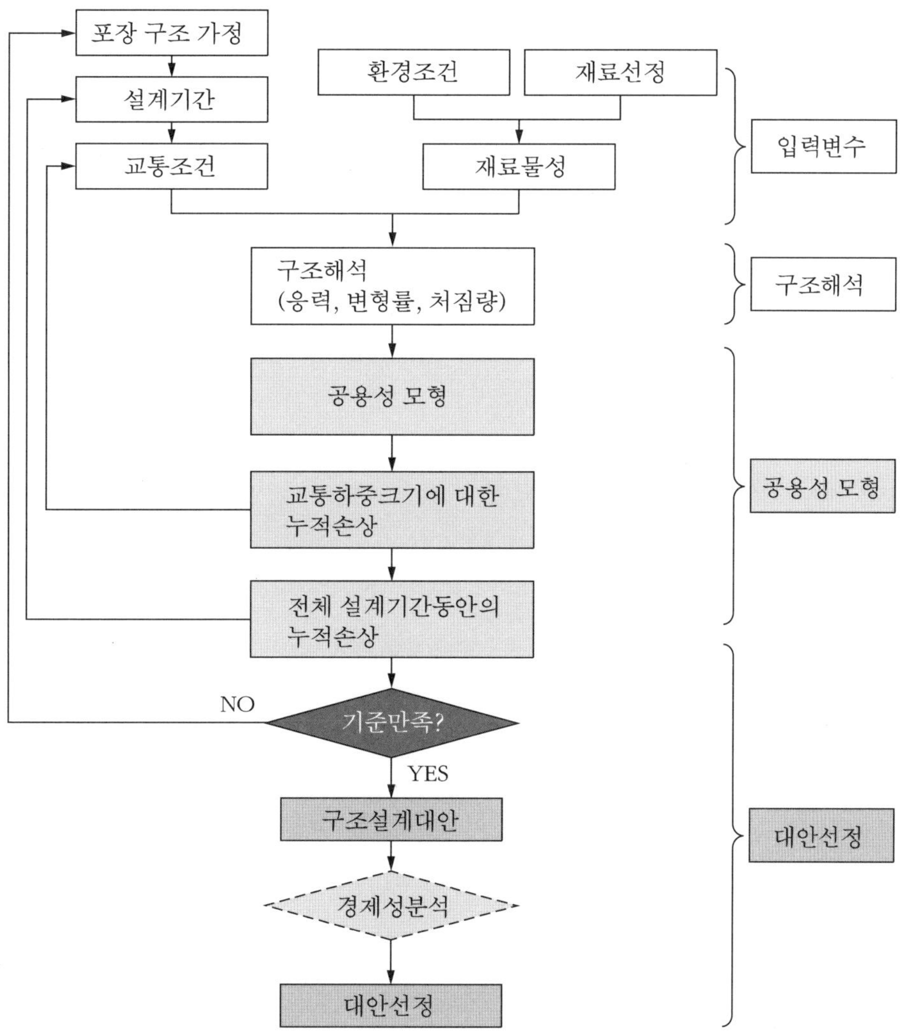

그림 1.4 한국형 포장 설계법 기본 아키텍쳐

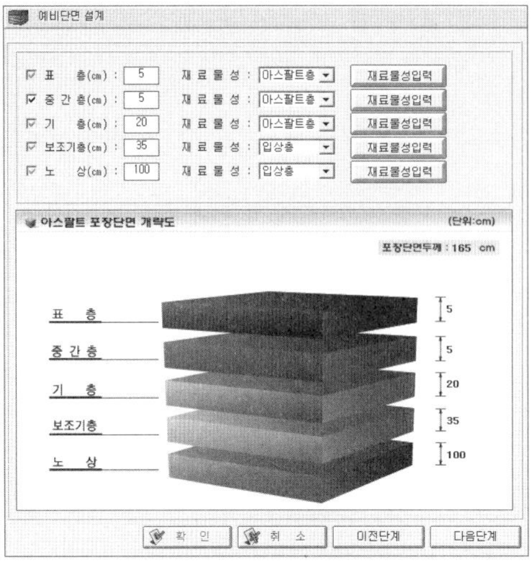

그림 1.5 포장단면 가정

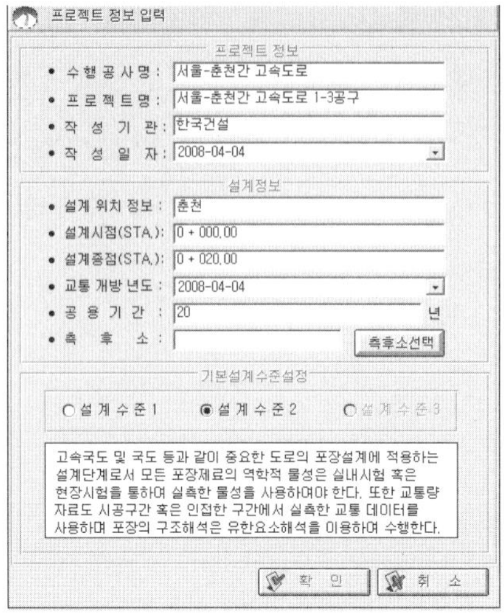

그림 1.6 설계수준 입력 창

한국형 포장 설계법의 또 다른 특징은 도로의 기능 및 특성을 고려하여 세 단계 수준으로 구분하여 설계를 진행한다는 점이다. 수준 1은 고속국도 및 국도 등과 같이 중요한 도로의 포장설계에 적용하는 단계이다. 모든 포장 재료의 역학적 물성은 실내시험을 통하여 실측한 것을 사용하고, 교통량 자료도 실측한 자료를 이용하며 포장의 구조해석은 유한요소 해석 등을 적용한다. 수준 2는 수준 1의 도로에 비해 상대적으로 교통량이 적고 중요도가 낮은 간선도로와 지방도의 포장설계에 해당한다. 포장 재료의 입력물성과 교통자료 등은 예측모형을 통해 추정하며, 포장의 구조해석은 개략식을 이용한다. 수준 3은 교통량이 미미한 국지도로, 군도, 단지내 도로 등의 포장설계로 교통량과 기후조건 및 포장재료 등에 따라 표준 단면을 사용한다.

표 1.1 한국형 포장설계법의 설계 수준

설계 수준	내 용
설계 수준 1	- 자료의 정확성, 상세성, 현장성 요구 - 해석의 정밀성 요구
설계 수준 2	- 자료와 해석의 개략식, 간단 시험법 사용
설계 수준 3	- 대표 단면 제공

1.2 입력 변수

한국형 포장 설계법 분야에서 진행되는 입력 변수 관련 항목은 교통하중 및 환경하중, 재료물성, 하부구조로 크게 나눌 수 있다.

1.2.1 교통하중

교통하중은 포장설계에 가장 민감한 입력변수로서 포장파손의 주요 원인이 된다. 따라서 교통량 정량화는 포장 설계법 완성을 위한 기초가 된다. 기존의 설계법에서는 등가단축하중계수(ESAL)를 이용하여 교통하중을 정량화하였다.

이 개념은 AASHO(American Association of State Highway Official) 도로 실험에서 만들어진 경험적인 방법이라는 한계를 갖고 있다. 국한된 재료와 환경조건에서 이루어진 시험의 결과를 다른 환경과 조건의 포장체에 적용하기 때문에 합리적이지 못한 결과를 유발할 수 있다.

본 설계법에서는 과거의 등가단축 하중의 개념을 사용하지 않고 <그림 1.7>과 <그림 1.8>과 같이 차종을 구분하여 차종별로 교통량을 산출하고 차종에 따른 축하중의 크기를 고려하도록 되어 있다.

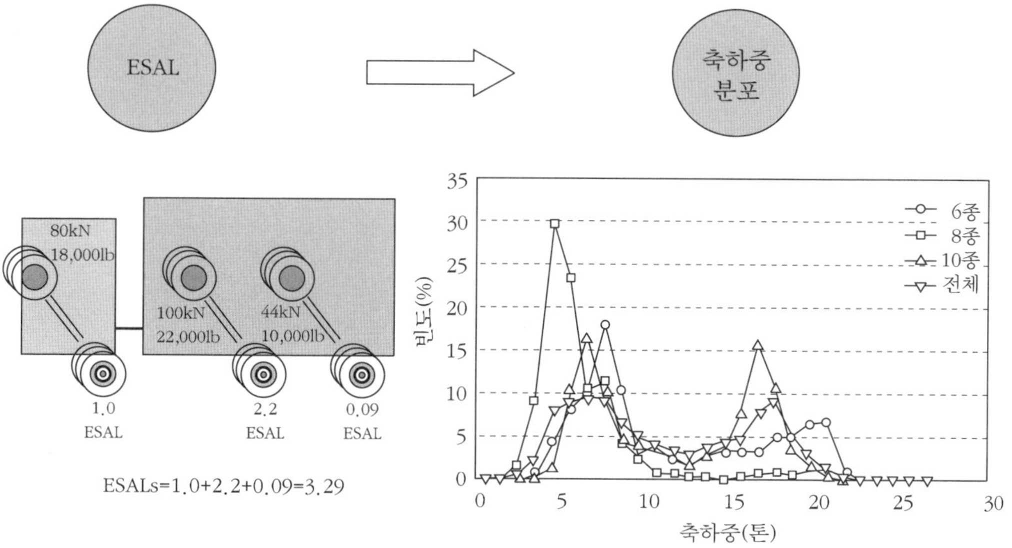

그림 1.7 축하중 개념의 변경

도심부와 지방부의 구분/도로등급 및 차종에 따른 하중분포 제시

차종의 구분 (11종)	
교통량 산출	- 설계년수를 고려하여 대상지역의 월별 ADT를 산출 - 방향계수, 차선계수, 차량증가율 등을 고려하여 설계기간 동안의 총 통과 차량수를 산출
차량에 따른 비율계산	- 차종에 따른 축하중의 정량화/그룹화 ex)  이 트럭의 앞바퀴, 중간, 뒷바퀴 축하중을 분류하고 이 차량이 통과 시 어떤 축하중이 몇 번 재하되었다라고 정량화 - 각각의 통과차량비율을 산정하고, 그에 따른 축하중을 계산하고 구분한다.

그림 1.8 차종별 축하중 크기와 비율 결정

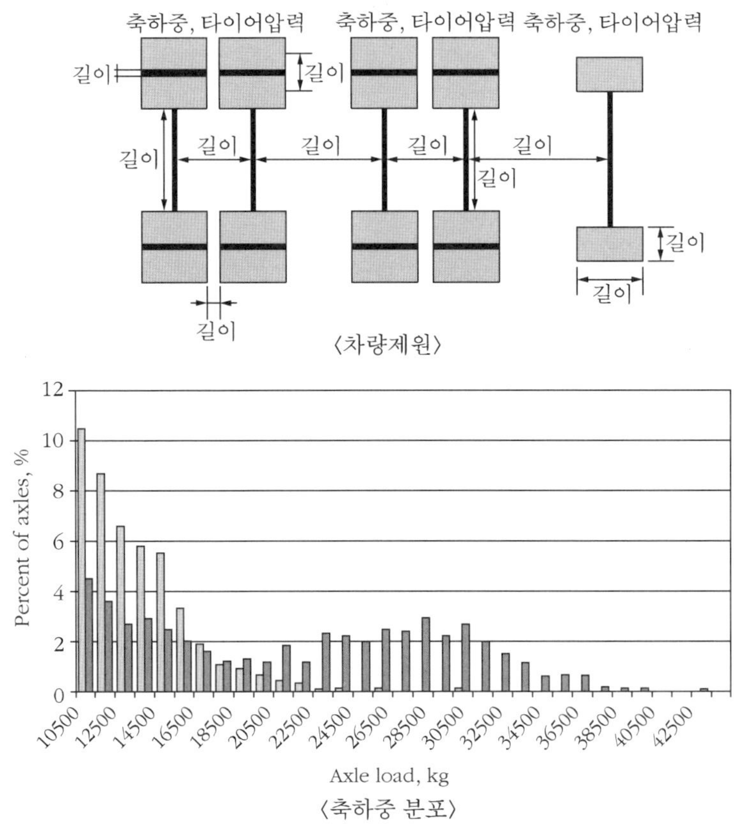

그림 1.9 차종별 축하중 분포

차종별로 〈그림 1.9〉와 같은 축하중 분포 특성이 산출되면 교통량에 따라 축하중 특성이 결정된다.

축 형태를 기준으로 포장의 손상을 일률적으로 계산하는 것은 축하중의 재하 순서, 빈도, 재하 시점 등에 따라 손상이 달리 진행되는 다양성을 간과하게 된다. 이러한 한계점을 해결하기 위해 본 설계법에서는 차량의 축하중을 조사하고 이에 근거한 누적 손상 개념을 적용하여 공용성을 평가한다.

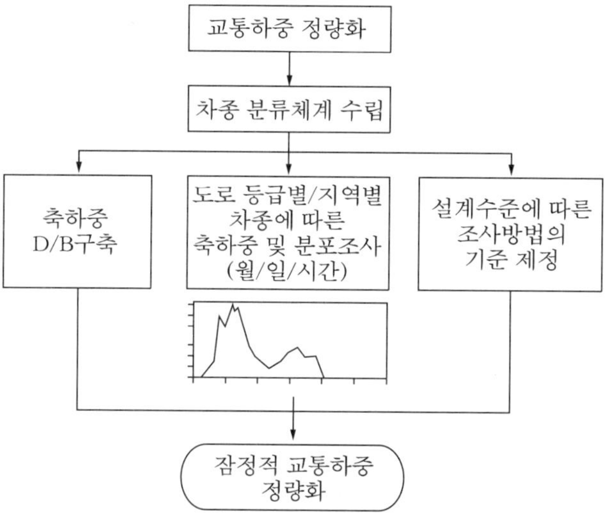

그림 1.10 교통하중 정량화 흐름도

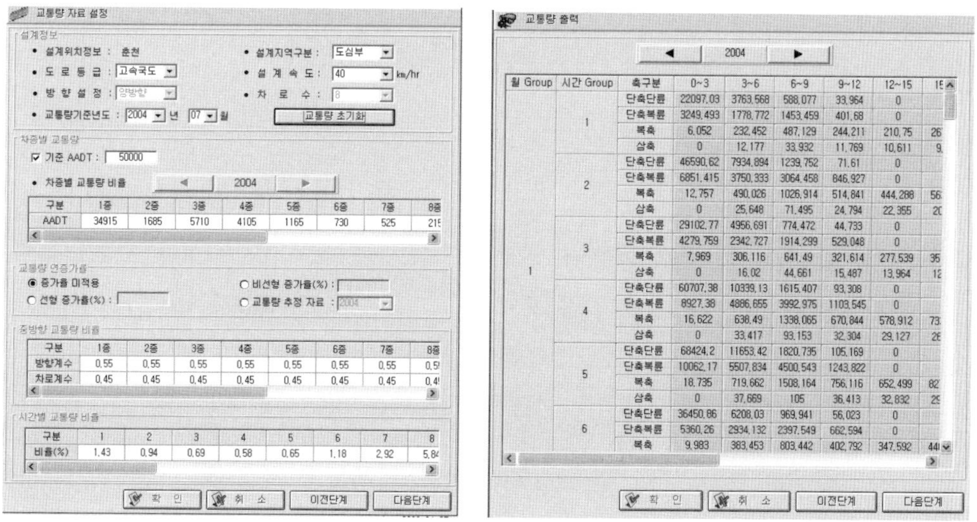

그림 1.11 교통량 자료 입력 창

1.2.2 환경하중

환경하중은 포장체의 온도 및 습도 변화를 의미하는 것으로 강도 저하, 노상 지지력 감소 등과 같은 포장체 물성 변화의 원인이 된다. 물성이 변화된 포장체에 교통하중이 재하되면 응력과 변형이 크게 발생되어 포장 파손을 촉진시킨다. 즉, 환경하중은 직접적으로 포장 파손을 유발시키지는 않지만 포장 파손의 간접적인 원인이 된다.

본 설계 프로그램에서는 설계지역을 입력하면 설계지역에 해당하는 기후자료가 자동적으로 계산되어 〈그림 1.12〉와 같이 월별 온도가 나타난다. 기후자료는 〈그림 1.13〉과 같이 전국 68개 측후소의 10년간 자료를 토대로 최고 및 최저 온도와 강수량 등의 데이타 베이스를 구축하였다. 이와 같은 데이타 베이스를 근거로 아스팔트 포장의 깊이별 시간별 온도분포와 함수량 변화를 파악할 수 있다.

〈그림 1.14〉는 주간과 야간의 온도차로 인하여 콘크리트 포장에서 슬래브의 컬링이 발생되는 것을 보여 주는 것으로써 온도는 포장체의 내구성에 영향을 미치는 중요한 하중인자이다.

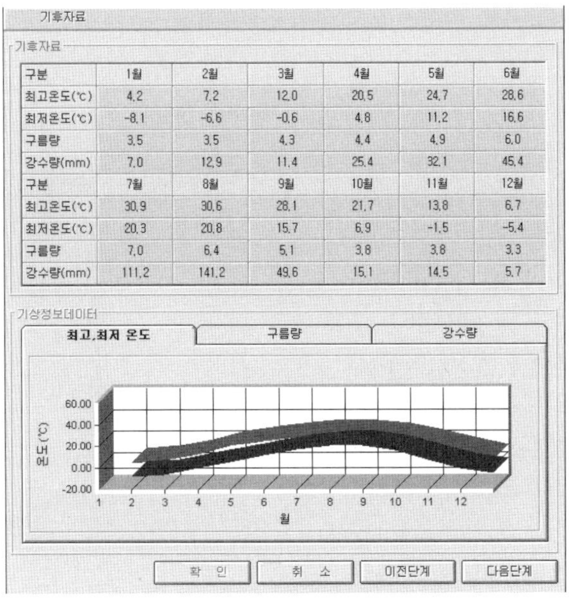

구분	1월	2월	3월	4월	5월	6월
최고온도(℃)	4.2	7.2	12.0	20.5	24.7	28.6
최저온도(℃)	-8.1	-6.6	-0.6	4.8	11.2	16.6
구름량	3.5	3.5	4.3	4.4	4.9	6.0
강수량(mm)	7.0	12.9	11.4	25.4	32.1	45.4
구분	7월	8월	9월	10월	11월	12월
최고온도(℃)	30.9	30.6	28.1	21.7	13.8	6.7
최저온도(℃)	20.3	20.8	15.7	6.9	-1.5	-5.4
구름량	7.0	6.4	5.1	3.8	3.8	3.3
강수량(mm)	111.2	141.2	49.6	15.1	14.5	5.7

그림 1.12 기후자료 출력 창

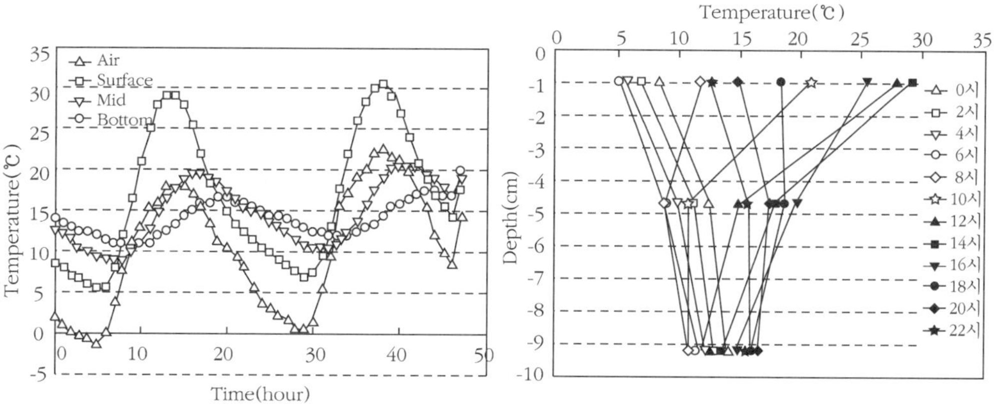

(a) 시간대별 온도변화 (b) 깊이별 온도변화

그림 1.13 포장체의 온도변화

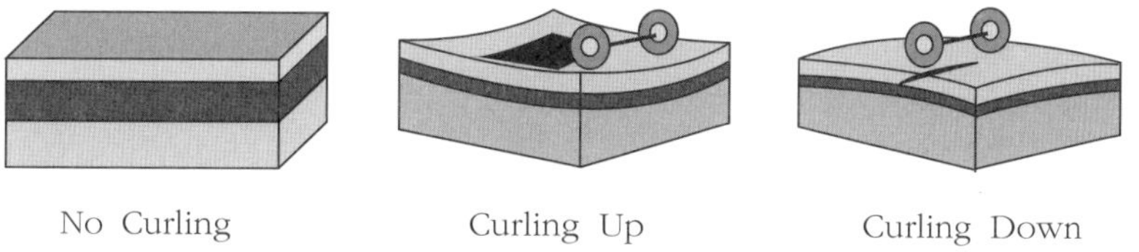

그림 1.14 포장체 온도변화에 따른 컬링

1.2.3 재료물성

재료물성은 도로포장에 적용되고 있는 포장재료의 기초적인 물성을 측정하여 구조해석의 입력변수로 제시한다. 재료물성 정량화는 〈그림 1.15〉와 같은 절차로 국내

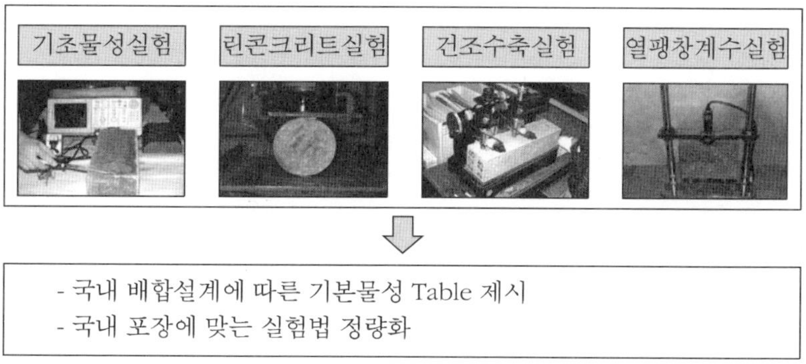

그림 1.15 재료물성 정량화

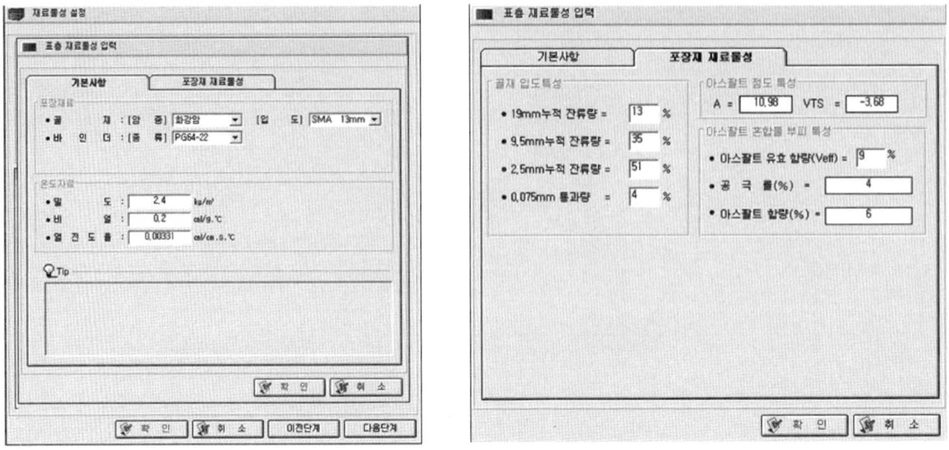

그림 1.16 재료물성 입력 창

에서 생산되는 포장의 재료를 이용하여 단위중량, 강도 등의 기초 물성과 역학시험을 통하여 재료의 물성 모형을 개발하고, 국내 재료의 물성을 정의한다.

1.2.4 하부구조

역학적 개념을 반영한 포장설계법의 하부구조 입력물성치는, 회복탄성계수가 여러 가지 실무적인 문제점을 내포하고 있지만, 변형특성 개념의 입력물성치로 평가되어야 한다. 즉, 과거의 CBR, N, K과 같은 경험적 특성치의 한계를 극복하기 위해서는 변형특성 개념의 설계입력 물성치를 정량화 하는 것이 매우 중요하다.

특히, 역학적 특성의 설계법 개발과 적용을 위해서는 하부구조 재료에 대한 특성 규명이 대단히 중요하고 필수적이다. 하부구조 재료의 변형특성은 매우 다양한 요소에 영향을 받는 것으로 밝혀지고 있어서, 국내 재료의 역학적 특성이 고려된 설계 입력변수 결정이 필요하다. 그리고 변형계수 개념에 근거한 시공관리, 재료의 품질 기준 정립을 위해서도 비선형 탄성계수를 중심으로 한 역학적 특성치의 규명은 대단히 중요하다.

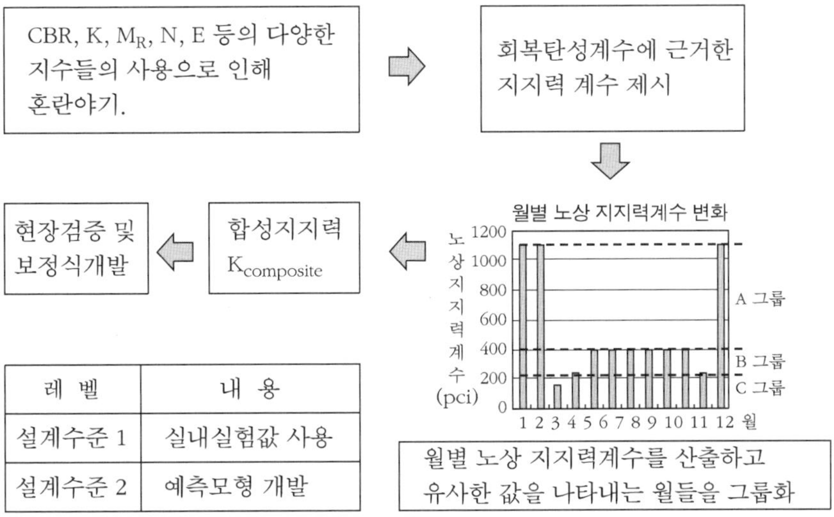

그림 1.17 포장하부구조 입력변수의 개념

1.3 구조해석 모형

구조해석은 포장 거동의 역학적 해석 기능을 담당하며 물성 정량화 부분과 피로 파손 모형을 연계하는 역할을 한다. 구조해석 모형을 이용하는 절차는 〈그림 1.18〉

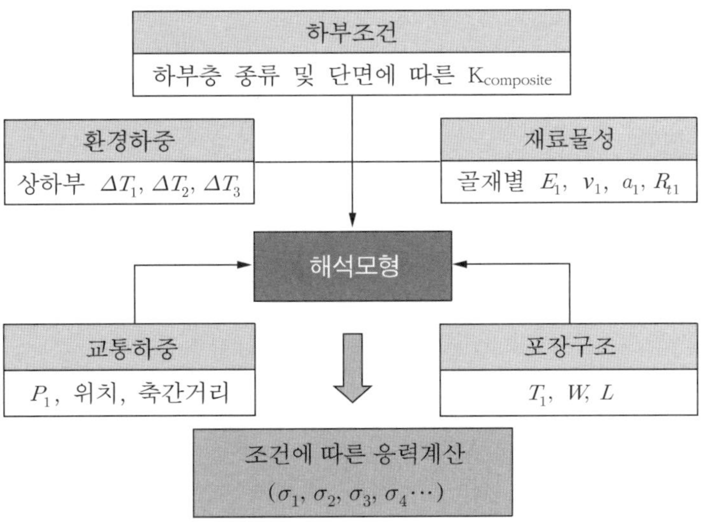

그림 1.18 구조해석 모형 흐름도

과 같으며 콘크리트 포장에서는 Plate on the Spring 모형을, 아스팔트 포장에서는 Elastic-Multilayer 모형을 이용하여 구조해석을 실시하였으며, 사용자들이 편리하게 이용할 수 있는 GUI(Graphic User Interface)를 구축하였다. 〈그림 1.19〉는 콘크리트 포장의 구조해석 프로그램(HEART-JCP)에 대한 프로그램 구조를 개략적으로 나타내었다.

물성 정보창은 콘크리트 슬래브, 노상, 다웰바, 타이바의 형상 및 각각의 물성을 입력하는 창으로서, 관련 입력 변수는 탄성계수, 포아송비, 열팽창계수, 노상 지지력계수가 있다. 하중 입력창은 집중하중, 등분포하중, 컬링을 모사하기 위해 슬래브 상하부 온도차를 입력할 수 있도록 되어있다. 이상의 변수 값들을 입력하고 해석버튼을 누르면 일정 시간의 계산 과정을 거쳐 횡·종방향 인장응력, 처짐량 등을 〈그림 1.19〉의 우측과 같이 보여 준다.

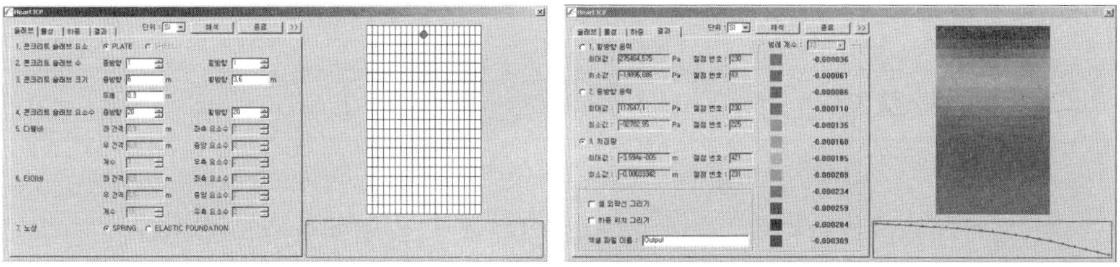

그림 1.19 HEART-JCP 프로그램 화면 및 해석 결과

1.4 공용성 모형

기존의 PSI 개념을 근거로 한 기능적 공용성 대신에 〈그림 1.20〉과 같이 공용성 해석 모형을 사용하며, 구조적인 공용성에는 피로파손 모형, 스폴링, 소성변형 모형이 있고, 기능적인 공용성에는 평탄성이 있다.

차량의 반복하중으로 표층의 하부에 피로 균열이 발생하므로 인하여 포장의 공용성이 저하된다. 이와 같이 저하되는 포장의 공용성을 예측하기 위하여 포장의 파손예측 모델을 개발하여야 한다. 파손예측 모델을 개발하기 위해서는 각 포장 재료의 피로시험을 수행하고 그 결과를 바탕으로 설계 프로그램에서 사용할 수 있는 국내 피로모형을 개발한다. 피로파손 모형 개발의 흐름도는 〈그림 1.21〉과 같다.

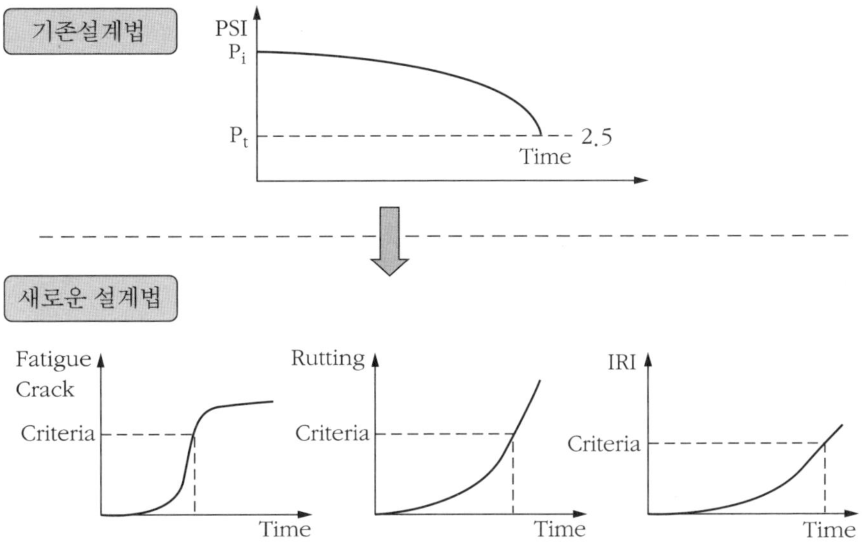

그림 1.20 기존 설계법과 새로운 설계법의 공용성 기준 변화

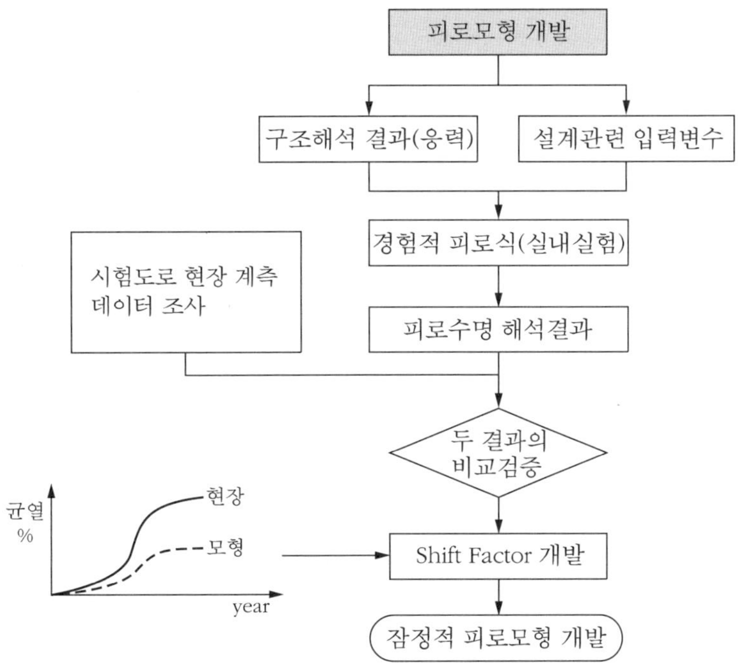

그림 1.21 피로파손 모형 개발 흐름도

파손 모형에서는 〈그림 1.22〉~〈그림 1.24〉와 같은 누적 손상 개념을 이용하여 반복 계산과정을 거치게 된다. 그림에서 보는 바와 같이 포장체의 손상을 설정된 시간별로 계산하고 이를 누적하여 하루 동안 발생된 손상을 계산한다. 또한, 매일 발생되는 손상을 누적 계산하여 1개월 동안 발생된 손상을 계산하게 되고 이를 누적 계산하여 전체 손상이 최대한도에 도달할 때까지 매월 발생되는 손상을 누적 계산한 기간이 포장 수명이 된다.

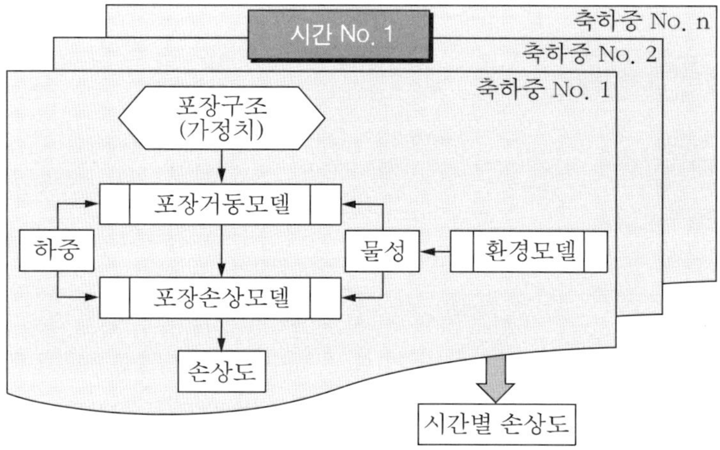

그림 1.22 시간별 손상 계산

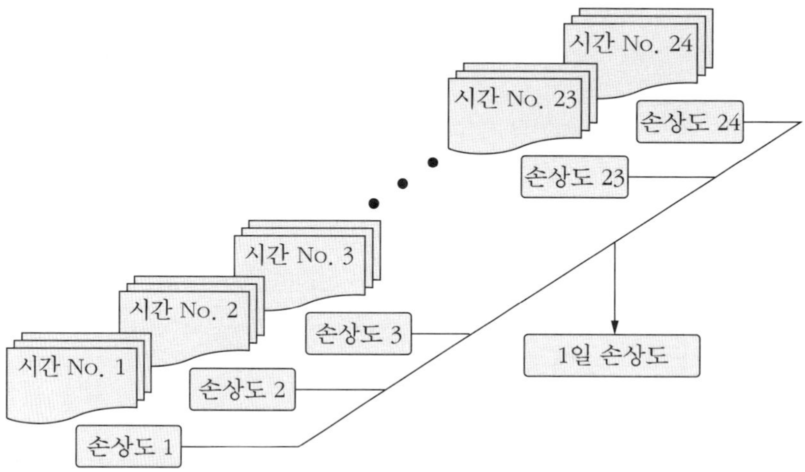

그림 1.23 1일 손상 계산

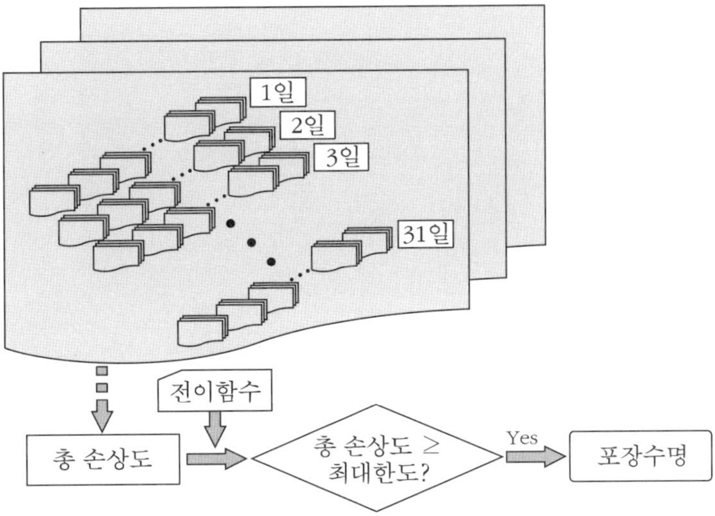

그림 1.24 누적 손상 계산

소성변형은 교통하중과 온도하중에 의해 발생되는 아스팔트의 구조적인 파손형태로 국내의 중차량 및 교통량 증가에 따라 중요한 파손인자로 고려되고 있다. 설계법에서는 골재의 입도 및 바인더 종류, 온도 등의 영향 인자를 고려하여 다양한 실내 실험(크리프 변형, 회복탄성계수, 점도 등)을 수행하고, 그 결과를 분석함으로써 소성변형 모델을 개발한다. 그리고 포장가속 시험기를 활용하여 포장파손 촉진시험을 실시하고, 시험도로에서의 실제 환경과 교통조건에서 실물시험을 실시하여 모델을 검증한다. 그 결과를 바탕으로 소성변형 모형을 개발하고, LTPP 구간의 데이터를 수집하여 모형의 결과와 현장과의 차이를 보정하는 작업을 수행한다.

그림 1.25 포장가속 시험시설

그림 1.26 시험도로

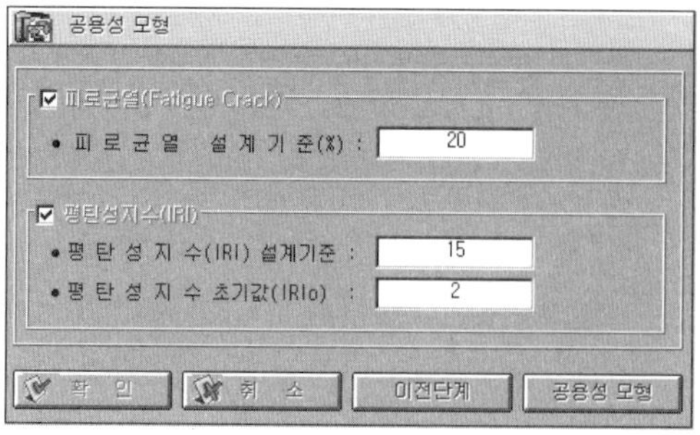

그림 1.27 파손기준 입력 창

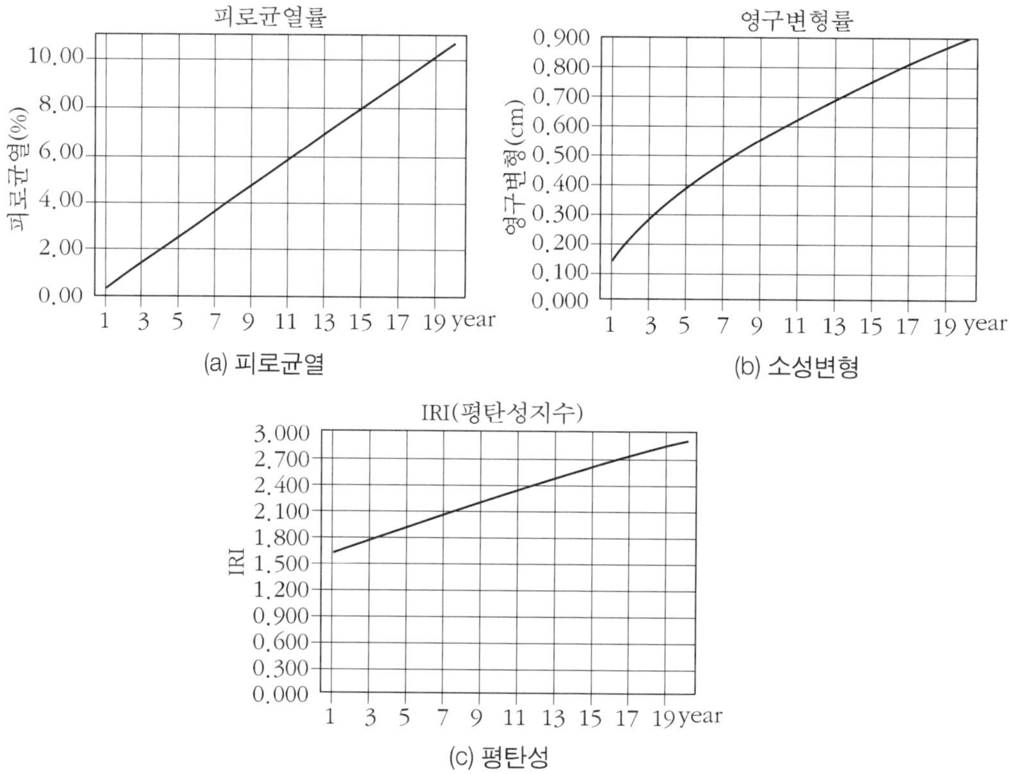

그림 1.28 공용성 해석 결과

공용성 해석에서는 〈그림 1.27〉과 같이 공용성 인자의 파손기준 값을 입력하고 공용성 해석을 실시한다. 아스팔트 포장의 경우에는 〈그림 1.28〉과 같이 피로균열과 소성변형, 평탄성의 공용성 해석결과가 그래프로 나타난다. 〈그림 1.28〉의 공용성 해석 결과가 〈그림 1.27〉의 허용기준 범위 내에 있으면 설계단면은 적정한 것으로 판단한다.

제2장

아스팔트의 공용성 등급

2.1 개 요

SHRP(Strategy Highway Research Program)에서 제안하고 있는 공용성 등급(PG, Performance Grade)에 의한 아스팔트 구분체계는 최고와 최저 포장온도를 기초로 하여 아스팔트 등급을 결정하며, 이 시스템을 자동적으로 수행하는 Superpave 프로그램은 미국과 캐나다의 약 7,500개소의 기상관측자료를 입력자료로 하고 있다. 이 Superpave의 아스팔트 바인더 등급은 〈표 2.1〉과 같이 분류된다.

표 2.1 수퍼페이브 바인더 등급

High Temperature Grade(℃)	Low Temperature Grade(℃)
PG 46	-34, -40, -46
PG 52	-10, -16, -22, -28, -34, -40
PG 58	-16, -22, -28, -34, -40
PG 64	-10, -16, -22, -28, -34, -40
PG 70	-10, -16, -22, -28, -34, -40
PG 76	-10, -16, -22, -28, -34
PG 82	-10, -16, -22, -28, -34

표시형식의 의미는 예를 들어 PG 64-16은 예상되는 포장의 최고 온도가 64℃이고 최저가 -16℃임을 나타낸다. Superpave 프로그램은 과거 20년 이상의 기상자료중 연속되는 7일간의 온도가 최고인 기간을 결정하여 이 기간의 평균 최고 대기온도를 산출하고 이를 기준으로 다른 해의 온도 측정기록과 비교하여 평균값과 표준편차를 계산한다. 마찬가지로 각 해당 년도의 최저 온도를 조사하고 역시 평균과 표준편차를 구한다.

2.2 아스팔트 바인더 시험과 장비

수퍼페이브 아스팔트 바인더의 규정에 들어있는 실험항목에 대한 시험장비와 그 목적은 〈표 2.2〉에 나타낸 바와 같다.

표 2.2 PG 규격 아스팔트 실험항목

실험 항목	시 험 장 비	목 적
노화	RTFO(Rolling Thin Film Oven)	포설까지의 아스팔트 노화모사
	PAV(Pressure Aging Vessel)	포장후 10년간 노화모사
Handling Pumping	RV(Rotational Viscometer)	아스팔트 바인더의 흐름특성 측정
영구변형	DSR(Dynamic Shear Rheometer)	소성변형 저항성 모사
피로균열	DSR(Dynamic Shear Rheometer)	피로균열 저항성 모사
온도균열	BBR(Bending Beam Rheometer) DTT(Direct Tension Tester)	저온균열 저항성 모사

2.2.1 바인더 노화(산화) 과정

(1) Rolling Thin Film Oven(RTFO) (ASSHTO T 240)

아스팔트 바인더의 노화는 산화와 휘발의 두 가지 서로 다른 작용에 의해서 발생하는데, 아스팔트 플랜트에서 아스팔트 혼합물이 배합 제조 과정 시 높은 온도조건에서 공기와의 만남으로 산화와 휘발 작용에 의해 아스팔트의 노화가 발생하게 된다.

RTFO는 두 가지 목적으로 수행된다. 하나는 물리적인 물성을 추가로 시험할 수 있는 산화된 아스팔트를 인위적으로 제조하는 것이고, 다른 하나는 아스팔트가 잃어버리는 휘발성분의 질량을 결정하는 것이다.

RTFO를 이용한 산화 및 휘발촉진 시험에는 전열 대류오븐을 필요로 한다. 오븐은 시료병을 넣을 수 있고 시료병 각각에 대한 회전은 물론, 전 시료 자체가 회전하는 원형의 수직 용기를 갖고 있다. 공기 분사는 시료병이 용기에서 회전하는 동안 가장 낮은 위치에 있을 때 공기를 주입시킨다. RTFO 오븐은 사용 전에 최소 16시간 동안 163℃의 산화온도로 가열하여야 한다.

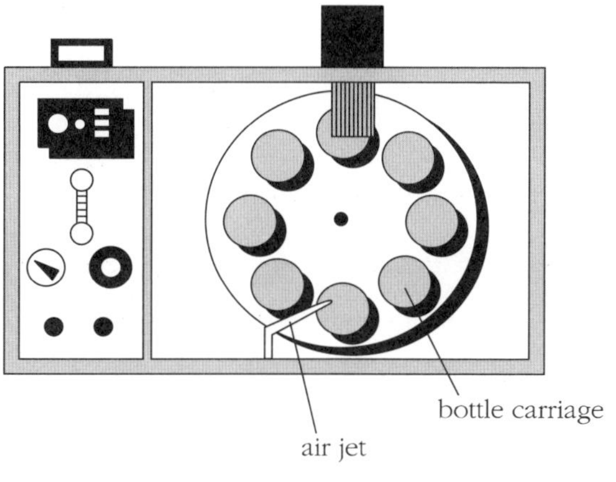

그림 2.1 Rolling Thin Film Oven

RTFO 노화시험을 위하여 바인더 시료는 150℃를 넘지 않게 하여 액체가 될 때까지 가열된다. RTFO병 각각에는 35g의 바인더가 들어간다. 8개의 시료병이 수퍼페이브 규정에 필요하다. 2개의 병은 질량손실량을 결정하는데 필요하고, 6개는 산화시료에 대한 다른 시험에 필요하다.

시료병은 용기에 놓인 다음 분당 15회전의 속도로 회전하게 된다. 공기 주입은 400ml/min의 속도로 분사되며 시료는 이 조건에서 85분 동안 놓여있게 된다. 노화 후에 2개의 질량손실 시료는 냉각하여 0.001g까지 무게를 잰 다음 버린다. 다른 병의 산화 아스팔트 잔여물은 한 용기에 모은 후 균일하게 저어 섞는다.

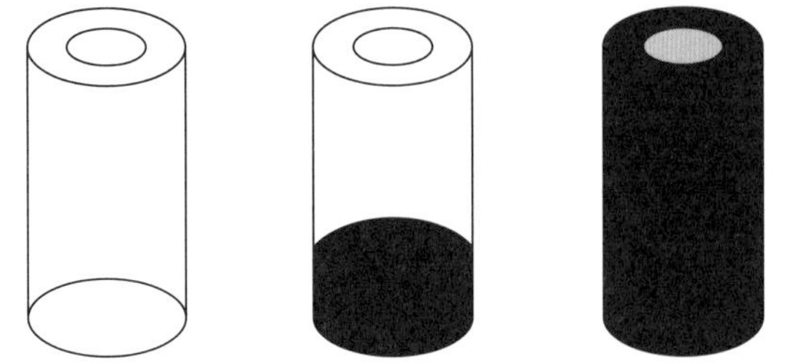

그림 2.2 RTFO 병

RTFO 노화 바인더는 DSR시험을 하거나 추가적인 노화를 위해 PAV시료로 사용된다. 질량손실은 RTFO 노화 후에 2개의 시료의 평균손실량으로 보고되며, 다음의 공식으로 계산된다.

$$\text{손실량}(\%) = (\text{원래질량} - \text{노화된 질량})/\text{원래질량} \times 100$$

(2) Pressure Aging Vessel(PAV) (AASHTO PP1)

오랫동안 아스팔트 연구에 사용된 바 있는 PAV는 SHRP에 의해 수정되고 새로운 시험 과정이 공용성면에서의 노화를 모사하기 위해 개발되었다. PAV는 장기간의 노화 효과를 모사하기 위해서 높은 압력과 온도에 바인더를 20시간 동안 노출시킨다. 압력 노화장치는 압력 노화용기와 강제송풍 오븐으로 구성된다. 공기압은 깨끗하고 건조한 공기가 실린더를 통하여 공급받는다. 압력용기는 2,070kPa의 압력과 90℃, 100℃ 혹은 110℃ 온도하에서 작동하도록 설계되었다.
용기는 적어도 10개 샘플 팬을 수용할 수 있어야 하고 용기안으로 잘 들어가는 시료 받침을 사용해야 한다. 오븐은 노화하는 동안 ±0.5℃ 범위에서 PAV의 내부온도를 조절할 수 있어야 한다.

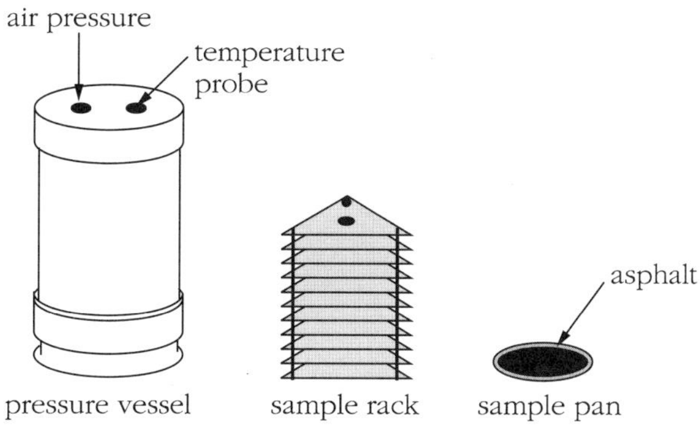

그림 2.3 PAV와 구성기기

PAV시험을 위해 RTFO에 의해 노화된 바인더는 액체 상태까지 가열하고 균일성을 위해 저어 준다. 각각 50g의 3개의 PAV시료 팬을 준비하여 시료 받침대에 놓는다. 압력을 받지 않는 PAV는 필요한 시험온도까지 미리 가열한다. 가열한 후에 시료가 담긴 받침대는 가열된 용기에 넣고, 열 손실을 막기 위해 빨리 닫는다.
노화과정은 설계 조건에 따라 특정 온도에서 실행하게 된다. 특정 시험 온도의 ±2℃ 범위에 들어올 때 압력이 작용하고 노화가 시작된다. 20시간 후에 압력은 점차 블리드 밸브를 통하여 8~10분 정도 방출된다. 만약 압력이 너무 빨리 방출되면 시료 내부에 거품이 생길 수 있다.
압력이 제거된 후 시료 받침대를 PAV에서 분리하고 시료 팬을 꺼내어 오븐에서 30분 동안 163℃로 유지한다. 이 과정은 시료로부터 공기를 제거하기 위한 것이다. 다음 시험을 위해서 PAV시료는 저장 용기에 옮긴다.

2.2.2 아스팔트 바인더 시험

(1) Dynamic Shear Rheometer(AASHTO TP5)

아스팔트 바인더의 거동은 시간 및 온도의 영향을 받으므로 시간 및 온도에 대한 영향을 동시에 측정하는 것이 이상적이다. Dynamic Shear Rheometer(DSR)를 사용함으로써 유동성 물질에 대한 이상적인 실험을 실시할 수 있는데, 아스팔트 바인더의 시험을 위하여 SHRP에서 그 시험절차를 개량하였다.
DSR은 복합전단계수(G*) 및 위상각(δ)을 측정함으로써 아스팔트 바인더의 점성 및 탄성거동 특성을 실험, 분석하는데 사용된다. 복합전단계수는 지속적으로 전단 작용을 받는 조건 하에서 재료가 소유한 변형에 대한 전단 저항력을 의미하는 것으로 탄성(회복) 및 점성(비회복)의 두 부분으로 구성되어 있다. 위상각은 탄성 및 점성변형의 상대변위를 나타낸다.

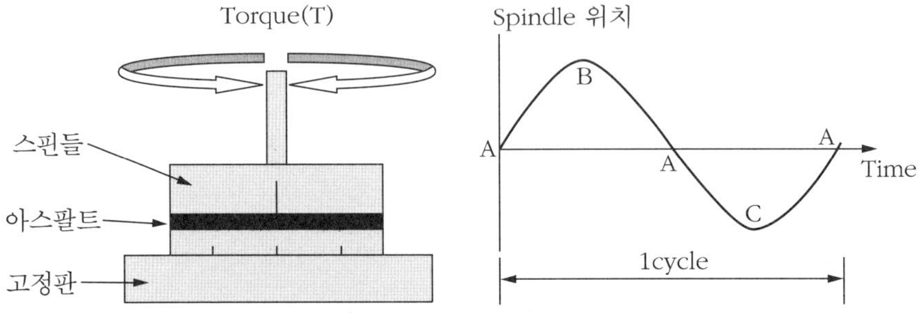

그림 2.4 동적전단 유동기의 작동원리

〈그림 2.5〉는 동적전단 유동기에 대한 기본도를 보여주는 것으로 기본조작은 매우 간단하다. 진동판 사이에 아스팔트 바인더를 넣고 진동판이 A에서 B로 B에서 A로 A에서 C로 C에서 A로 움직이면 1주기가 완료되는 것으로 아스팔트와 같은 점성물질은 비틀림이 가해졌을 때 진동판의 움직임이 아스팔트의 성질에 따라 일정하게 발생하지 않는다. 이러한 특성을 DSR을 사용하여 측정하고 아스팔트의 성질을 분석·평가하게 된다.

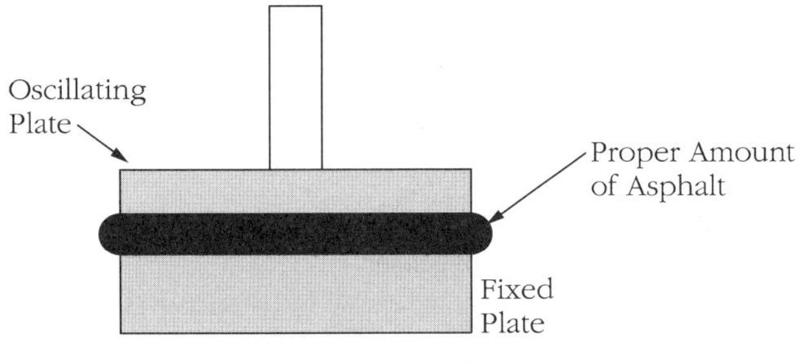

그림 2.5 DSR에서의 아스팔트 샘플거취

DSR 시험을 위해서는 회전(oscillating)판과 같은 직경의 디스크형의 아스팔트 시편이 필요하다. 고정판과 회전판 사이의 아스팔트 두께는 주의깊게 조절되어야 한다. 적절한 시료두께는 두 판 사이의 간격(gap)을 조정함으로써 얻을 수 있다. 플레이트 직경과 시험간격은 시험대상 아스팔트의 노화상태에 따라 다르게 사용된다.

복합전단계수 G*는 총전단응력($\tau_{max}-\tau_{min}$)과 총전단변형($\gamma_{max}-\gamma_{min}$)의 비이다. 적용된 응력과 결과인 변형 혹은 적용된 변형과 결과응력 사이의 지체시간은 위상각 δ와 관계가 있다. 완전 탄성체인 경우 하중 재하 또는 제거 시 즉각적인 반응을 일으키기 때문에 지체시간 혹은 위상각은 0이다.

점성체는 하중과 반응 사이에 상대적으로 큰 지체시간을 갖는다. 이 경우 각도는 90도에 접근한다. 아스팔트 바인더는 보통 포장온도에서 점탄성체이다. 바인더는 양 극단 사이에서 거동하는데 DSR은 〈그림 2.6〉과 〈그림 2.7〉에서 보는 바와 같은 반응을 보여준다.

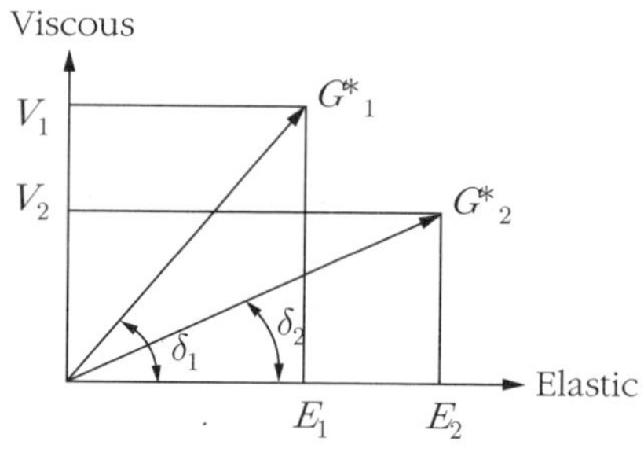

그림 2.6 δ의 물리적 의미

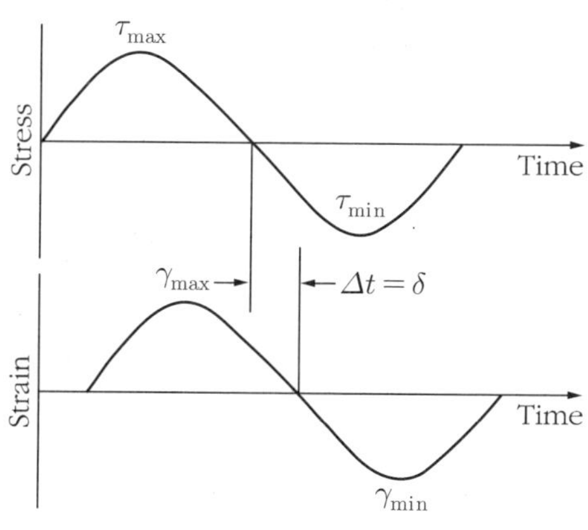

그림 2.7 DSR 시험에서 δ의 측정방법

$$G^* = \frac{\tau_{max} - \tau_{min}}{\gamma_{max} - \gamma_{min}}$$

여기서 $\tau = \dfrac{2T}{\pi r^3}$

T : 시료에 가해지는 최대 토크

γ : 아스팔트 시료의 반경

γ : $\dfrac{\theta d}{2h}$

d : 아스팔트 시료의 직경

h : 아스팔트 시료의 두께

비록 DSR이 해석에 대해 더 많은 정보를 제공할 수 있지만 오직 G*와 δ만이 수퍼페이브 규정조건에 필요하다. G*와 δ의 두가지 형태가 바인더 규정에 사용된다. 영구변형은 시험온도에서 G*/sinδ 값이 오리지날 바인더의 경우는 1.00kPa, RTFO 노화된 바인더의 경우는 2.20kPa 보다 큰 값으로 규정하고 있다. 피로균열은 시험온도에서 PAV로 노화 후 G*sinδ 값이 5,000kPa보다 작은 값으로 규정하고 있다.

(2) 회전 점도기 : Rotational Viscometer(ASTM D 4420)

회전 점도기는 아스팔트 바인더의 고온 워커빌리티를 측정 평가하는데 사용된다.

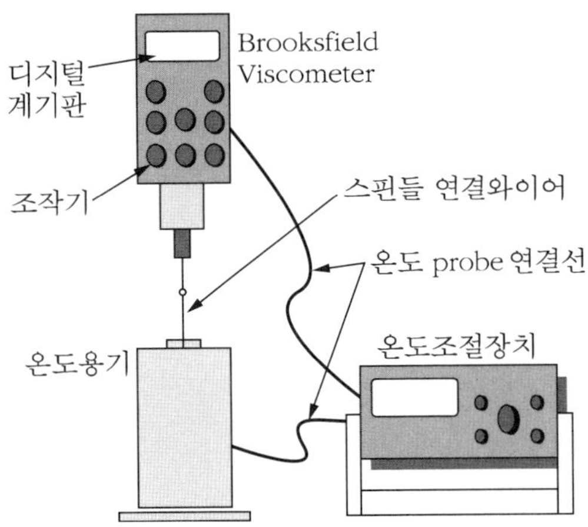

그림 2.8 회전 점도기

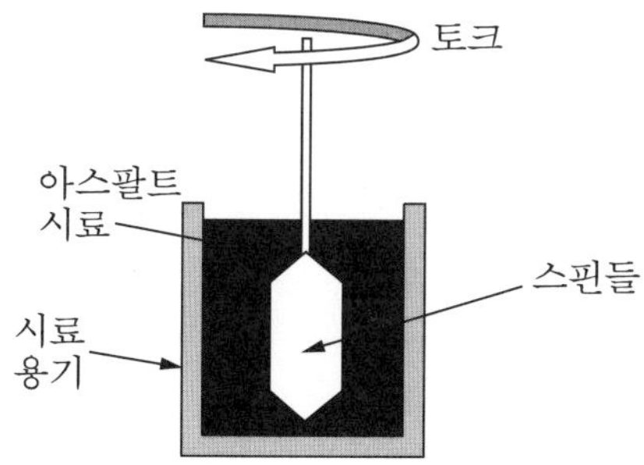

▶ 그림 2.9 점도측정방법

아스팔트 바인더의 점도를 측정함으로써 그 아스팔트 바인더를 펌핑 또는 배합할 때 필요한 워커빌리티를 갖도록 하는데 있다. 회전 점도기는 오리지날 또는 아스팔트 탱크에 있는 아스팔트 바인더를 대상으로 하는데, 수퍼페이브 바인더 규격에 의하면 그 기준 값은 135℃에서 3Pa · s 이상을 규정하고 있다.

스핀들은 추진자와 비슷한 역할을 하고 스핀들 회전은 점성적인 바인더에 의해 저항을 받게 된다. 여러 종류의 스핀들 중에서 브룩필드 비스코메타에 사용되는데 적합한 스핀들을 시험대상 바인더의 점성에 기초하여 선택하여야 한다.

135℃에서의 점도는 3개 관측값의 평균으로 기록된다. 어떤 회전점도기의 경우 결과는 centipoise(cP)의 단위로 나타나지만 수퍼페이브 바인더 규정은 Pa · s 점도단위를 사용한다. 환산은 1000cP = 1Pa · s이다. 따라서 Pa · s의 점도를 얻기 위해서 브룩필드 점도에서는 0.001을 곱해 주어야 한다. 앞에서 언급했듯이 시험온도, 스핀들 번호 그리고 회전속도는 추가적으로 필요한 자료들이다. 수퍼페이브 바인더의 규정조건에서는 최대 3Pa · s가 추천되고 있다.

(3) Bending Beam Rheometer(AASHTO TP1)

저온에서 아스팔트 바인더는 매우 경질이기 때문에, DSR에서 사용하는 방법으로는 저온에서의 거동과 성질을 신뢰성있게 측정할 수 없다. 그러므로 SHRP에서는 아스팔트 포장이 경험할 수 있는 가장 낮은 온도에서 스티프니스와 소성 변형률을 정확하게 측정할 수 있는 새로운 시험방법을 개발하였다.

이 시험은 공학의 보 이론을 사용하여 크리프 하중 하에서 소형 아스팔트 시멘트 보 샘플의 스티프니스를 측정한다. 실험시 작용하는 크리프 하중은 온도 하강시 포장내에 점차적으로 발생하는 응력을 모사하는 것이다. Bending Beam Rheometer (BBR)는 이러한 성질을 측정할 수 있는 실험장치로써, 아스팔트 바인더가 탄성체와 유사하게 거동할 때 그 포장이 경험할 수 있는 가장 낮은 온도에서 4분동안 일정한 하중을 가하면서 처짐을 측정한다.

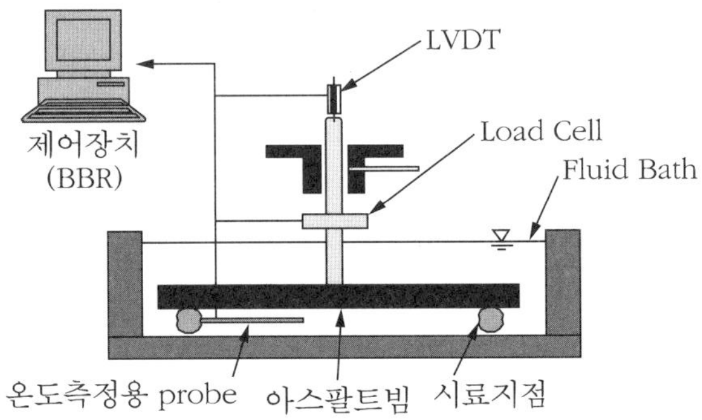

그림 2.10 벤딩 빔 시험기

빔 이론이 이 BBR에 의한 아스팔트의 크리프 강성을 구하기 위해 이용된다. 크리프 강성 S(t)를 계산하기 위한 식은 다음과 같다.

$$S(t) = \frac{PL^3}{4bh^3\delta(t)}$$

여기서, P는 재하하중, L은 빔 지지 간격(102mm), b는 빔의 폭(12.5mm), h는 빔의 두께(6.25mm)이며, $\delta(t)$는 시간 t에서의 처짐(mm)이다. BBR 소프트웨어는 변위 대 시간을 이용하여 크리프 강성을 계산한다. 〈그림 2.11〉은 $\delta(t)$를 얻기 위해 사용된 과정과 예를 보여주고 있다.

크리프 강성을 구하고자 하는 조건은 아스팔트가 포장의 최저 설계온도 조건에서 2시간 동안 하중을 받았을 때이다. 그러나 시간-온도 결합의 개념을 이용하여 SHRP 연구자들은 시험온도를 10℃ 올림으로써 동등한 크리프 강성을 60초 재하 후에 얻을 수 있다고 제시하고 있다. 크리프 강성 식(creep stiffness equation)과 변위를 이용하여 BBR 소프트 웨어는 60초에서 강성을 계산한다.

수퍼페이브 규정은 60초에서 크리프 강성이 300MPa을 넘지 않아야 한다고 되어 있다. 그러나 만약 크리프 강성이 300~600MPa사이에 존재한다면 직접인장 파괴

변형이 크리프 강성 대신에 필요하다.

BBR시험결과로 결정되는 두 번째 계수는 m값이다. m값은 크리프강성 S(t)와 시간과의 관계에서 변화율을 나타낸다. 이 값 또한 자동적으로 계산되는데, m값을 얻기 위하여 여러 하중 시간대에서 크리프 강성을 계산한다. m값은 어떤 시각 t에서 로그 강성값과 로그 시간과의 커브의 기울기이다. 수퍼페이브 규정은 60초에서 m값이 0.3보다 크거나 같아야 함을 요구한다.

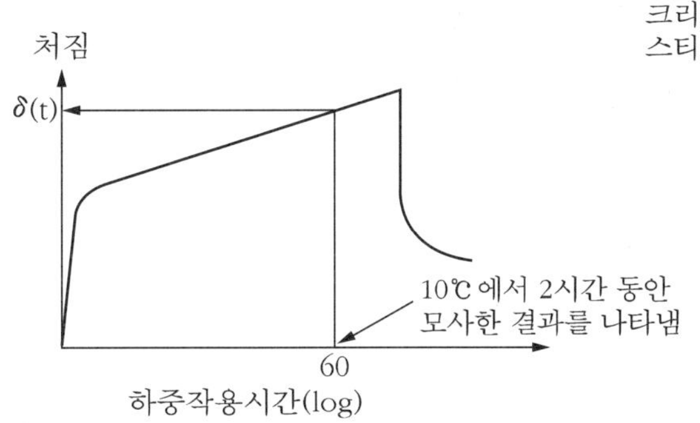

(a) 처짐(δ)를 구하는 방법

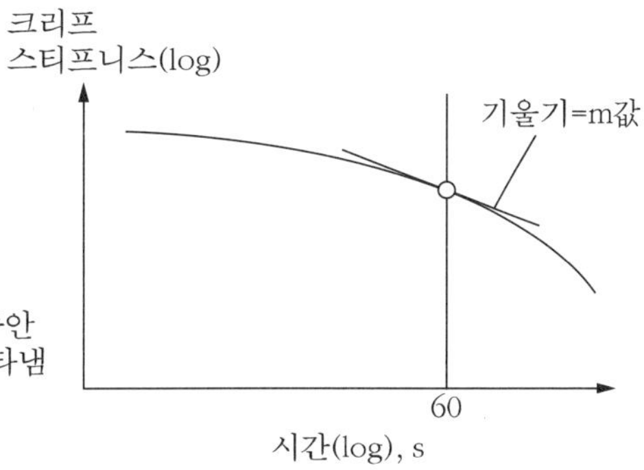

(b) m값을 구하는 방법

그림 2.11 BBR 시험결과

(4) Direct Tension Tester(AASHTO TP3)

아스팔트 바인더가 인장파괴 전에 크게 늘어나는 현상을 연성이라고 하며, 늘어짐이 없이 파괴될 경우 취성이라고 한다. 직접인장 시험은 아스팔트 바인더의 임계 인장변형을 측정하기 위한 시험으로 0℃에서 -36℃사이의 온도조건에서 실시된다. DSR 및 BBR실험은 다양한 온도 범위에 걸쳐서 아스팔트 바인더의 강성거동에 대한 분석 자료를 제공한다.

이 강성거동 특성 자료를 분석해서 파괴 또는 강도에 대한 성질을 측정할 수 있으나, 개질 아스팔트의 경우 강성과 파괴 또는 강도의 관계가 잘 알려져 있지 않는 실정이다. 따라서 강도 및 파괴시의 변형을 측정할 수 있는 별개의 실험을 실시하여야 하는데 이 시험이 직접 인장시험이다.

이 시험은 RTFO 또는 PAV에서 인위적으로 노화시킨 아스팔트 바인더를 시험하므로써 배합시설에서 고온으로 배합된 아스팔트 또는 바인더의 거동특성을 모사할 수 있다. 시험에는 〈그림 2.12〉와 같은 시편을 사용하며, 1.0mm/min의 속도로 아스팔트 바인더의 시편을 양쪽으로 잡아 당긴다. 파괴시 늘어난 양은 변형을 측정하는데 사용되고 이 변형은 저온에서 아스팔트 바인더가 연성 또는 취성인가를 나타내는 지표로 사용된다.

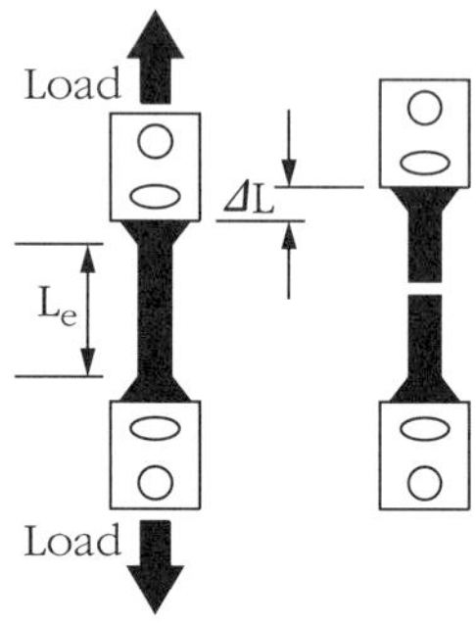

그림 2.12 직접 인장시험

$$\varepsilon_f = \frac{\Delta L}{L_e}$$

여기서, ε_f : 파괴 변형률

L_e : 시편의 유효길이(mm)

ΔL : 길이 변화량(mm)

2.3 아스팔트의 공용성 등급(Performance Grade)

2.3.1 공용성 등급의 개요

아스팔트의 물리적 성질은 모든 성능 등급에 의하여 일정하게 유지되지만, 이러한 성질을 얻을 수 있는 온도는 아스팔트 바인더가 공용되는 곳의 기후에 따라 등급별로 달라진다. 예를들면 PG 64-28등급은 7일간 평균 최고 포장 설계온도가 64℃이며, 최저 포장 설계온도가 -28℃인 기후조건에 사용되는 아스팔트 등급이다. 슈퍼페이브 아스팔트 바인더 규격은 공용성에 기초를 두고 있기 때문에 아스팔트 포장의 세가지 주요 공용성 변수인 영구변형, 피로균열 및 저온균열에 초점을 두고 있다. 거기에다 본 규격은 아스팔트 바인더의 안전, 펌핑, 취급 및 과다 노화에도 언급하고 있다. 슈퍼페이브에 초점을 둔 이러한 인자들에 대한 설명은 다음과 같다.

① **영구변형**

아스팔트 바인더가 소성변형에 대한 저항성이 크려면 복합전단계수(G*)가 크고, 위상각(δ)이 작은 것이 바람직하다. 복합전단계수(G*)가 클수록 아스팔트 바인더의 굳기가 커져서 소성변형에 대한 저항성이 커진다. 위상각(δ)이 작을수록 아스팔트 바인더는 탄성적 거동을 한다.

탄성이 증가되면 아스팔트는 영구변형에 대한 저항성이 커진다. 고온에서 시행한 RTFO 노화시료는 장기산화에 의한 노화가 일어나기 전 포설 직후인 초기 단계의 아스팔트를 모사한다. 장기산화에 의한 노화도 아스팔트 바인더의 스티프니스를 증가시키기 때문에 바인더의 소성변형 저항성은 계속적으로 증가한다.

소성변형의 관점에서 보면 장기산화에 의한 노화가 일어나기 전의 아스팔트 바인더의 시험은 매우 중요하다. 산화되지 않은 아스팔트의 DSR시험 규정은 현장에서 아스팔트 혼합물의 생산과 포설시 발생하는 노화 정도를 알 수 없기 때문에 RTFO에 의해 노화된 아스팔트 시험으로 노화 정도를 평가할 수 있다.

슈퍼페이브 규격은 고온에서의 아스팔트 바인더의 스티프니스나 소성변형 저항치로 평가하기 위하여 G*/sinδ를 사용한다. 최고 포장 설계온도에서 DSR시험을 실시했을 때 노화되지 않은 아스팔트에서는 G*/sinδ가 1.00kPa 이상이어야 하며, RTFO시험에 의하여 노화된 아스팔트 바인더에서는 G*/sinδ가 2.20kPa 이상이어야 한다.

② **피로균열**

피로균열은 두꺼운 아스팔트 포장인 경우에는 일정 응력에 의해서 발생하고, 얇은 아스팔트 포장의 경우에는 일정 변형률에 의해서 일어난다. 피로균열은 얇은 포장층에서 더 잘 발생하기 때문에 SHRP 연구자들은 피로균열이 주로 일정 변형률에 의한 것으로 고려하고 있다. 일정 변형률에서 매 하중 주기마다 분산되는 일량을 고려할 때 G*가 감소하거나 δ가 증가함에 따라 아스팔트 바인더는 덜 단단해지고 큰 응력이 발생하지 않고도 쉽게 변형된다. 낮은 δ값을 가지고 있는 아스팔트는 더 탄성적인 거동을 하기 때문에 에너지를 분산시키지 않고도 원 상태로 다시 돌아올 수 있다.

매 주기마다 분산되는 에너지의 양이 적을수록 피로균열이나 다른 포장파손도 발생할 가능성이 적어진다. 따라서, 슈퍼페이브에서는 피로균열을 최소화하는 분산 에너지의 양을 제한할 수 있도록 G*sinδ를 매개변수로 선정하였다.

아스팔트 바인더의 피로균열 저항성을 결정하기 위한 DSR시험에는 PAV에서 노화된 아스팔트 바인더를 사용한다. 공용기간 동안 아스팔트 바인더가 노화됨에 따라 더 딱딱해지고 피로균열이 발생할 가능성이 높아진다. 그러므로, PAV 노화시료는 공용기간 동안 가장 나쁜 조건을 모사하기 위함이다. 슈퍼페이브에서는 PAV로 노화시킨 아스팔트 바인더의 G*sinδ 값이 최대 5,000kPa로 규정하고 있다.

③ 저온균열

아스팔트 바인더의 저온균열 특성은 BBR시험으로부터 평가된다. BBR시험에서 아스팔트 바인더의 시간 의존성은 변하기 때문에 마스터 스티프니스 곡선의 모양 뿐만아니라 2시간 재하시간에서의 스티프니스도 중요하다. 그러므로, 슈퍼페이브 규정에서는 마스터 스티프니스 곡선의 기울기도 규정하고 있다.

스티프니스 S(t)는 온도 수축의 결과로 아스팔트 포장에서 발생하는 온도응력의 측정값이다. 스티프니스 곡선의 기울기 m은 아스팔트 바인더의 유동흐름에 의한 응력완화 비율을 나타낸 값이다. S(t)가 증가함에 따라 온도수축에 의해 아스팔트 포장에서 발생하는 온도응력이 증가하여 저온균열이 발생될 가능성이 커진다.

m값은 감소함에 따라 응력완화 비율이 감소한다. 즉, 아스팔트 바인더의 스티프니스 곡선의 접선이 수평에 가까워질수록 흐름에 의해 온도응력을 배출하는 아스팔트 포장의 능력이 감소한다. 이는 포장에서 저온균열의 발생 가능성이 증가하게 됨을 의미한다.

PAV에서 노화된 아스팔트 바인더를 최저 포장 설계온도에서 BBR시험을 할 경우 크리프 스티프니스(S)는 300MPa를 초과하면 안되고 m값은 0.3 이상이 되어야 한다. 그렇지만, 크리프 스티프니스가 300MPa과 600MPa사이 값을 갖는 아스팔트의 경우에는 DTT시험에 의해 파괴변형율이 1.0% 이상일 경우 규정을 만족하는 것으로 인정된다. 두 가지 경우 모두 m값은 시방규정을 만족하여야 한다. 바인더의 크리프 스티프니스가 300MPa 이하일 경우에는 DTT시험을 할 필요가 없다.

2.3.2 공용성 등급의 선정

공용성에 기초한 슈퍼페이브 아스팔트 바인더 등급은 현장 기후조건에 기초하여 선정된다. KS F 2389(아스팔트의 공용성 등급)에서 제안하고 있는 아스팔트 바인더 등급은 PG XX-YY로 표현되며, XX는 최고온도, -YY는 최저온도의 개념으로, 예를 들어 PG 64-22은 예상되는 포장의 최고온도가 64℃이고, 최저온도가 -22℃임을 나타낸다.

Superpave에서는 과거 20년 이상의 기상자료 중 고온등급은 연속되는 7일간의 온도가 최고인 기간을 결정하여 이 기간의 평균 최고 대기온도를 사용하여 포장 깊이 20mm의 온도를 추정하며, 저온등급은 년 최저 기온을 포장의 저온 기준으로 규정하여 확률 98%의 온도를 이용하여 아스팔트 바인더의 등급을 결정하였다.

기상관측소에서는 연속 7일 동안의 평균 최대 기온을 계산하여 매년 기온이 가장 높게 연속해서 지속된 7일간의 기상상태가 결정된다. 모든 기록년수에 대하여(20년 이하의 기상대 자료는 사용치 않음) 평균과 표준편차를 계산한다. 마찬가지 방법으로 매년 가장 추운 날을 기록하여 일 평균 최저온도의 평균과 표준편차를 계산한다.

바인더 성능 등급을 위한 설계온도는 기온보다는 포장온도에 기초하기 때문에 슈퍼페이브 소프트웨어는 실제 조건의 이론적 해석을 이용한 모델을 통해 기온을 포장온도로 전환한다. 일반적으로 최저포장온도는 최저기온보다는 높을 것으로 예상된다.

슈퍼페이브 소프트웨어는 설계자로 하여금 포장설계온도를 설정할 때 신뢰도수준을 결정할 수 있게 되어 있다. 슈퍼페이브에서 신뢰도의 정의는 1년동안 실제온도(하루 최저온도 또는 7일간 최고온도의 평균)가 설계온도를 초과하지 않을 확률이다. 캔사스주의 토페카 지역의 예를 들어 보면, 7일간 최고 기온의 평균은 36℃이고 표준편차는 2℃이다.

확률분포에 따르면 매년 7일 최대기온이 36℃를 초과할 가능성은 50%이다. 그러나 기온이 40℃를 넘을 가능성은 단지 2%이다. 따라서, 40℃의 설계기온은 98%의 신뢰성을 갖는다. 이와 마찬가지로 1일 최저 평균온도는 -23℃이고 표준편차는 4℃이므로 98%의 신뢰도로 최저온도를 설정하면 -31℃가 된다.

〈그림 2.13〉과 〈그림 2.14〉는 슈퍼페이브 소프트웨어를 이용하여 토페카 지역의 최고기온과 최저기온을 포장온도로 전환된 것을 보여 주고 있다. 이 예에서는 최고 포장온도는 포장 표면에서 20mm 깊이의 온도를 계산한 것이고, 최저온도는 표면에서 계산된 값이다.

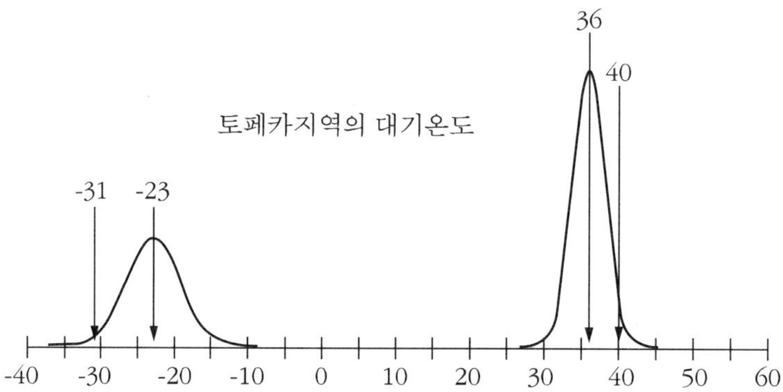

그림 2.13 토페카 지역의 최고, 최저 설계기온 분포

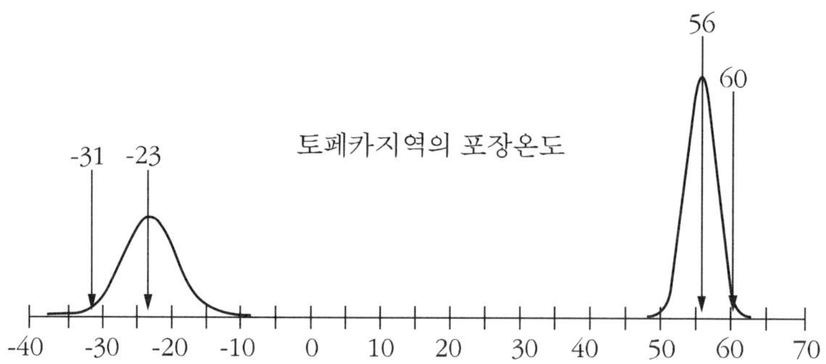

그림 2.14 토페카 지역의 최고, 최저 설계포장온도 분포

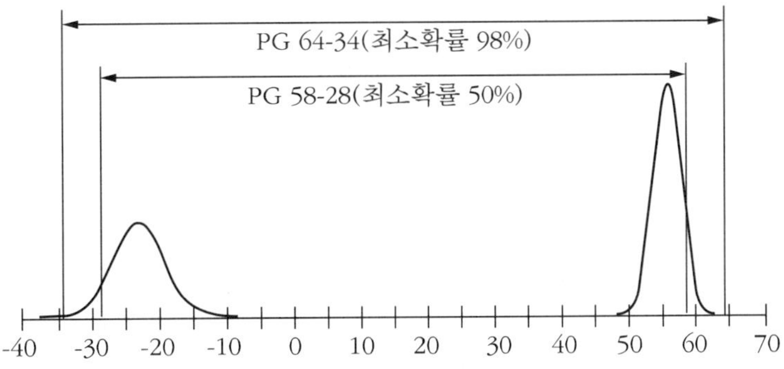

그림 2.15 토페카지역의 바인더 등급

〈그림 2.15〉는 신뢰도 수준 98%와 50%에서 PG등급이 각각 어떻게 선정되는지를 보여주고 있다. 50% 신뢰도에서 고온 성능등급은 PG 58이어야 한다. PG 56이 없기 때문에 등급을 올려서 PG 58로 하고 결과적으로 신뢰도는 50%에서 85%로 증가한다. 한편, 저온 성능등급은 -23℃가 없으므로 한 등급 위인 28℃가 되고, 신뢰도는 50%에서 90%로 증가한다. 98%의 신뢰도에서 고온 성능등급은 PG 64이고 저온에서는 PG -34로 PG 64-34가 된다.

앞서 설명한 아스팔트 바인더 등급 선정은 기후만을 기초한 바인더 선정 과정으로 고속으로 이동하는 하중을 받는 혼합물에 사용될 것이라는 가정 하에 선정되었다. G*sinδ인 소성변형인자를 결정하는 DSR시험의 재하속도는 초당 10라디안으로 이 각속도는 시속 90km의 교통속도에 해당한다. 그러나 이보다 더 느린 속도의 하중은 교차로나 톨게이트 근처에서 발생한다. 어떤 경우에는 버스정류장과 같이 하중이 이동하는 것이 아니라 정지 상태인 경우도 있다.

이러한 경우에 바인더는 소성변형을 최소화하기 위하여 더 큰 강성을 가져야 한다. 이러한 저속 및 정지 하중조건에 대비하기 위해서 고온등급 선택시 저속이동하중의 경우 1등급, 정지하중의 경우에는 2등급을 상향시켜야 한다. 예를 들어 고속하중에 대한 기후 조건만을 기초한 바인더 등급이 PG 64-22이라면, 저속하중을 감당하기 위해서 한 단계 더 높은 등급인 PG 70-22를 사용하여야 하고, 정지하중에 대하여는 PG 76-22를 선택하여야 한다.

재하속도는 저온등급 선정에서는 영향을 미치지 않는다. 우리나라의 경우 발생할 수 있는 최대 포장온도는 약 70℃이지만, 저속의 교통하중을 수용하기 위해서 두 단계 높은 PG 76과 PG 82를 사용할 필요가 있다.

표 2.3 아스팔트의 공용성 등급에 대한 기준

공용성 등급	PG 46			PG 52							PG 58					PG 64					
	-34	-40	-46	-10	-16	-22	-28	-34	-40	-46	-16	-22	-28	-34	-40	-10	-16	-22	-28	-34	-40
7일간 평균최고 포장설계온도 ℃[1]	< 46			< 52							< 58					< 64					
최저포장설계온도 ℃[1]	> -34	> -40	> -46	> -10	> -16	> -22	> -28	> -34	> -40	> -46	> -16	> -22	> -28	> -34	> -40	> -10	> -16	> -22	> -28	> -34	> -40
원아스팔트																					
인화점 KS M 2010 : ℃	230																				
점도 KS F 2392[2] 3Pa·초 이하 시험온도, ℃	135																				
동적전단, KS F 2393 : $G^*/\sin\delta$, 1.0kPa 이상 시험온도 @10rad/초, ℃	46			52							58					64					
롤링 박막 오븐(KS M 2259) 또는 박막 오븐(KS M 2258) 노화 후 잔사																					
질량손실, % (이하)	1.0																				
동적전단, KS F 2393 : $G^*/\sin\delta$, 2.2kPa 이상 시험온도 @10rad/초, ℃	46			52							58					64					
압력노화 용기(PAV) 노화 후 잔사(KS F 2391)																					
압력노화 온도, ℃[3]	90			90							100					100					
동적전단, KS F 2393 : $G^*\sin\delta$, 5,000kPa 이하 시험온도 @10rad/초, ℃	10	7	4	25	22	19	16	13	10	7	25	22	19	16	13	31	28	25	22	19	16
물리적 경화	보 고																				
휨크리프강성, KS F 2390 : S, 300MPa 이하 m값, 0.3 이상 시험온도 @ 60초, ℃	-24	-30	-36	0	-6	-12	-18	-24	-30	-36	-6	-12	-18	-24	-30	0	-6	-12	-18	-24	-30

표 2.3 아스팔트의 공용성 등급에 대한 기준(계속)

공용성 등급	PG 70						PG 76					PG 82				
	-10	-16	-22	-28	-34	-40	-10	-16	-22	-28	-34	-10	-16	-22	-28	-34
7일간 평균최고 포장설계온도 ℃[1]	〈 70						〈 76					〈 82				
최저포장설계온도 ℃[1]	〉 -10	〉 -16	〉 -22	〉 -28	〉 -34	〉 -40	〉 -10	〉 -16	〉 -22	〉 -28	〉 -34	〉 -10	〉 -16	〉 -22	〉 -28	〉 -34
원아스팔트																
인화점, KS M 2010 : ℃	230															
점도 KS F 2392[2] 3Pa・초 이하 시험온도, ℃	135															
동적전단, KS F 2393 $G^*/\sin\delta$, 1.0kPa 이상 시험온도@10rad/초, ℃	70						76					82				
롤링 박막오븐(KS M 2259) 또는 박막오븐(KS M 2258) 노화 후 잔사																
질량손실, 최대, %	1.0															
동적전단, KS F 2393: $G^*/\sin\delta$, 2.2kPa 이상 시험온도@10rad/초, ℃	70						76					82				
압력노화 용기(PAV) 노화 후 잔사(KS F 2391)																
압력노화 온도, ℃[3]	100(110)						100(110)					100(110)				
동적전단, KS F 2393: $G^*\sin\delta$, 5,000kPa 이하 시험온도 @10rad/초, ℃	34	31	28	25	22	19	37	34	31	28	25	40	37	34	31	28
물리적 경화	보 고															
휨크리프강성, KS F 2390; S, 300MPa 이하 m값, 0.3 이상 시험온도 @ 60초, ℃	0	-6	-12	-18	-24	-30	0	-6	-12	-18	-24	0	-6	-12	-18	-24

주 (1) 포장온도는 대기온도로부터 추정하여도 좋으며 기관의 규정에 약술된 절차에 따라 조사하여도 된다. 포장온도는 대기온도의 약 1.8배이다.

(2) 아스팔트가 모든 안전기준을 만족하는 온도에서 적절히 압송되고 혼합된다는 것을 생산자가 보장한다면 생산자의 시험성적서로 갈음할 수 있다.

(3) 압력노화 온도는 가상 기온조건에 근거하였으며, 90, 100, 110℃의 3종류 중 하나로 하였다. PG 64-xx 이상의 등급에 대하여는 노화온도가 100℃이며 사막기후에 사용할 포장재료는 예외로 110℃로 적용한다.

제3장

시험도로

3.1 개 요

현재까지 우리나라에서는 미국과 일본에서 도입한 포장 설계법을 사용하여, 우리나라에서 생산되는 포장 재료와 교통 및 기후조건 등의 특성이 고려되지 않은 포장 설계가 이루어졌다고 할 수 있다.

따라서, 우리나라 고유의 기후환경 및 재료여건을 고려한 포장 설계법 개발을 염두에 두고 1997년 시험도로의 건설을 결정하였다. 시험도로에는 포장 이외에 교량과 지중 구조물 관련 연구를 위하여 3개의 시험교량과 2개의 시험 지중 구조물이 포함되어 건설되었다.

시험도로가 위치하는 중부내륙 고속도로 시점 구간은 다른 신설 구간에 비하여 종횡단 도로선형이 양호하여 시험도로를 건설하기가 상대적으로 용이하였다. 또한 포장단면 이외에도 시험 교량 구조물(3개소), 시험 지중 구조물(2개소) 등의 설치가 가능한 제반 사항을 적절히 구비하고 있는 구간이다.

포장의 수명에 중요한 영향을 미치는 기후적인 관점에서는 중부내륙에 위치하여 영동 산간기후, 경기이북의 한랭기후, 경기이남의 온대성 기후 조건을 겸비하고 있어 기후에 따른 영향을 다양하게 조사할 수 있다.

교통량 측면에서는 서울과 부산을 최단거리로 이어주는 고속도로 노선상에 위치하므로 많은 교통량의 통과가 기대되어 시험도로의 설치에 적합한 구간으로 판단할 수 있다. 〈그림 3.1〉은 시험도로 전체 구간의 개략도이며 〈그림 3.2〉는 시험도로 포장의 표준 횡단면도이다.

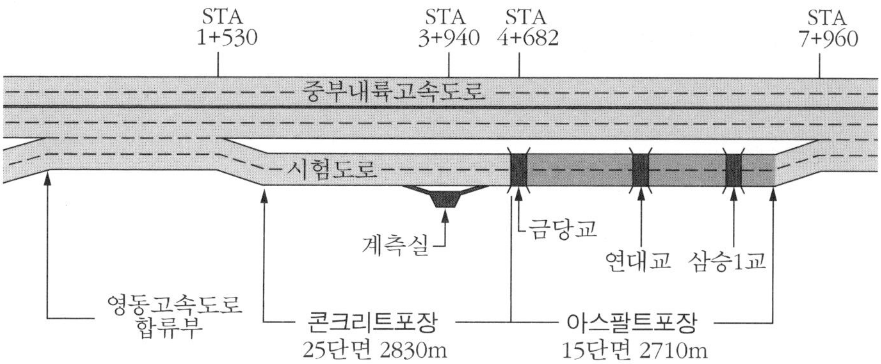

그림 3.1 시험도로 개략도

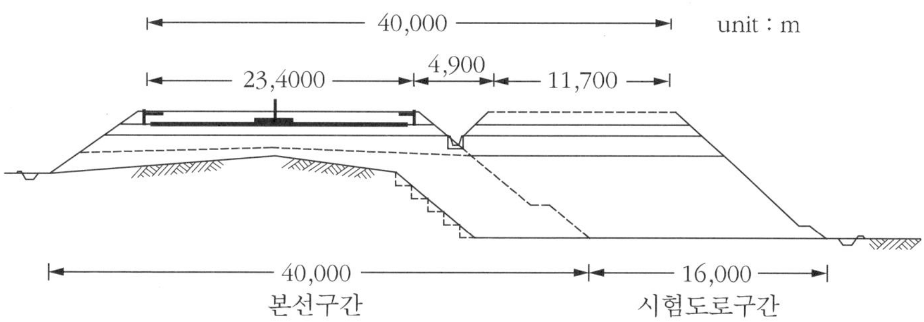

그림 3.2 시험도로 포장 표준횡단면도

시험도로는 왕복 4차로의 중부내륙 고속도로 본선에 부가적으로 총 연장 7.7km에 걸쳐 편도 2차로로 건설되었다. 본 구간 내에 2830m 연장의 25개 콘크리트 포장 단면과 2710m 연장의 15개 아스팔트 포장 단면이 시공되고, 3개의 교량과 2개의 지반 구조물을 건설하였다. 따라서, 시험도로를 통해 포장, 구조, 지반, 교통, 재료, 환경 등 도로에 관련된 모든 연구가 종합적이고 집약적으로 추진된다. 시험도로의 규모 및 시설에 대해 정리하면 다음 〈표 3.1〉과 같다.

표 3.1 시험도로 개요

위 치	중부내륙고속도로 여주JCT~감곡IC(상주방향)
총 연 장	7.7km
폭 원	11.7m (2차로)
공사기간	'97. 4 ~ '02. 12
주요 연구시설	시험포장단면 40개 (콘크리트 25개, 2830m; 아스팔트 15개, 2700m) 시험 교량 3개소(금당교, 연대교, 삼승1교) 시험 지중구조물 2개소(파형강판, 보강토 옹벽) 계측실(2층, 연건평 135평)
계측기 및 계측시스템 설치 규모	콘크리트 포장 11종 1261개, 아스팔트 포장 6종 636개 자동 계측시스템 15조, 이동 계측시스템 2조

3.2 시험도로 설계 및 시공

3.2.1 포장단면설계

포장 구조설계는 이론적인 방법으로부터 경험적, 통계적 방법에 이르기까지 많은 설계방법이 제안되고 있으며, 여러 설계 방법들 중에서 AASHTO Interim Guide Method가 이론 및 경험적 근거가 풍부하고 설계가 간편하여 국내에서 보편적으로 사용되어 왔다. 1986년에 Interim Guide의 설계요소를 추가 또는 보완시킨 개정판이 출간되었는데 이 방법은 확률적, 분석적인 시스템 측면에서 포장설계를 보다 발전시킨 설계법이다. 그러나 개정 AASHTO 설계법의 적용은 노상 회복탄성계수(MR) 산정을 위한 시험기구 미비, 제반 시험자료의 부족, 정확한 설계계수의 적용의 어려움 등 여러 문제점이 있으므로 시험도로 수립을 위한 연구에서는 Interim Guide에서 제시한 방법을 적용하여, 〈그림 3.3〉에서 보는 바와 같이 포장재료별 단면 변수를 결정하였다.

〈그림 3.4〉와 〈그림 3.5〉는 위의 방법을 토대로 결정한 콘크리트 포장 단면과 아스팔트 포장 단면의 개략도를 나타낸 그림이다.

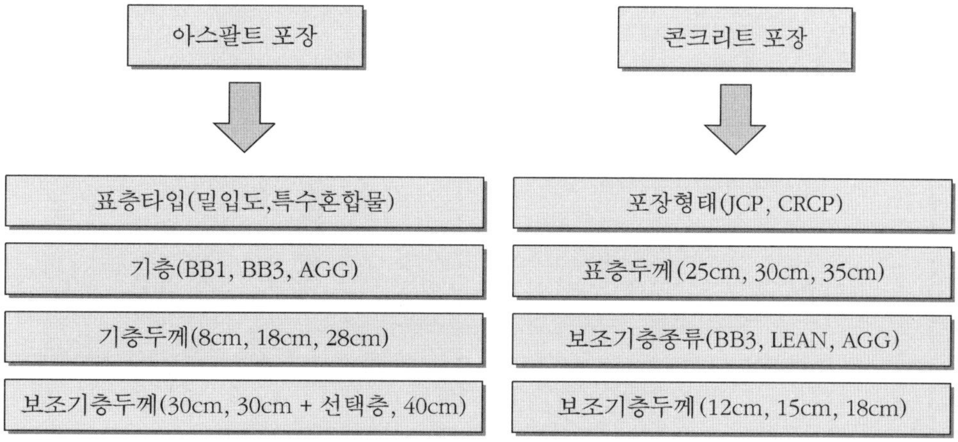

그림 3.3 포장 형식별 단면 변수

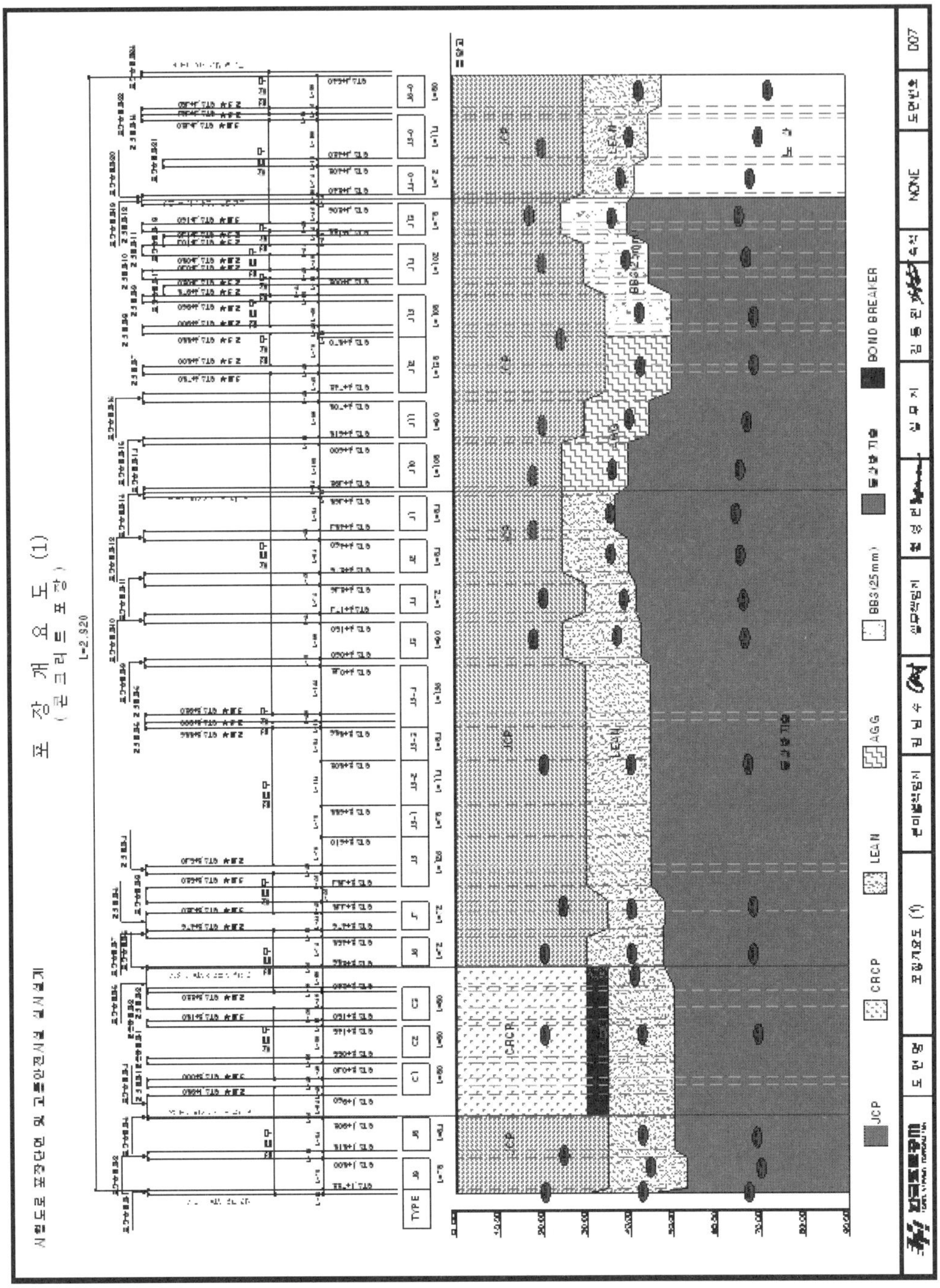

그림 3.4 시험도로 콘크리트 포장단면

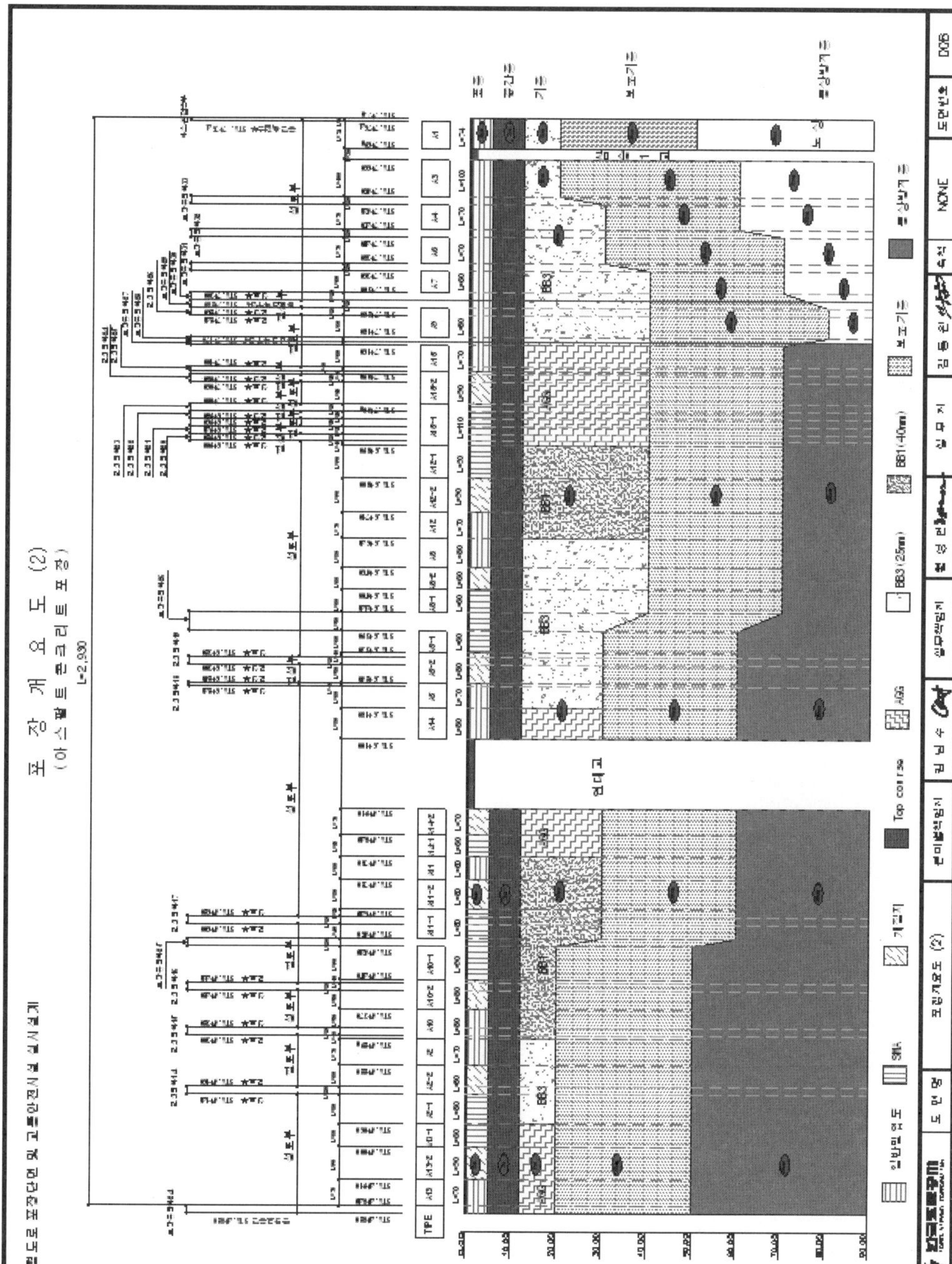

그림 3.5 시험도로 아스팔트 포장단면

3.2.2 시험도로 시공

1. 콘크리트 포장 시공

시험도로의 콘크리트 포장은 총 25개 단면으로 이루어져 있다. 포장형식은 줄눈 콘크리트 포장 및 연속철근 콘크리트 포장으로 이루어져 있고 줄눈 콘크리트 포장은 총 22개 단면, 연속철근 콘크리트 포장은 3개 단면이다.
줄눈 콘크리트 포장의 단면 설계에 반영된 변수는 슬래브 두께(25, 30, 35cm), 보조기층 두께(12, 15, 18cm), 보조기층 재료(린콘크리트, 쇄석, 아스팔트 안정처리)이다. 3가지 변수 총 27개 요인(Factorial)중에서 쇄석 및 아스팔트 안정처리 보조기층은 15cm 두께의 기본 단면에만 반영되고 린콘크리트 보조기층은 모든 경우에 반영되었다. 연속철근 콘크리트 포장의 변수는 철근비(0.6, 0.7, 0.8%)이다. 이외에도 기능성 포장단면으로서 강섬유 보강 콘크리트, 고급 린콘크리트 보조기층, 동상방지층 생략단면, 배수기층, 다웰바 생략 단면 등이 포함되었다. 포장단면의 배치는 시공성을 고려하여 배치하였는데, 평탄성을 위하여 표층의 레벨을 일치시켜야 하므로 동상방지층의 높이를 조정하여 배치하였다. 시공상의 편의를 위하여 동상방지층의 레벨을 올리거나 내리는 방향으로 단면 순서를 조정하였고, 가능한 한 동일 재료를 한 지역에 모으는 방향으로 배치하였다.

(1) 줄눈 콘크리트 포장

줄눈 콘크리트 포장은 25개 단면 중에서 22개이며, 각 단면의 주요 변수는 각 층별 두께이다. 모든 줄눈 콘크리트 포장은 국내 고속도로에 적용중인 줄눈간격 6m의 무근 콘크리트 포장으로 설계하였다. 줄눈 콘크리트 포장구간에서는 층별 두께변화 외에 포장의 기능성을 고려한 시험시공 단면들이 적용되었으며 그 종류는 다음과 같다.

- ○ 강섬유 보강 슬래브
- ○ 고급 린콘크리트 보조기층
- ○ 배수기층

○ 표면처리공법
  - 종방향 타이닝 공법(18mm, 26mm)
  - 임의간격 횡방향 타이닝 공법
  - 인조잔디끌기 공법
○ 다웰바 미적용 줄눈 콘크리트 포장
○ 다웰바 자동삽입 공법
○ 종방향 줄눈 제거 시험시공
○ 콘크리트 포장 초기거동 분석 시험시공
○ 절삭형 차로이탈 인식시설 시험시공

다음의 그림 3.6에서 그림 3.11은 시험도로에 줄눈 콘크리트 포장에 적용된 시험시공 공법들을 보여주고 있다.

그림 3.6 18mm 종방향 타이닝

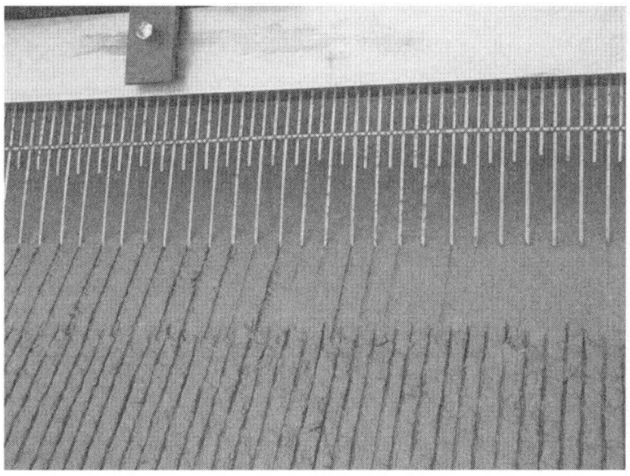

그림 3.7 26mm 종방향 타이닝

그림 3.8 임의간격 횡방향 타이닝

그림 3.9 인조잔디 떼끌기 시공

그림 3.10 다웰바 자동 삽입 시공

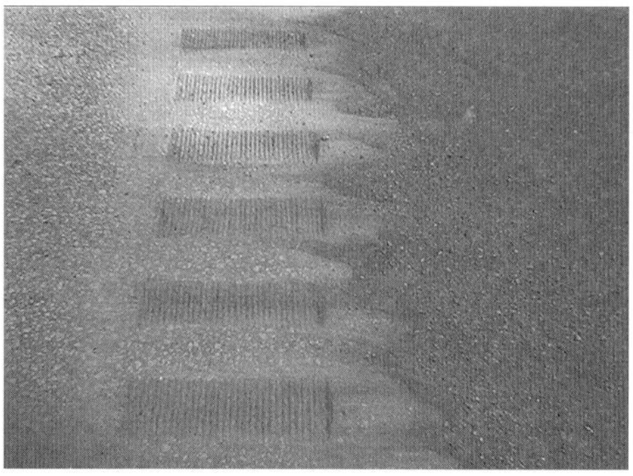

그림 3.11 절삭형 차로이탈인식시설

(2) 연속철근 콘크리트 포장

연속철근 콘크리트 포장은 콘크리트 포장 내부에 연속적으로 종방향 철근을 배근함으로서 횡방향 줄눈을 제거하고 임의로 발생되는 횡방향 균열의 벌어짐을 억제하여 균열의 활동성을 막아줌으로서 포장의 평탄성 뿐만아니라 내구성도 증진시켜주는 효과를 얻을 수 있어 세계적으로 각광을 받고 있는 공법이다. 그러나 품질관리 등 고도의 기술력을 필요로 하여 국내에서도 중부고속도로 등 일부 노선에만 적용되어 공용중에 있다.

각 단면의 기본적인 단면구조는 콘크리트 슬래브 30cm, 아스팔트 Bond Breaker 5cm, 린콘크리트 보조기층 15cm, 동상방지층 40cm로 동일하게 적용하고, 철근비

그림 3.12 CRCP 포설 장면(1)

그림 3.13 CRCP 포설 장면(2)

를 0.6%, 0.7%, 0.8%로 설계하였다. 〈그림 3.12〉와 〈그림 3.13〉은 연속철근 콘크리트 포장의 시공장면을 보여주고 있다.

2. 아스팔트 단면 시공

아스팔트 포장은 총 15개 단면으로 이루어져 있다. 단면 설계변수는 기층 두께(15, 25, 35cm), 기층 재료(아스팔트안정처리 25mm(BB3), 40mm(BB1), 쇄석), 보조기층두께(30cm, 40cm, 동상방지층 생략)로 구성되어 있다.

여러 가지 변수 총 27개 요인(Factorial) 중에서 아스팔트 안정처리 기층의 골재 최대치수 25mm는 모든 경우에 적용되었고, 골재 최대치수 40mm와 쇄석은 기본 단면(보조기층 30cm+동상방지층)에만 반영되어 총 15개의 단면이 선정되었다. 표층의 재료를 검토하기 위하여 기본 단면에 한하여 표층재료를 일반밀입도, SMA, PMA(개질재 사용)의 3가지 재료를 반영하여 소단면을 형성하였다. 그 결과, 아스팔트 포장은 총 33개의 포장단면으로 구성되었다.

포장단면의 배치는 시공성을 고려하여 배치하였는데, 평탄성을 위하여 표층의 레벨을 일치시켜야 하므로 동상방지층의 높이를 조정하여 배치하였다. 시공상의 편의를 위하여 동상방지층의 레벨을 올리거나 내리는 방향으로 단면 순서를 조정하였고, 동일 재료를 한 지역에 모으는 방향으로 배치하였다.

그림 3.14 아스팔트 혼합물 포설

그림 3.15 아스팔트 포장 다짐

시험도로 아스팔트 포장 구간은 여러 종류의 아스팔트 혼합물 및 다양한 단면구조로 시공되었다. 먼저, 기층용 혼합물은 40mm 밀입도의 BB-1과 25mm 밀입도의 BB-3 혼합물이 사용되었고, 중간층용 혼합물로는 도로공사 전문시방서의 25mm 기층용 혼합물인 BB-5 혼합물이 사용되었다.
또한 토공부 표층용 혼합물은 현재 국내에서 사용되고있는 WC-3의 하한선에 근접한 조립의 입도를 가진 미국의 ASTM 19mm 입도와 미끄럼 저항성 및 소성변형에 대한 저항성이 뛰어난 SMA 13mm 혼합물을 사용하였고, 교면포장용 혼합물로는 SMA 10mm가 사용되었다.

(1) 교면포장

국내에서 시행되고 있는 포장 가운데 단기간 파손이 가장 빈번하게 발생하는 부분이 바로 교면포장이다. 교면포장은 교량상판과 방수재료, 포장의 조합으로 거동하는 특성으로 인해 공용성능을 저하시키는 많은 요인들을 내포하고 있으며, 이에 따라 교면포장의 내구성 향상을 위하여 교면방수에 대한 연구가 필요하다.
시험도로에 건설되어있는 3개 교량(금당교, 연대교, 삼승1교)에 대하여 포장형식과 방수재료를 다양하게 배치함으로써 동일한 조건에서의 현장 공용성능을 파악하고 분석하고 있다.
금당교는 고강도 PSC Beam 교량으로 연장이 273m로 시공되었다. 연대교의 경우는 개구제형 강합성형교의 형태로 180m의 연장을 가지고 있으며, 삼승1교는 프리캐스트 바닥판을 사용하여 시공되었으며 40m의 연장으로 이루어져 있다.
그러므로 각각의 교량에 다양한 공법의 방수재와 포장 배합설계를 시도하였다. 또한 각 교량별로 일정한 개수의 파이프를 설치하여 실제 포장층을 통과하는 우수의 량을 측정하고자 하였다. 각 교량별 교면포장 적용 현황은 〈표 3.2〉와 같다.

표 3.2 시험도로 교면포장의 설계

구 분		금당교				연대교	삼승1교
세부내역	상부층 종류	일반 10mm SMA 포장				PG 76-22 적용 10mm SMA 포장	PG 76-22 적용 10mm SMA 포장
	하부층 종류	일반 10mm SMA 포장				PG 82-22 적용 10mm SMA 포장	PG 82-22 적용 10mm SMA 포장
	택코팅 종류	-	RSC-4	-	RSC-4	용제형 역청 고무계 접착제	RSC-4
	프리코팅 유무	-	있음	-	-	-	-
	방수재 종류	클로로프렌 도막 방수		Sheet 방수	에폭시 수지계 도막방수	침투식 방수	없음
	연 장	30m	40m	80m	123m	180m	40m
비 고		갓길 부위 4종류 방수재 시험시공				포장계 방수층 적용 : 교면포장 하부층	

3.3 계측기 및 계측시스템

3.3.1 계측기

시험도로 포장에는 “한국형 포장설계법 개발”과 관련하여 포장체의 교통하중에 대한 반응과 환경에 따른 장기거동을 파악하고 구조해석을 통한 분석을 위하여 변형률계, 토압계, 온도계 등을 콘크리트 포장에 11종 1261개, 아스팔트 포장에 6종 636개를 매설하였다.

콘크리트 포장에서는 각 단면에 대하여 콘크리트 슬래브의 중앙부, 모서리부, 줄눈 및 노견쪽의 가장자리부 등 기본적으로 4지점에 계측기를 매설하는 방법으로 단면당 3조를 매설하였으며, 아스팔트 포장에서는 교통진행 방향으로 단면당 4개 이상을 매설하였다. 이는 매설중의 파손과 공용중의 손실을 고려하여 계측기 망실에 따른 계측불능 상황을 최소화하기 위한 방안이다.

〈그림 3.16〉과 〈그림 3.17〉는 각 포장별 계측기 설치 개요도이며, 〈표 3.3〉은 각

시험도로에 적용된 계측기의 종류 및 사양을 나타내고 있다.

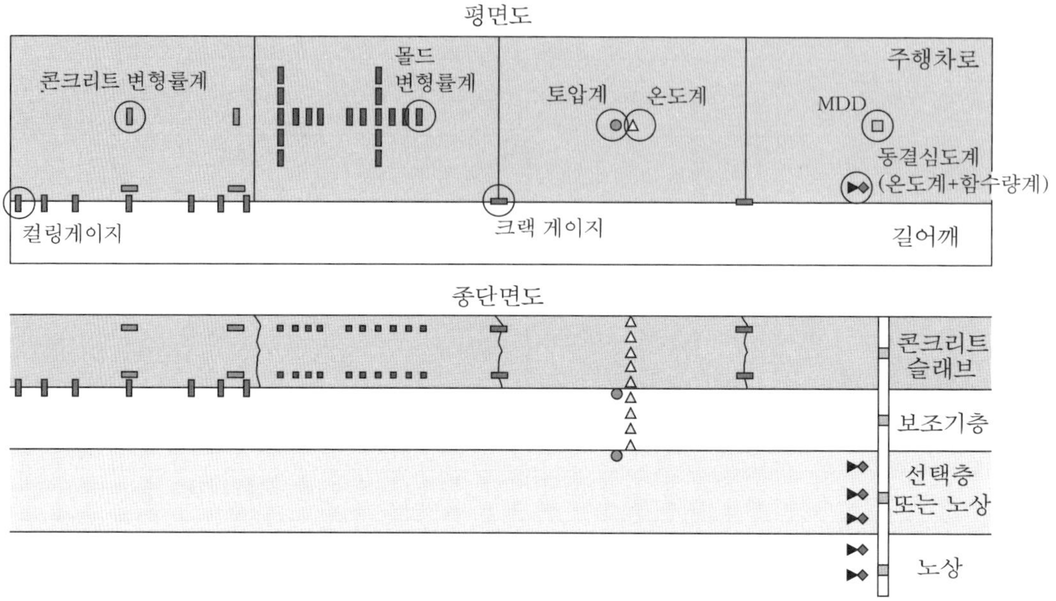

그림 3.16 콘크리트 포장 계측기 설치 개요도

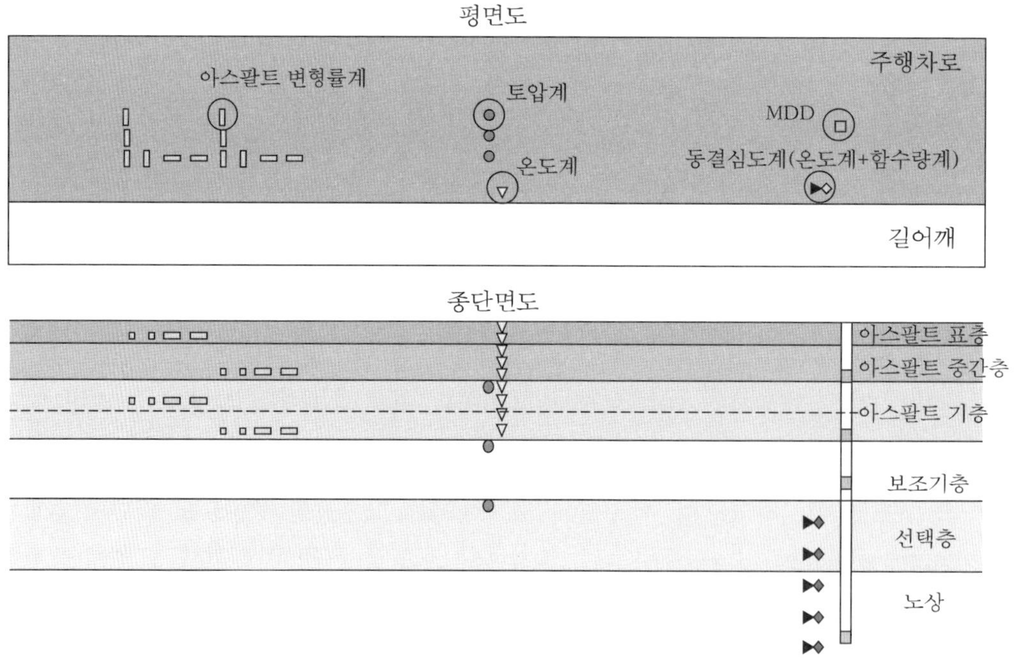

그림 3.17 아스팔트 포장 계측기 설치 개요도

표 3.3 매설 계측기 종류 및 사양

구분	계측기 종류	모델명	측정 방식	입출력 저항	측정범위	비직진성 및 분해능	허용 인가 전압	정밀도	온도 범위
콘크리트 구간	콘크리트 변형률계	KM100B	E・R	350Ω	±5000$\mu\varepsilon$	1%RO	10V	-	-20~ +80℃
	린변형률계	KM100B	E・R	350Ω	±5000$\mu\varepsilon$	1%RO	10V	-	-20~ +80℃
	철근변형률계	KM100B	E・R	350Ω	±5000$\mu\varepsilon$	1%RO	10V	-	-20~ +80℃
	토압계	KDE-200KPA	E・R	350Ω	200KPa ($2kgf/cm^2$)	2%RO	10V	-	-20~ +80℃
	크랙계측기	KG-5A	E・R	350Ω	±5mm	1%RO	5V	800× 10^{-6}/mm	-20~ +60℃
	컬링계측기	KG-5A	E・R	350Ω	±5mm	1%RO	5V	800× 10^{-6}/mm	-20~ +60℃
	몰드변형률계	PML-60-5L	E・R	120Ω	±20000με	-	10V	-	-20~ +60℃
아스팔트 구간	아스팔트 변형률계	KM100HAS	E・R	350Ω	±5000$\mu\varepsilon$	1%RO	10V	-	-20~ +180℃
	토압계	KDE-200KPA	E・R	350Ω	200KPa ($2kgf/cm^2$)	2%RO	10V	-	-
노상	함수량계	TDR616	E・R	-	-	0.1%VWC	4~ 18V	±2.5% VWC	-
기타	온도계 (Thermistor)	Thermistor	E・R	10kΩ	-30~ +120℃	기준온도 :25℃	-	±0.1℃	-30~ +120℃
	온도계 (Thermo-couple)	Thermo-couple	T-type	-	-100~ +200℃	-	-	±0.1℃	-100~ +200℃

3.3.2 계측시스템

포장 장기 공용성 관측 기본 설계를 위해서는 포장 공용성을 나타내는 인자에 대한 자료 수집이 필요하다. 또한 공용성을 나타내는 인자 중 포장체의 직접적인 거동을 파악하기 위해서는 시험도로 내의 콘크리트 및 아스팔트 포장 단면에 매설된 계측기에 대한 관리 시스템의 구축이 필요하다. 따라서 시험도로 계측기의 운영에 필요한 계측 시스템을 구축하였다. 시험도로의 계측 시스템은 크게 자동계측 시스템과 수동계측 시스템으로 나누어진다. 일정한 시간 간격, 또는 상시적으로 꾸준한 데이터의 변화를 계측해야만 하는 경우에는 자동계측 시스템을 통하여 계측한다.
여기에는 환경과 관련된 대기의 기상변화, 포장체의 온도 및 노상하부의 함수량 변화 패턴, 실제 통행 교통에 대한 누적 교통량 등이 포함된다. 반면, 교통하중에 대한 포장체의 반응은 재하되는 교통하중의 정확한 중량과 정확한 재하 위치의 파악이 중요하다.
따라서 일정 시간 교통통제가 이루어진 상황에서 알고 있는 하중을 특정위치에 재하하여 발생하는 순간적인 반응값을 수집해야 하므로 데이터획득시스템차량을 이용한 수동계측시스템으로 구성되었다.

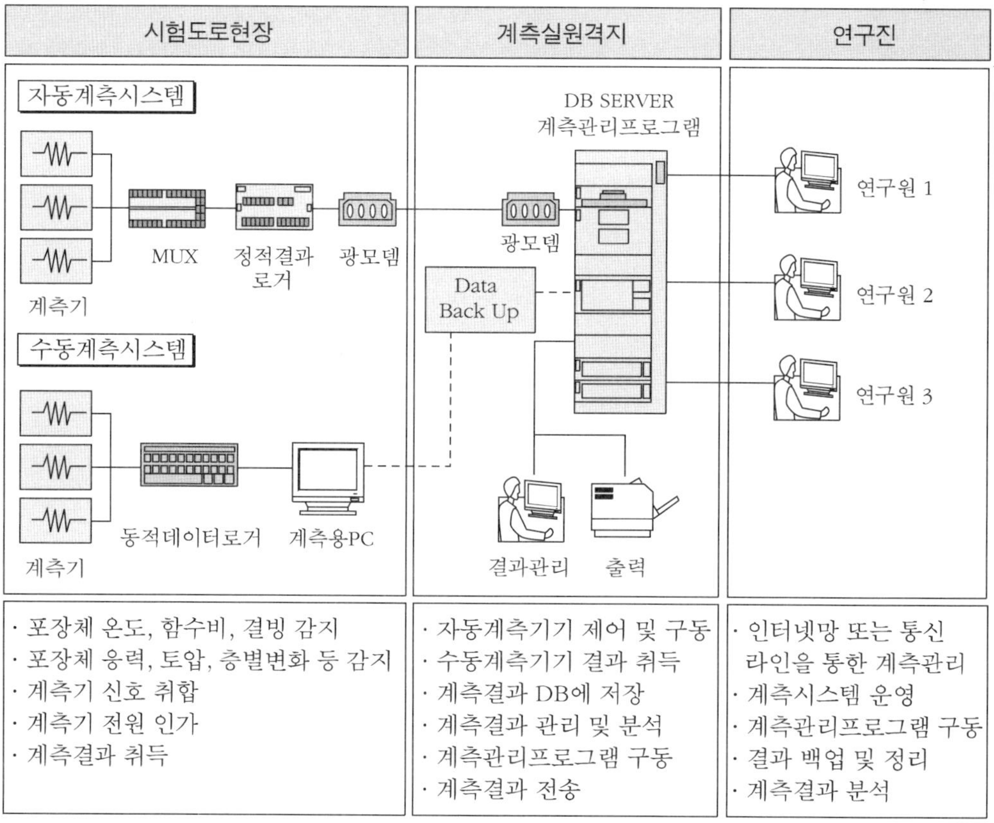

그림 3.18 계측시스템 구성도

1. 자동계측 시스템

시험도로의 자동계측 시스템은 시험도로 포장층에 매설되는 계측기, 각 단면별로 계측기에서 나오는 계측 데이터를 수집하기 위한 수집장치, 계측 데이터의 전송을 위한 통신 및 전원 라인, 계측 D/B가 구축되는 서버급 PC로 나눌 수 있다. 자동계측 시스템을 구성하는 각 구성 요소는 다음과 같다.

① 현장 계측기

- 계측기는 시공 중 매립 설치
- 계측기의 신호 케이블은 결과 수집장치 단자함으로 취합

② 결과 수집장치

- 여러 계측기의 신호를 취합하는 Multiflexer(채널확장장비)
- 계측결과를 수집하는 결과 수집장치(데이터 로거)
- 계측 시스템에 전원공급을 위한 전원 공급장치 및 무정전 장치
- 취득된 결과를 계측서버로 전송하는 통신라인
- 계측 시스템 보호를 위한 온도, 습도 조절장치
- 계측 시스템의 외부 영향을 최소화를 위한 보호함(시건장치, 방수처리)

③ 통신라인 및 전원 공급 라인

- 취득된 결과를 계측서버로의 전송을 위한 통신라인
- 본선 광 케이블망으로부터 시험도로와 연결되는 횡 관로
- 시험도로와 인접하여 병행하는 통신 관로
- 자동계측 시스템에 전원공급용 전력선
- 수전된 전원분배용 분전함
- 분전함 설치위치부터 전원 공급을 위한 자동계측시스템까지의 관로

④ 계측 PC

- 계측결과의 취합 및 결과 수집장치 제어용 PC
- 계측결과 저장 및 출력
- 원격지에 결과 전송
- 결과 수집장치 제어

- 계측결과 관리
- 원격지 결과 전송을 위한 통신라인

각각 자동계측이 수행되는 단면 별로 광모뎀을 통한 통신라인이 구축되며, 전원라인이 공급된다. 여기서 수집된 자료들은 광통신라인을 이용하여 계측실의 서버로 자동 전송된다.

콘크리트 포장의 자동계측 시스템 구축은 총 7개 단면에 적용되었다. 7개의 단면은 동결심도 측정을 위한 3개 단면과 포장체 내의 온도 변화 패턴 분석을 위한 4개 단면으로 구성되어 있다.

각각의 단면에 Thermistor를 매설하여 각 층별 온도를 측정하며, 그 중 4개 단면에 대해서는 함수량계를 함께 매설하여 하부층의 동결심도에 대한 검토를 용이하게 설치하였다.

아스팔트 포장 구간에는 총 8개의 단면에 자동계측 시스템이 구축되었다. 8개의 자동계측 시스템 구축단면 중 동결심도 측정을 위한 4개, 포장체 내의 온도 변화 패턴 분석을 위한 단면이 4개이다. 각 층별로 Thermocouple를 매설하였으며, 콘크리트 포장과 마찬가지로 5개 단면에 대해서는 함수량계를 함께 매설하였다.

2. 수동계측 시스템

특정 시점에서의 포장 거동 데이터의 효과적인 수집을 위하여 구성된 수동계측 시스템은 데이터 획득 시스템 차량에 설치되었다. 이러한 수동계측시스템에서는 인위적으로 재하하는 교통하중 및 환경하중에 의한 포장의 거동 분석을 위한 시스템이 모두 갖추어져 있다.

수동계측 시스템은 제어 소프트웨어를 통한 수동 조작으로 운영되며, 효율적인 계측을 위하여 계측 시종점 및 계측 빈도 제어 등 다양한 기능이 운영자에 의해 조작이 가능하도록 구성되어 있다.

수동계측 시스템은 크게 함체와 데이터 획득 시스템 차량, 서버로 분류되고, 시스템을 구성하는 첫 번째 요소인 함체는 각 포장층에 매설된 계측기 케이블과 52핀으로 구성된 커넥터를 연결해주는 단자대로 구성되어 있다. 각 단면에 매설된 계측기의 양에 따라 커넥터들은 1~4개가 설치되어 있다.

데이터 획득 시스템 차량의 내부에는 데이터 획득 시스템이 장착되어있다. 데이터 획득 시스템은 3개의 동적 데이터로거와 1개의 정적 데이터로거, 전원공급장치, 허브, 커넥터, 노트북으로 구성되어 있다. 동적 데이터로거는 각각 16채널씩 총 48채널로 구성되어 있다.

데이터 획득 시스템의 전원 공급은 AC12V의 차량용 배터리 또는 차량의 시거잭을 통해서 이루어진다. 공급된 전원은 6V의 안정적인 전원으로 변환되어 각 데이터로거 및 허브에 공급된다.

커넥터를 통하여 수집된 계측신호는 데이터로거를 통해 계측데이터로 변환되며 이는 다시 허브를 통하여 노트북에 전송된다. 노트북에는 실시간으로 들어오는 계측데이터를 조작할 수 있는 현장 계측관리 프로그램이 설치되어 있어 데이터를 조작 및 저장한다. 노트북에 저장된 데이터는 시험이 종료된 후에 계측실의 D/B 서버로 옮겨져 계측 D/B에 저장된다. 계측 D/B에 저장된 데이터는 계측관리 프로그램을 통하여 원하는 형태로 수집·가공할 수 있다.

콘크리트 포장에 수동계측 시스템으로 구축되는 계측기는 변형률계, 균열 변위계, 토압계 등 8가지 항목 및 계측기 종류이다. 슬래브, 린콘크리트, 연속철근 콘크리트, Bond Breaker층의 변형률을 측정하기 위해 전기저항식 변형률계 데이터를 수집하고 슬래브의 줄눈거동을 파악하기 위해 줄눈 변위계와 컬링 변위계를 이용하여 데이터를 습득한다. 그리고 각 층별 변위량을 알기 위해 다층 변위계의 데이터를 수집하며, 기층과 노상의 토압을 조사하기위해 토압계 데이터를 수집한다.

그림 3.19 수동계측 함체 내부

그림 3.20 데이터로거

아스팔트 포장에 수동계측 시스템으로 구축되는 계측기는 변형률계, 토압계, 다층 변위계 등의 3가지 종류이다. 변형률계는 포장체의 변형률을 조사하기 위한 것이고, 토압계는 기층과 보조기층의 토압, 그리고 각 층별 변위를 알기 위해 다층 변위계의 데이터를 수집한다.

3. 기타 계측 시스템

(1) 고속 축중계(Weight-In-Motion, WIM)

고속 축중계(Weigh-In-Motion, WIM)는 피에조일렉트릭(piezoeletric), 벤딩플레이트(bending plate), 로드셀(load cell) 등의 센서를 이용하여 도로를 주행하는 차량에 관한 각종 자료를 수집하는 장비이다.

지금까지 국내에 도입한 WIM 장비들은 주로 차량 구분, 차종별 통행량 자료수집, 통행속도 분포 자료수집 등 교통공학의 관점에서 교통량 자료의 수집에 사용되어 왔다. 그러나 시험도로에 사용되는 WIM 장비는 교통공학의 관점이 아닌 포장공학의 관점에서 필요한 자료의 획득을 위하여 설치되었다.

포장체 손상을 고려한 새로운 차종 분류체계 수립 및 축하중 분포 자료, 차량 속도 등 각종 교통자료 제공 및 교통하중에 따른 포장 거동의 변화 분석, 과적차량의 고속도로 주행에 따른 포장손상 분석 등에 활용되었다.

따라서, 계측 자료의 활용성 측면에서 볼 때, 시험도로의 WIM 장비는 계측 자료의 정확성과 10년 이상의 장기간 계측을 위한 내구성, 다양한 속도에서의 계측, 기상조건에 상관없는 일관성 있는 교통량 및 축하중 자료를 필요로 하여, Quartz식 센서를 사용하는 LINEAS Weigh-In-Motion Sensor Type 9195C를 설치하였다. 〈그림 3.21〉은 고속 축중계의 단면을 나타낸 그림이다.

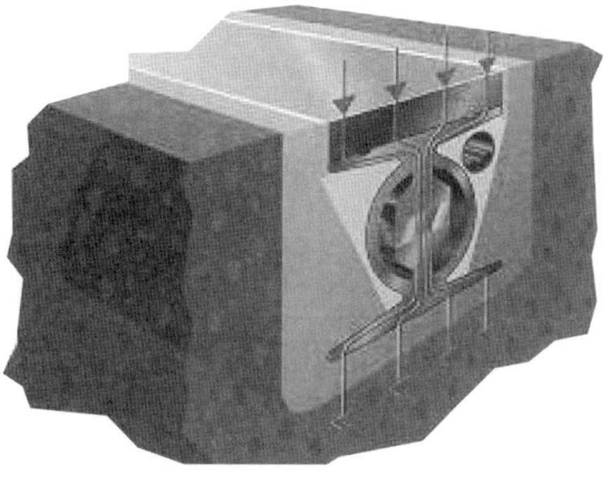

그림 3.21 고속 축중계 단면

(2) 기상관측시스템

시험도로에서 계측되는 대부분의 계측값들은 대기요소인 기온, 습도, 일사량, 풍속 등에 영향을 받는다. 특히 여름철의 고온 및 겨울철의 저온은 포장체의 거동에 큰 영향을 주기 때문에 기상을 관측하여 상호 연관성을 분석하고 계측값들에 대한 보정을 수행하는 것이 필요하다.

따라서 시험도로 계측실 옥상에 자동 기상 관측기를 설치하여 포장체에 영향을 줄 수 있는 대표적인 기상인자 즉, 풍향/풍속, 온/습도, 강우량, 일사량을 측정하였다. 이와 함께 겨울철의 도로 결빙상태를 파악할 수 있는 노면 관측 센서를 설치하여 기상상태에 따른 결빙예측을 시도하였다. 〈그림 3.22〉는 계측실 옥상에 설치된 기상 관측 시스템의 모습을 나타낸 그림이다.

그림 3.22 기상관측시스템

3.4 시험도로 계측

시험도로 상에 설치된 계측기는 아스팔트 포장 구간 및 콘크리트 포장 구간에 총 11여종 1900여 개에 이른다. 이렇게 설치된 계측기들은 자동계측시스템 및 수동계측에 의해서 계측실 서버에 저장이 된다.
수동계측에 의해 서버에 저장된 데이터는 계측기에서 나오는 원시 데이터 형태를 가지고 있다. 따라서, 이 원시 데이터를 분석 가능한 적절한 형태로 변환하여야 비로소 연구에 사용 가능한 데이터로 전환이 된다.
자동계측 시스템은 전 자동 형식으로 계측 시 별도의 인력이 필요하지 않으나 이상 상태 발생시 시스템의 고장유무를 확인하여야 하며, 고장일 경우 수리 혹은 교체 등의 방법을 동원하여 신속하게 조치하여야 한다.
또한 수동계측의 경우는 계측기 매설 위치에서 인력에 의한 계측이 이루어져야 하며, 이를 위하여는 많은 인력이 필요하다.

3.4.1 콘크리트포장 구간

1. 변형률계

(1) 정적하중 재하시험

정적하중 재하시험은 하중 재하판을 적재한 15톤 덤프트럭을 이용하여 수행되었다. 하중 재하판은 가로 1829mm, 세로 914mm, 두께 19mm의 철판으로, 하중 재하판 1개의 무게는 249kg이다. 하중 재하판의 상, 하차는 빔크레인과 마그네틱 리프트를 이용하여 이루어졌다. 이동식 축중계를 이용하여 하중재하판의 적재에 따른 차량의 축중을 측정하고 원하는 축중을 설정할 수 있다.
하중 재하 트럭은 3축으로 구성되어 있으며, 앞축은 단륜, 뒤의 두 축은 복륜으로 구성되어있다. 앞축과 중간축, 중간축과 뒷축간의 거리는 각각 3.9m와 1.3m이다. 〈그림 3.23〉과 〈그림 3.24〉는 하중 재하 트럭의 축에 관한 제원 및 시험에 사용된 축하중값을 정리한 것이다.

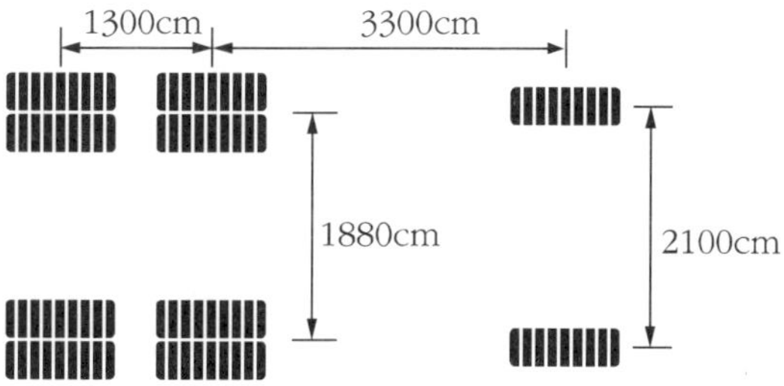

▶ 그림 3.23 하중재하트럭의 제원

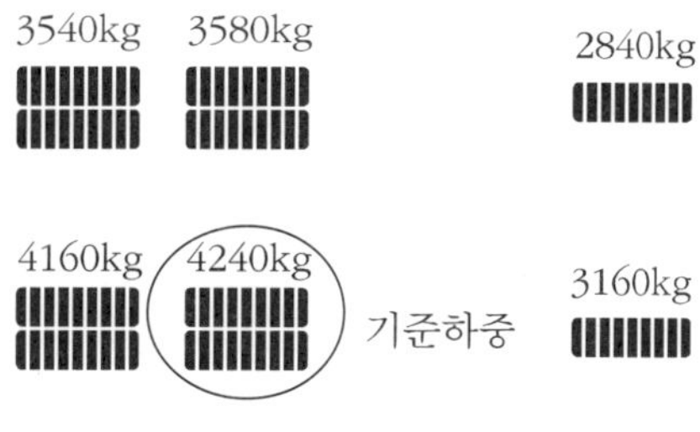

▶ 그림 3.24 트럭의 윤하중 분포

정적하중 재하시험은 하중에 대한 포장의 거동 특성 파악 외에도 콘크리트포장 구간에 매설된 모든 변형률계의 생존율 및 데이터의 신뢰성 검증을 위하여 수행된 것으로, 전 단면의 모든 변형률계에 대해서 시험이 수행되었다.

(2) 동적하중 재하시험

콘크리트포장 구간의 동적하중 재하시험에는 정적하중 재하시험과 동일한 하중조건을 갖는 차량이 사용되었다. 본 시험에 들어가기 전에 계측기의 반응 및 주행속도, 원더링의 정도에 관한 결정을 위하여 다양한 예비시험을 수행하였다.

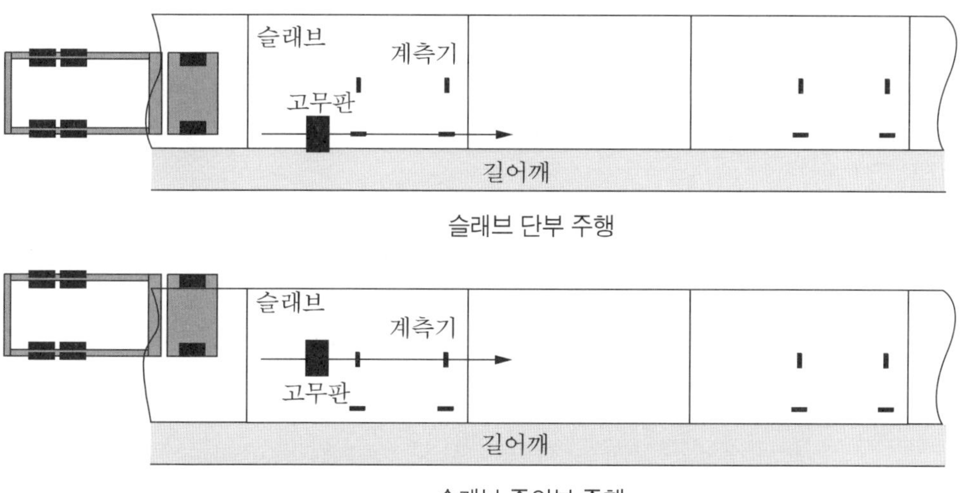

▶ 그림 3.25 동적하중재하시험 주행 경로(콘크리트 포장)

원더링의 정도는 대부분 5~20cm 정도가 이격되는 것으로 나타났으며, 이에 반복 시험 후 평균값을 사용하는 것은 계측결과에 불확실성을 더해주는 것으로 판단하여 원더링을 직접적으로 측정할 수 있는 방법으로 고무판이 사용되었다.

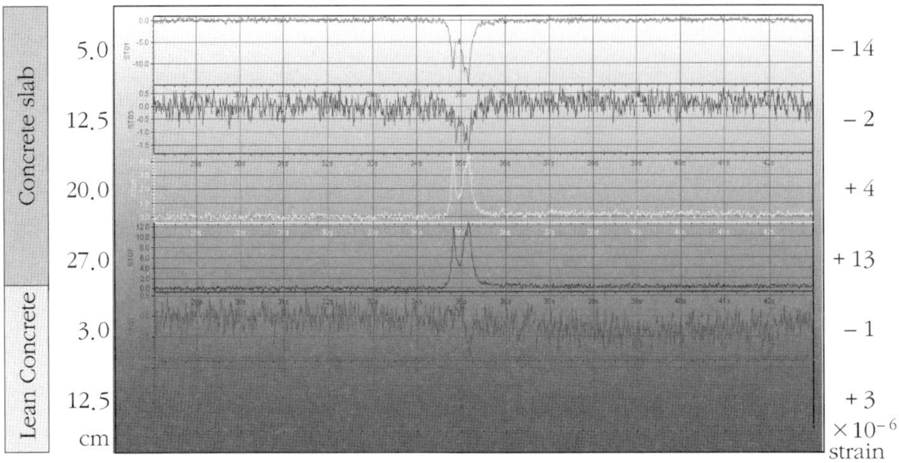

그림 3.26 깊이별 반응값

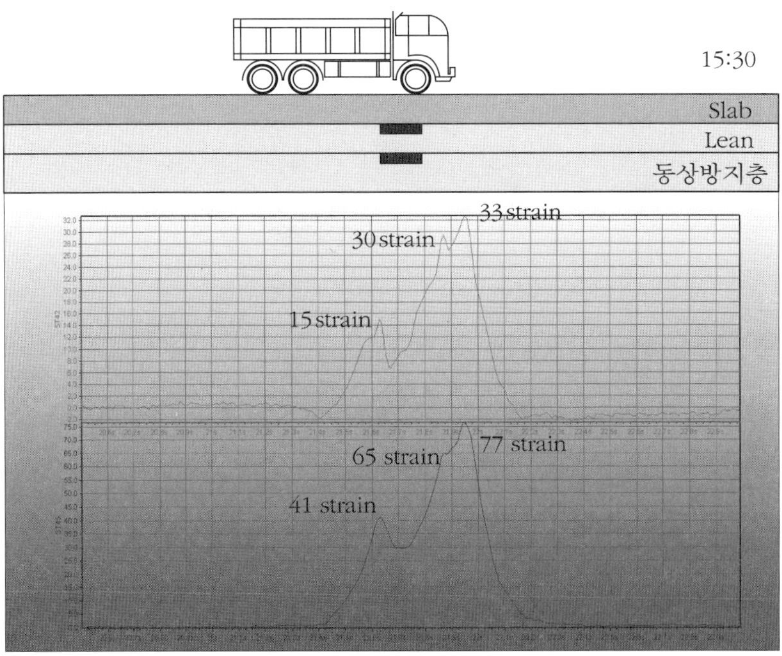

그림 3.27 콘크리트 포장 동적계측 시험 결과

(3) FWD 충격하중 재하시험

콘크리트 포장 구간에는 각 슬래브당 4개의 지점에 변형률계가 매설되어 있다. 그 지점은 각각 슬래브의 중앙과 줄눈쪽 단부, 길어깨쪽 단부, 모서리이다. FWD 충격하중 재하시험은 각 슬래브의 4개 위치에서 수행되었으며, 계측 데이터는 센서 위치의 깊이방향에 매설된 각층의 변형률계 데이터를 모두 수집하였다. 하중의 크기는 콘크리트 슬래브의 강성을 고려하여 3단계(82ton)로 설정하였다.

FWD 충격하중 재하시험은 정적하중 재하시험과 마찬가지로 계측신호의 이상이나, 신호 정상 여부를 파악할 수 있는 자료가 되기 때문에 전단면의 모든 센서에 대해 시험이 수행되었다.

그림 3.28 FWD의 측정단면 이동

그림 3.29 FWD 충격하중의 재하

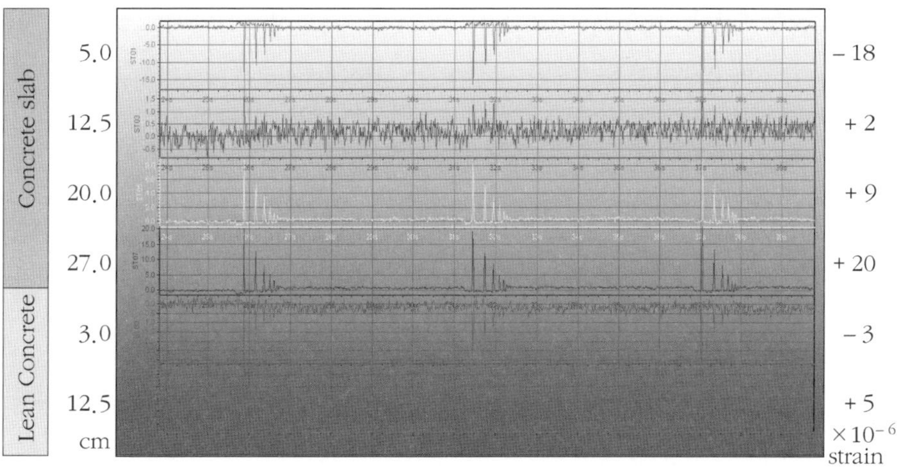

그림 3.30 단면 깊이별 FWD 시험결과

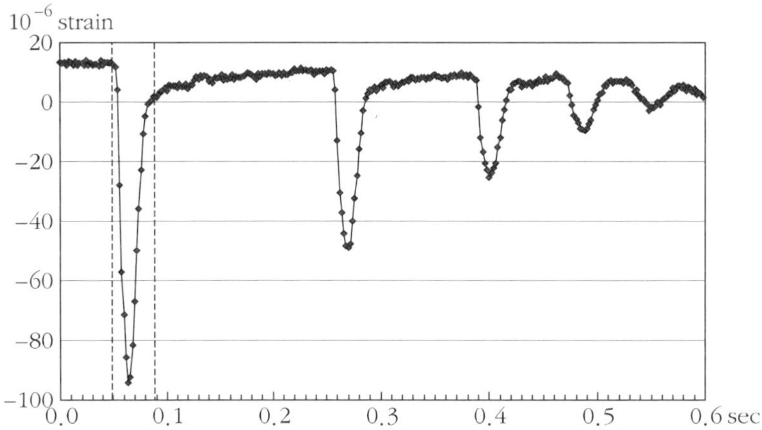

그림 3.31 최대 처짐값

2. 토압계

토압계는 교통하중에 의해 포장체에 발생하는 수직압을 측정하기 위하여 설치되었다. 콘크리트 포장 구간 단면 중 J8, C2, J5 등 6개의 단면에 단면당 3개 슬래브에 슬래브당 1개 지점(중앙부)에 대해 보조기층과 선택층 두 층에 총 34개가 매설되어 있다. 콘크리트 포장 구간에 매설된 토압계에 대한 모든 시험은 변형률계와 마찬가지로 정적하중 재하시험, 동적하중 재하시험, FWD 충격하중 재하시험이 수행되었으며, 콘크리트 포장 구간의 변형률계에서 시험한 하중과 동일한 하중과 방법으로 수행되었다.

단, FWD 충격하중 재하시험의 경우 충격하중의 크기를 3단계(8.2ton)가 아닌, 1단계(5.5ton) 3회 2단계(6.8ton)로 조정하여 시험하였다. 이는 아스팔트 포장의 토압계 측정을 고려하여 두 포장형식에서의 수직압 분포를 상대 비교하기 위하여 동일한 하중으로 시험을 수행하기 위함이다.

3. 균열 변위계(줄눈 변위계 및 컬링 변위계)

균열 변위계는 콘크리트 포장의 슬래브 거동을 분석하기 위하여 설치되었다. 슬래브의 거동은 크게 슬래브 자체의 수축팽창으로 인해 발생하는 줄눈의 거동과 상하부의 온도차에 의해 발생하는 컬링거동으로 나누어진다.

슬래브의 줄눈 거동 측정을 위한 줄눈 변위계는 〈그림 3.32〉와 같이 줄눈의 상,

하부에 설치되어 있다. 컬링 거동측정을 위한 컬링 변위계는 〈그림 3.33〉과 같이 슬래브와 린층 사이에 슬래브당 5개 또는 7개가 설치되어 있다.

그림 3.32 컬링변위계

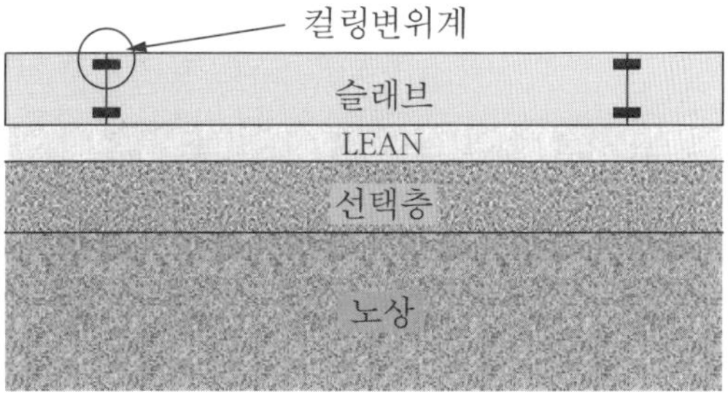

그림 3.33 줄눈변위계의 설치위치

그림 3.34 컬링변위계

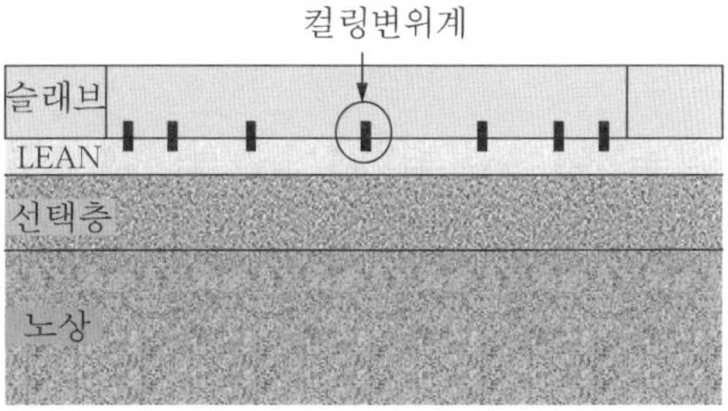

그림 3.35 컬링변위계의 설치위치

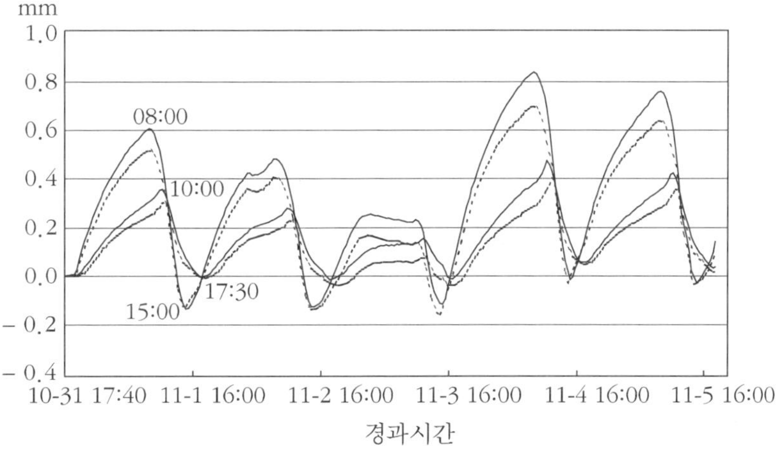

그림 3.36 줄눈변위계 계측 결과

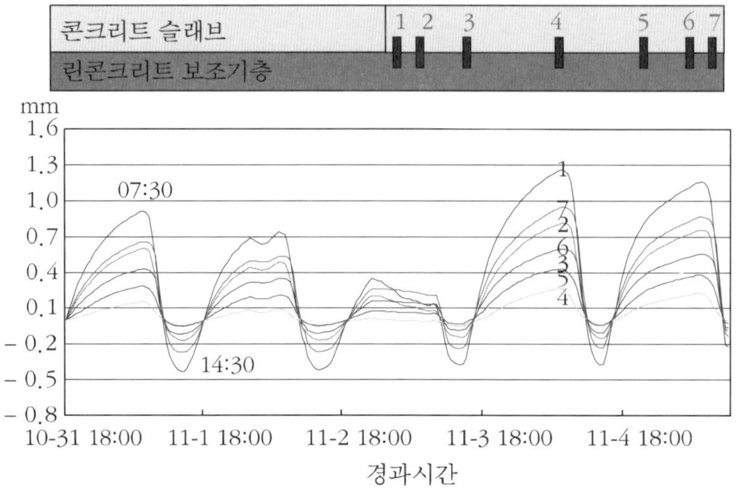

그림 3.37 컬링변위계 계측 결과

줄눈 변위계는 3개 단면에 총 120개가 설치되어 있으며, 컬링 변위계는 3개 단면에 총 51개가 매설되어 있다. 줄눈 및 컬링 변위계는 각 단면의 수동 및 자동계측 함체에 동적·정적 측정이 가능하도록 연결되어 있으며, 먹스(MUX)와 계측커넥터가 함께 설치되어 있다.

정적 데이터로거를 통한 데이터 획득에는 먹스를 통하여 데이터 획득이 가능하고 동적 데이터 획득 시에는 커넥터를 이용해 동적 데이터로거와 연결하여 순간적인 슬래브 거동 데이터의 획득이 가능하다.

3.4.2 아스팔트 포장 구간

아스팔트 포장은 콘크리트포장에 비해 상대적으로 재료물성의 변화는 심하지만, 거동자체는 단순하다. 따라서, 포장의 거동을 측정하는 계측기의 종류가 변형률계와 토압계 2가지이다(이 외에 부분적으로 다층변위계가 매설되어 있다).

아스팔트 포장의 경우는 콘크리트 포장보다 강성이 작기 때문에 포장층에 발생하는 변형률이 크다. 더구나, 아스팔트 표층에 매설된 변형률계의 경우, 표층에서 3cm 깊이에 매설되어 있기 때문에 하중에 의한 계측기의 손상이 우려된다.

따라서, 아스팔트 포장 구간의 동적하중 재하시험에서는 하중 재하판을 적재하지 않은 기본적인 트럭 하중만을 사용하여 시험을 수행하였다. 〈그림 3.38〉은 아스팔트 포장 구간에 사용된 하중 재하 트럭의 윤하중을 보여준다.

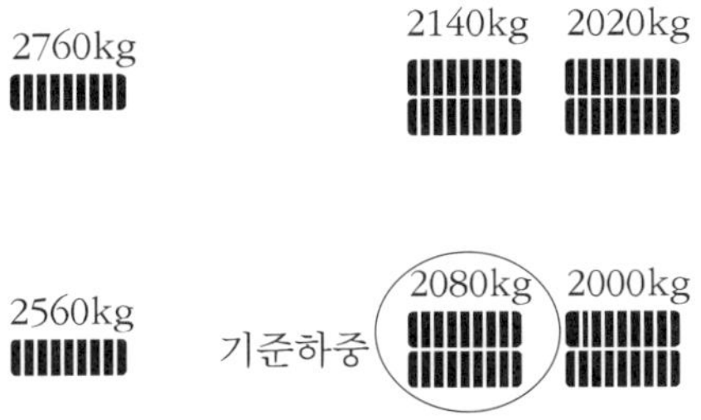

그림 3.38 트럭의 윤하중 분포

(1) 변형률계

아스팔트 포장 구간에는 표층, 중간층, 아스팔트 기층에 1~4 층에 걸쳐 총 374개의 변형률계가 매설되어 있다. 변형률계의 배치는 휠패스를 중심으로 "ㅡ" 또는 "ㄴ" 자 형태로 배치되어 있으며, 종방향과 횡방향 형태가 함께 매설되어 있다. 또한, 매설되는 깊이 방향으로의 한 층의 두께가 얇기 때문에 각 세트는 깊이방향으로 층마다 엇갈리게 구성되어 상호 간섭이 적도록 배치하였다.

① 동적하중 재하시험

아스팔트 포장 구간에서도 콘크리트 포장 구간에서와 마찬가지로 적정 시험주행 속도를 설정하기 위하여 다양한 속도에 대한 예비시험을 수행하였다. 아스팔트 포장의 경우는 속도에 따른 계측기의 반응값 차가 크기 때문에 초기계측에는 20km/h와 40km/h 2개의 속도값을 사용하였다. 원더링의 측정은 콘크리트포장 구간과 마찬가지로 고무판을 사용하여 측정하였다.

동적하중 재하시험은 아스팔트 포장 구간의 33개 단면 중에서 두께변수와 재료변수, 표층 재료변수를 고려하여 총 9개 단면에서 수행되었다.

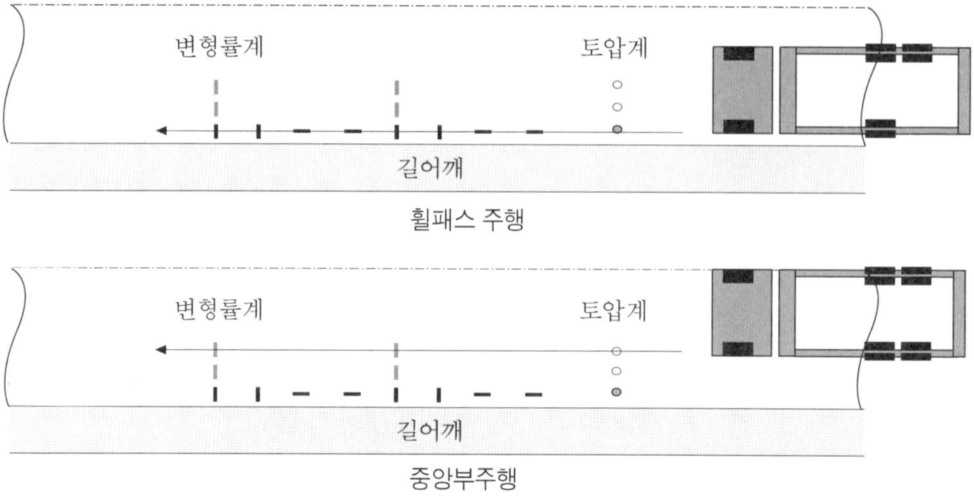

그림 3.39 동적하중재하시험 주행 경로(아스팔트포장)

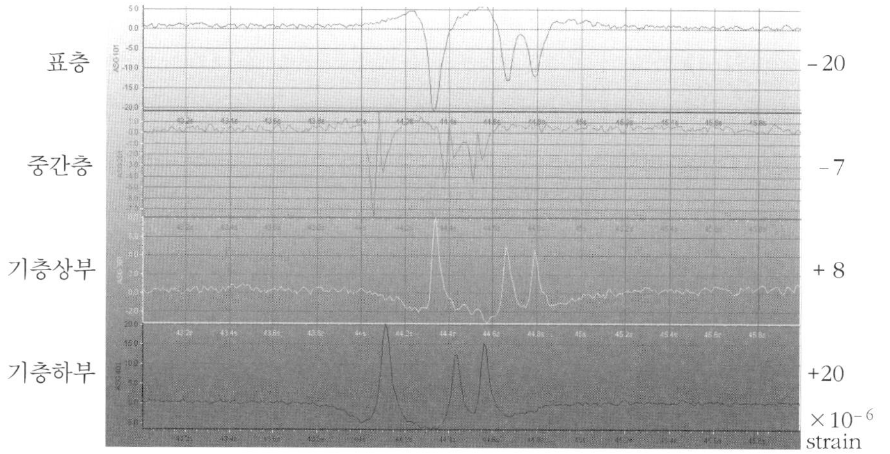

그림 3.40 아스팔트 포장 동적 계측(변형률계)

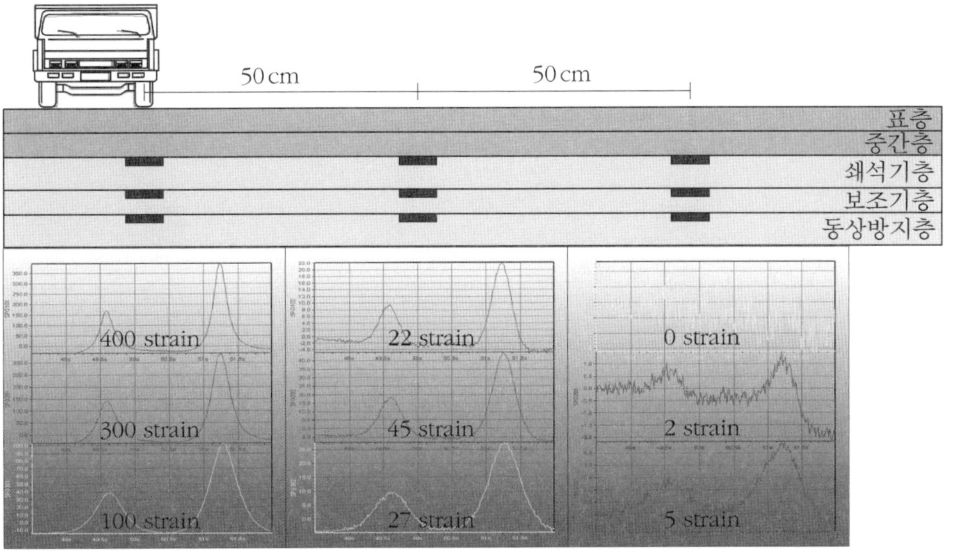

그림 3.41 아스팔트 포장 동적 계측(토압계)

② FWD 충격하중 재하시험

아스팔트 포장 구간의 FWD 충격하중 재하시험은 콘크리트 포장 구간과는 다른 목적을 가지고 수행되었다. 아스팔트 포장의 경우는 하중반복에 따른 크리프가 발생하기 때문에 변형률계가 묻힌 각 지점마다의 하중재하에 따른 포장 거동을 정확히 측정하는 것이 어렵다.

따라서, 앞서 설명한 바와 같이 변형률계 각 세트가 층마다 엇갈리게 배치되어 있다는 점을 고려하여 〈그림 3.42〉와 같이 꺾이는 부분의 계측기 위에 FWD 충격하중재하시험을 실시하여 수직, 수평에 대한 하중분포의 정도를 측정하였다.

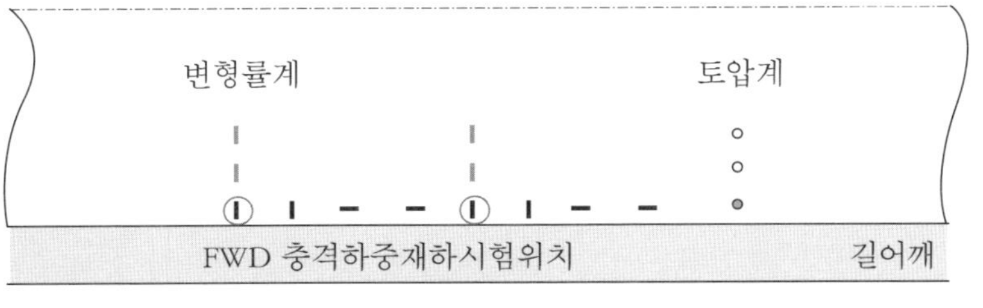

그림 3.42 FWD 충격하중재하시험 위치도(아스팔트포장)

시험에 사용된 충격하중은 포장층의 강성을 고려하여 콘크리트 포장에서 사용한 것보다 적은 1, 2단계(5.5ton, 6.8ton)를 사용하였으며, 각 단계마다 3회씩 반복하여 하중을 재하하였다.

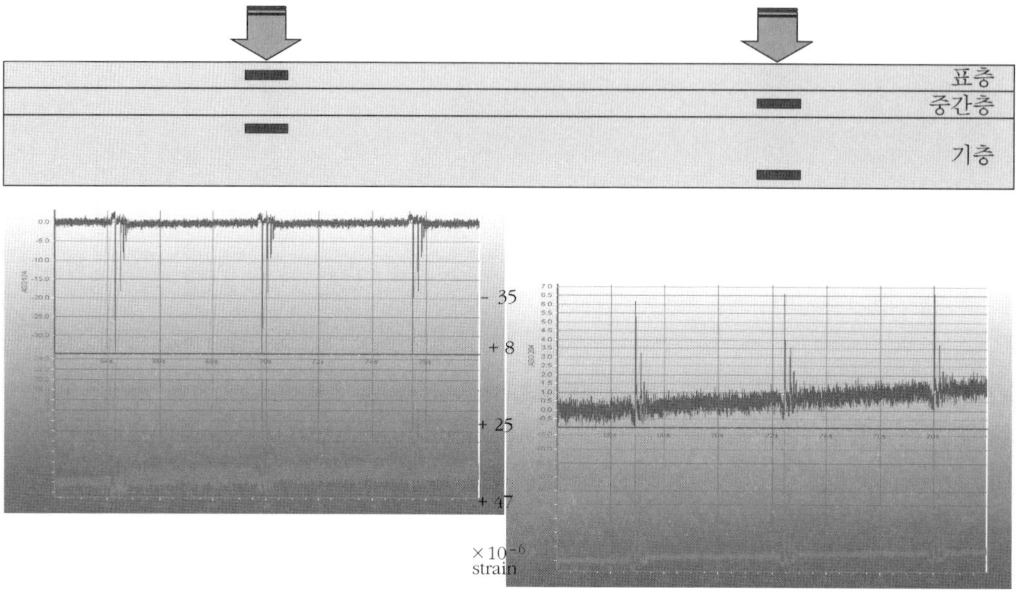

그림 3.43 아스팔트포장구간에서의 FWD 시험 결과

FWD 충격하중 재하시험은 계측신호의 이상이나, 신호 정상 여부를 파악할 수 있는 자료가 되기 때문에 전 단면의 모든 센서에 대해 시험을 수행하였다. 단, 동상방지층 생략구간에서는 단면의 중요도 및 중복성을 고려하여 FWD 충격하중 재하시험을 생략하였다.

(2) 토압계

토압계는 콘크리트 포장 구간과 마찬가지로 교통하중에 의해 포장체에 발생하는 수직압을 측정하기 위하여 설치되었다. 단, 콘크리트 포장에서와는 다르게 수직압의 깊이방향 분포와 함께 수평방향 분포를 측정하기 위하여 횡방향으로도 계측기가 매설되어 있다.

토압계는 휠패스에서 차로 중심 방향으로 50cm 간격으로 3개가 매설되어 있다. 단면의 구성에 따라, 일부구간은 쇄석기층, 보조기층, 선택층 3개 층에 총 9개가 매설된 단면이 있으며 대부분의 구간에는 보조기층과 선택층에 매설되어 있다. 아스팔트 포장 구간에 매설된 토압계에 대해서는 변형률계와 마찬가지로 동적하중 재하시험, FWD 충격하중 재하시험이 수행되었다. 동적하중 재하시험은 변형률계의 동적하중 재하시험과 동일하게 하중 재하판을 적재하지 않은 상태에서 남에서 북방향으로 수행되었다.
휠패스에 매설된 변형률계와 중앙부에 매설된 변형률계를 각각 20km/h, 40km/h의 속도에서 3번씩 지나가도록 시험을 수행하였다. FWD 충격하중 재하시험의 경우 충격하중의 크기를 1단계(5.5ton) 3회, 2단계(6.8ton) 3회로 조정하여 시험하였으며 A14-1, A14-2를 제외한 전 단면에 매설된 모든 토압계에서 시험을 수행하였다.

제4장

포장 가속시험 시설

4.1 개 요

일반적인 도로포장의 수명은 보통 10~20년으로 보고 있으며, 재료 및 공법에 따라 차이가 많이 나고, 최근에는 포장의 내구성을 증대시키는 신기술 및 신재료가 많이 개발되고 있다. 이와 같이 각기 다른 도로 포장의 재료 또는 공법 별로 포장의 수명을 비교하기 위해서는 현장에서 시험포장을 실시하여 10년 이상의 장기간 공용성을 관찰하여야 한다. 그러나 10년 이상의 기간 동안 공용성을 관찰한다는 것은 현장 여건 및 기타 여러 요인으로 인하여 사실상 불가능하다.

따라서 도로포장의 파손을 촉진시키기 위한 시설이 포장 가속시험 시설이며, 포장 가속시험 시설은 포장 위에 10년 또는 20년의 설계수명에 해당하는 하중을 단기간에 재하하므로써 통상적으로 6개월 이내에 재료별 포장의 수명을 해석할 수 있다. 도로교통연구원의 포장 가속 시험기는 총 중량 36톤의 카트 3대가 궤도를 따라 반복적으로 주행하며 온도에 민감한 아스팔트 포장의 거동 특성을 모사하기 위하여 -20~60℃ 까지 온도조절이 가능한 온도챔버와 지하수위 모사시험 시설을 설치하였다.

포장 가속시험 시설을 활용하여 과학적인 포장평가가 가능하며 직접적인 시험포장에 비하여 시간과 비용을 절감할 수 있다. 그리고 경제적인 포장재료 및 공법을 적용할 수 있어서 도로건설 및 유지관리 비용 절감 효과를 기대할 수 있다.

4.2 포장 가속시험 시설의 특징 및 구성

한국도로공사에서 개발한 포장가속시험기의 사양으로는 Cart 3개가 트랙형을 따라서 최대속도 30km/hr로 주행하며 축하중 18ton 범위 안에서 감속 및 감량이 가능하도록 조절할 수 있다. 아울러 실제로 고속도로상에서 운전자의 주행습관을 반영하도록 Cart의 횡방향운동(Lateral Wandering)을 반영하였다.

포장 가속시험 시설은 시험주로, 제어실, 장비설비실로 구성되며, 환경을 모사할 수 있는 설비로 온도 챔버, 지하수위 모사, 동결 모사 설비 등이 갖추어져 있고, 그 외에 제어시스템과 20톤 크래인을 보유하고 있다. 가속시험시설의 카트 수는 3개이며, 카트의 총중량은 36톤, 축당 최대하중은 18톤이다. 타이어의 접지압은 10kg/cm^{2}이며, 최대속도는 30km/hr이고, 주행로의 총 길이는 99.5m이며, 1싸이클을 주행하는데 소요되는 시간은 4초이다. 포장 가속시험 시설의 제원은 〈표 4.1〉과 같고, 환경모사 설비 및 부대시설의 제원은 〈표 4.2〉와 같다.

표 4.1 포장 가속시험 시설의 기본사양

항 목	기본 사양
카트 수	3
카트당 축의 수	2
축당 타이어 수	2, 4
최대 총중량	36톤
최대 축중량	18톤
타이어 접지압력	10kg/cm^2
최대 주행속도	30km/h
정격 주행속도	20km/h
주행로 총길이	99.5m
1회 주행시간	4.0초
횡방향운동	±300mm
하중 부가 방법	overhead crane
제어 및 전원 공급	RF 모뎀통신 제어 및 팬타그래프 방식
트랙 규모	48.3m × 24.3m
카트 규모(W × L × H)	5,800mm × 4,900mm × 3,250mm
안내장치 규모(W × L × H)	2,150mm × 4,620mm × 3,255mm

표 4.2 환경모사설비 및 부대시설의 제원

구 분	항 목	구 성
환경모사설비	온도 Chamber 지하수위 모사시험 시설 지반 동결시험시설 복사열 시험시설	온・습도 변화에 의한 거동특성 분석 (-20℃ → +60℃까지 온도주기 모사) 현장과 동일한 지하수위 모사 지반동결에 의한 포장체의 거동분석(-20℃) 복사열 모사 시험시설(+60℃)
계측시스템	동적 계측 시스템 정적 계측 시스템	포장의 동적특성분석(100ch.) 포장체 온도 및 정적재하실험(100ch.)
부대시설	Air Compressor 20ton Crane CCTV	Cart 정비용(1기) 시험체 및 장비운반(2기) 육안관측 설비(1식)

그림 4.1 가속시험용 카트

그림 4.2 가속시험용 트랙

그림 4.3 포장가속 시험동 전경

그림 4.4 포장가속실험동 내부 전경

그림 4.5 온도 Chamber

그림 4.6 실험용 Pit

4.3 포장 가속시험 시설을 활용한 연구분야

일반적인 도로 시설물들은 크기와 부피가 큰 구조물로서 장기간의 수명을 가지며, 작용되는 하중의 대부분이 실차량 하중, 환경하중 그리고 이 양자의 조합으로 결정된다. 따라서 공용성 평가를 위해 손쉽게 사용될 수 있는 실험실 내의 실험에는 많은 한계점이 노출될 수밖에 없으며, 현장실험의 경우에도 실험기간에 대한 한계가 큰 약점으로 존재한다. 그러므로 현장 실구조물의 물리적 조건과 기하적인 조건을 그대로 모사하고, 작용하중을 제어되는 가속방식에 의해 가함으로 공용성 평가를 과학적인 손상의 누적을 통해 효율적으로 수행할 수 있는 것이 포장가속 시험의 장점이다. 포장 가속시험은 다음에 간단히 기술한 바와 같은 분야에서 설계법 개발에 적극 활용될 수 있으며, 보다 정량적이고 역학적인 설계기법에 대한 자료를 제공할 수 있다.

- ○ 구조 설계 방법의 검증, 평가 및 개선
- ○ 차량-포장체-환경조건의 상호작용 분석
- ○ 포장재료와 시험법에 대한 평가
- ○ 포장 공학에서의 모델링 개선
- ○ 유지보수, 시공 그리고 유지관리 전략의 타당성 검토 및 개선
- ○ 포장 경제성 및 수명주기 비용분석을 통한 유지관리 개선
- ○ 새로운 포장재료 및 보수공법의 적용성 분석

○ 새로운 교통하중의 영향분석

○ 환경인자의 영향분석

○ 특수한 하중 및 포장단면에 대한 설계

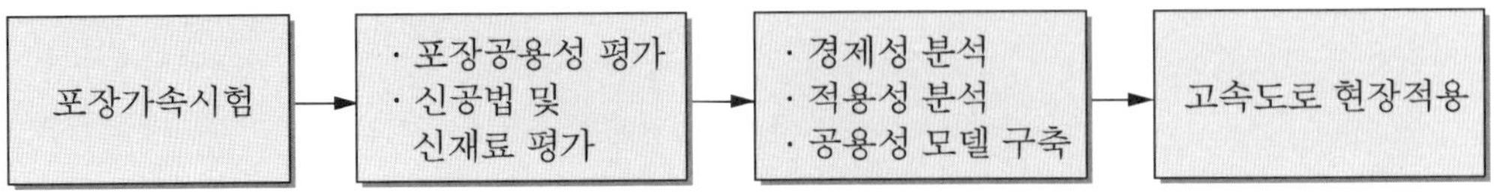

그림 4.7 포장가속시험시설의 기대효과

포장가속시험기를 통해서 적용되는 분야를 NCHRP Synthesis 325에서는 7가지로 나누어 정리하고 있다. 여기에는 포장설계의 평가, 검증 및 개선, 차량-포장-환경의 상호작용, 재료 및 시험방법의 평가, 포장의 모델링, 건설 · 보수 및 유지관리 전략의 개발, 시험결과의 현장 적용성, 경제성 및 관리기술 향상이 있다.

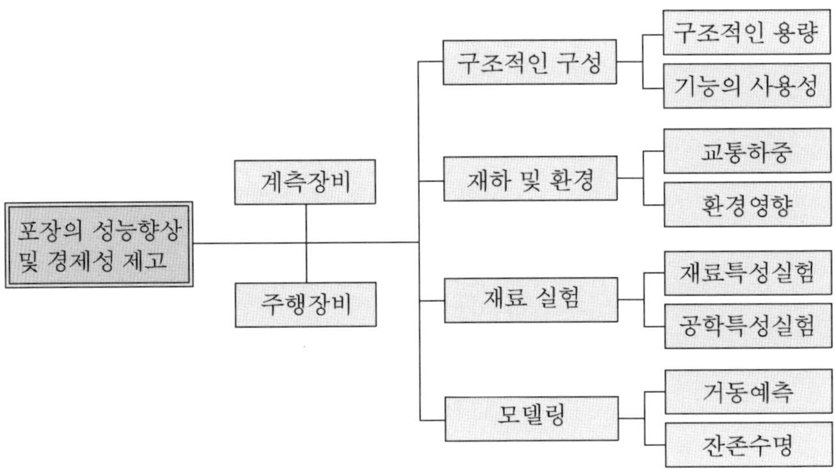

그림 4.8 포장가속시험시설의 활용분야

(1) 포장설계의 평가, 검증 및 개선

포장가속시험기가 포장설계법과 갖는 연관 분야를 포장 형식별로 구분하면, 적용분야를 콘크리트포장, 아스팔트포장 및 합성포장에 대한 적용으로 크게 나눌 수 있다. 아스팔트 포장의 경우 강성 · 고 탄성 아스팔트를 기층으로 사용하는 경우의 잇점,

포장 상부구조에서의 소성변형 저항성, 피로 저항성 향상을 위한 아스팔트 함량증가 층(rich bottom layers)의 검증에 사용될 수 있다. 콘크리트 포장은 노상지지력 및 컬링 및 워핑의 영향과 함께 두께, 다웰바 및 타이바의 영향을 조사하는데 유용하게 이용된다. 합성포장의 경우 반전포장(안정처리 또는 시멘트 처리된 기층을 채택한 포장으로 입상기층 또는 아스팔트 기층의 지지력을 증가시킴)의 효과에 대한 검토에 사용된다. 포장가속시험기는 포장설계 지침의 검증과 최적화에 사용되는데 수분이 공용성과 파손 매카니즘에 미치는 영향, 층간 부착의 중요성 및 효과의 정량화, 구조적 합성 및 재료적 특성의 상호 관계, 콘크리트 슬래브 형상의 영향, 콘크리트 슬래브 하부의 지지력이 미치는 영향에 대한 시험에 사용된다.

(2) 차량-포장-환경의 상호작용

포장체 형상과 사용되는 재료는 설계 또는 정책적으로 결정되고 구조적 시스템은 공용성에 영향을 미치는 교통하중과 환경조건의 지배를 받게 된다. 포장체의 응답 및 공용성은 각 요소별 하중강도에 따라 시간 의존적이 되는데 포장재료, 교통모사 및 환경영향 부분에 대한 사항으로 이루어져 있다. 교통모사 부분에는 축하중(단축 및 다축, 정적 및 동적, 횡방향 이동), 서스펜션 시스템, 타이어 압력 및 접지응력, 타이어 형식, 스피드에 대한 영향을 검토하게 되고 환경하중 부분에서는 바람 및 복사열, 온도, 여러 가지 형태로 가해지는 물의 영향에 대한 검토가 수행된다. 포장은 위의 세 가지가 상호작용하여 발생시키는 영향을 받으며 포장가속시험기는 이러한 사항을 부분적으로 또는 완전히 제어할 수 있는 상태에서 시험할 수 있는 큰 잇점을 가지고 있다.

(3) 재료 및 시험방법의 평가

포장가속시험기를 이용하여 포장재료의 응답과 공용성을 평가할 수 있으며 현존하는 재료에 대한 검증과 새로운 재료에 대한 적용 가능성에 유용하게 사용될 수 있다. 재료 및 시험방법의 평가에서 APT의 적용은 다음과 같이 요약할 수 있다.

- 기층재료로 사용하기 위한 검증
- 흙의 종류와 수분이 동결융해 조건에서 노상의 공용성에 미치는 영향 정량화

- 차량하중 모사도중 포장 강성의 변화 감시
- 포장체 각 층에 사용되는 광범위한 재료에 대한 평가
- HMA에 대한 시험을 통해서 피로 공용성 확인
- 아스팔트에 대한 피로 및 영구변형에 대한 저항성 확인

이러한 사항은 포장 설계법에서 결정된 각 재료에 대한 지침을 검증하고 강성변화를 통한 설계법의 검증수단으로 사용될 수 있을 것으로 판단된다.

(4) 포장의 모델링 개선

포장가속시험기를 통해서 포장에 영향을 미치는 요소들에 대한 제어가 가능하며 여기에는 축하중(크기, 횡방향 이동, 비 재하기간 등), 타이어 압력, 포장 구조(다짐, 층두께, 배수 등), 포장재료(입도, 바인더 함량 등), 포장온도와 노상 수분조건이 있다. 이러한 요소들에 대한 제어를 통해서 포장의 모델링 개선을 이룰 수 있으며 다음과 같은 항목들이 있다.

- 포장의 손상
- 노상의 소성변형 성능
- 아스팔트의 소성변형 성능
- 아스팔트의 피로 및 균열 공용성
- Unbound 재료에 대한 탄소성 거동
- 콘크리트의 공용성

(5) 유지보수 공법의 평가

포장 가속시험기는 구조적 설계와 유지보수 설계에 대한 평가에 동시에 사용될 수 있는데 초기상태에서 구조적 설계를 파손상태까지 시험 평가하고 이후에 덧씌우기를 수행하여 재시험을 할 수 있기 때문이다. 덧씌우기 시험에는 아스팔트 위에 아스팔트 덧씌우기, 콘크리트 위에 아스팔트 덧씌우기, 콘크리트 위에 콘크리트 덧씌우기, 아스팔트 위에 콘크리트 덧씌우기(PCC 또는 화이트 토핑)에 대하여 수행될 수 있고 현장재생 및 기층구조의 안정처리에도 적용할 수 있다.

포장 가속시험기는 현장 다짐, 층두께, 재료의 균등성, 팻칭보수, 바인더 및 수분함

량, 배수조건에 대한 시공기준을 정립하는데 기여할 수 있는 것으로 보고되고 있다. 이러한 응용을 통해서 포장 가속시험기는 시공 및 유지관리에서 공용성 기준 시방개발에 사용될 수 있다.

(6) 시험결과의 현장 적용성

포장 가속시험기를 통해서 설계절차의 검증 및 수정, 공용성에 근거한 포장 형태의 비교, 재료 공용성의 평가, 시공요령에 대한 평가 및 개선, 유지・보수 요령에 대한 평가를 위한 시험을 수행할 수 있다.

포장 가속시험기는 현장에 새로운 기술을 적용하기 전에 미리 시험을 수행하여 검증하는데 사용하여 큰 효과를 얻을 수 있는데 이렇게 얻어진 결과를 실제의 포장과 적절히 연관시키는 일이 중요하다. 포장가속시험기를 통해서 포장의 공용성에 대한 가치 있는 정보를 얻게 되지만 차량-포장-환경의 상호작용과 이에 따른 영향에 대한 이해가 앞으로 해결되어야할 것으로 지적되고 있다. 또한 포장 장기 공용성 연구와 포장가속시험기 사이에는 긴밀한 연관성을 성립시키는 장점이 있다.

(7) 경제성 및 관리기술 향상

포장가속시험을 통해서 포장관련 지식이 개선되고 각 층에 대한 설계 및 시공능력이 향상되며 수명연장, 투자대 편익 비율의 증가하게 되어 궁극적으로 포장경제성의 향상으로 이어진다. 관리기술에 대해서는 각 층에 대한 재료선택, 오차의 정립과 정량화, 각 층의 형상 및 시공에 대한 시방서를 정립하는데 사용되고 적절한 품질관리의 수행에 도움을 줄 수 있다.

PART 2

포장의 성능개선

1. SMA 포장
2. 개질 아스팔트
3. CRM 포장
4. 반강성 포장
5. 골재노출 콘크리트 포장
6. 포스트텐션 콘크리트 포장

제1장

SMA 포장

1.1 SMA 혼합물의 특징

아스팔트 혼합물은 크게 골재와 아스팔트로 구성되어 있다. 일반 아스팔트 혼합물의 경우 차량의 바퀴에 의해 가해지는 수직의 압축력과 전단력에 저항하는 힘은 아스팔트 바인더의 접착력과 골재 사이의 표면의 접촉에 의한 마찰력 그리고 골재간의 맞물림(interlocking)에 의해서 발생된다. SMA 혼합물의 기본 원리는 아스팔트 바인더의 접착력은 골재의 탈리를 방지하는 역할만 부여하고 압축력과 전단력에 저항하는 힘은 전부 골재에 의해서 발생한다는 개념이다. 골재의 접촉에 의한 마찰력은 골재의 고유한 파쇄 특성이기 때문에 이것을 증가시키는 것은 쉽지 않은 일이다. 그렇기 때문에 SMA 혼합물에 사용되는 골재는 맞물림 특성을 최대로 발휘하게 하기 위하여 골재의 파쇄면이 많게 하고 입형이 좋은 골재를 사용하여야 한다. 또한, 굵은 골재를 다량으로 사용하여 가장 양호한 전단 변형 특성을 확보토록 하는 것이다.

〈그림 1.1〉은 밀입도와 SMA 혼합물에 수직력이 작용하였을 때의 아스팔트 혼합물의 응력 전달 개념을 보여준다. 〈그림 1.1〉의 (a)는 밀입도 혼합물의 전단저항 특성은 골재의 맞물림보다는 골재 사이의 마찰력과 아스팔트 바인더의 점성에 의존한다는 개념을 보여준다. 이러한 개념으로 아스팔트 바인더의 점성을 증가시켜서 소성변형 저항성을 개선한다는 개념이 개질 아스팔트 혼합물이다. 〈그림 1.1〉의

(b)는 SMA 혼합물의 소성변형에 대한 저항성은 다량 함유된 굵은 골재에 기인하여 굵은 골재 사이의 맞물림에 의해서 발생되는 SMA 혼합물의 특성을 보여준다.

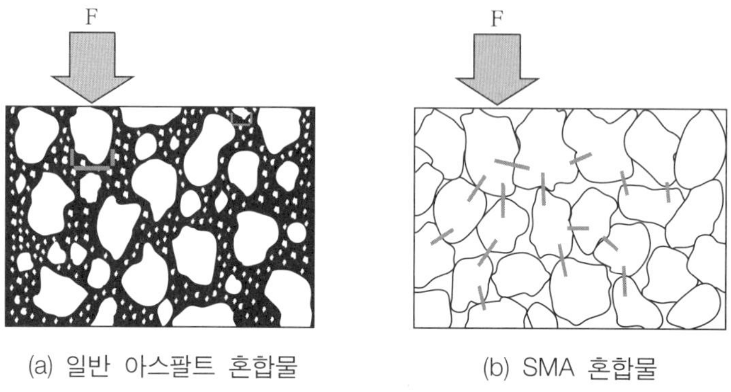

그림 1.1 일반 밀입도와 SMA 혼합물의 응력전달 개념 비교

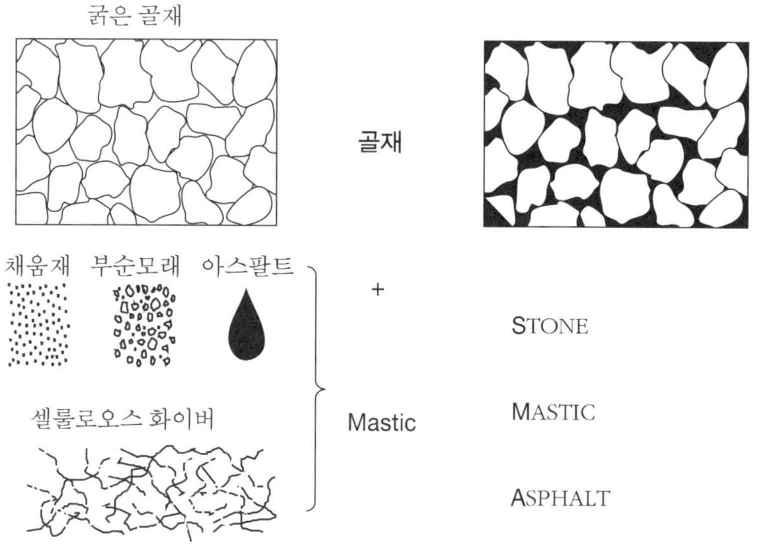

그림 1.2 SMA 혼합물의 조성

SMA 혼합물의 구성은 크게 골재, 아스팔트, 섬유첨가재(fiber)의 3종류로 나눌 수 있다. 일반 밀입도 아스팔트 혼합물과 가장 대별되는 차이점으로는 골재의 사용 측면에서는 굵은 골재가 상대적으로 다량으로 사용되고, 다량의 굵은 골재 사용에 따른 탈리 및 균열에 대한 저항성을 향상시키기 위하여 상대적으로 많은 양의 아

스팔트가 사용된다는 것이다. 많은 양의 아스팔트의 흘러내림과 블리딩(bleeding)을 방지하기 위한 섬유첨가재(cellulose fiber)가 추가되며 다량의 채움재(filler)가 사용된다는 것이 SMA 혼합물 구성상 특징이다.

〈그림 1.2〉는 SMA 혼합물에 사용되는 재료의 구성을 보여준다. 〈그림 1.2〉에서 보는 바와 같이 다량의 굵은 골재와 그 사이를 채워줄 수 있는 결합재로서 매스틱(mastic)이 사용된다. 이러한 매스틱은 아스팔트, 부순모래, 채움재(filler) 및 셀룰로오스 화이버(cellulose fiber)로 구성되는데 골재와 골재 사이의 공극을 채워주고, 결합시켜 주는 페이스트(paste)로서 작용한다. 〈그림 1.3〉은 SMA 혼합물과 일반 밀입도 아스팔트 혼합물로 제작된 마샬공시체를 절단한 단면을 보여준다.

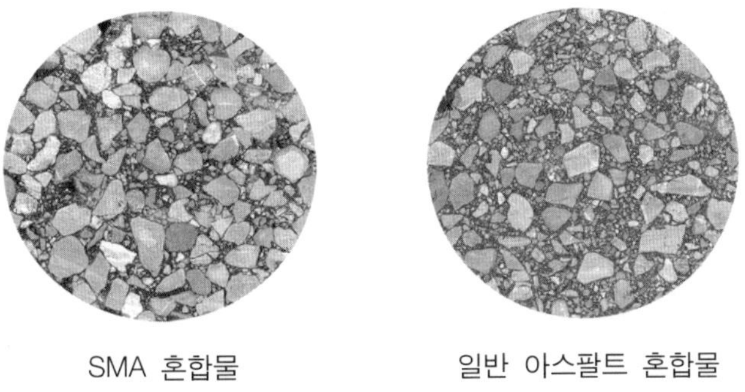

그림 1.3 SMA 혼합물과 일반 아스팔트 혼합물의 비교

1.2 SMA 혼합물의 품질기준

1.2.1 골재 및 아스팔트

아스팔트는 바인더는 일반(침입도 등급 60~70) 또는 개질 아스팔트(PG 70-22) 이상의 아스팔트를 적용해야 하며 KS M 2201 또는 KS F 2389 규격에 적합해야 한다. 특히, 중차량이 많고 지정체가 심한 구간에는 개질 아스팔트 적용을 원칙으로 한다. 굵은 골재는 〈표 1.1〉의 기준에 합격하는 것이어야 하며, 자연 모래는 잔골재로 사용하지 않아야 한다.

표 1.1 SMA 굵은 골재 품질기준

항 목	시 험 방 법	기 준
비 중(절대건조)	KS F 2503	2.5 이상
흡수량(%)	KS F 2503	2.0 이하
마모감량(%)	KS F 2508	30 이하
안정성 시험감량(%) (황산나트륨 사용)	KS F 2507	12 이하
아스팔트피막박리시험에 의한 피복면적(%)	KS F 2355	95 이상
편장석 함유량(%)	KS F 2575	20 이하

1.2.2 첨가재

(1) 섬유첨가재는 쇄석 매스틱 아스팔트 포장 적용을 위해 생산한 것으로 혼합조에서 분산이 잘 이루어 지도록 식물성 섬유(셀룰로오스)에 일정량의 아스팔트 등을 첨가하여 낱알 형태로 생산한 것을 사용한다.

(2) 일반적인 섬유 투입량은 순수 셀룰로오스 기준으로 혼합물 무게의 0.3~0.5 %를 기준으로 하며, 설계도서 또는 해당 아스팔트 플랜트에서 0.3~0.5 % 기준 내에서 혼합물에 이상이 발생하지 않도록 결정하여 사용해야 한다. 섬유 투입량의 허용범위는 소요되는 섬유 무게의 ±10 %이다.

(3) 섬유첨가재는 순수 셀룰로오스 기준으로 0.5 %를 첨가하여 드레인다운 시험을 실시하여 〈표 1.3〉에 규정된 드레인다운 시험값 0.3 % 이하를 만족하지 못할 경우에는 해당 섬유첨가재는 사용할 수 없다.

1.2.3 골재입도

SMA 포장의 입도는 굵은 골재, 잔 골재 및 채움재를 혼합한 혼합골재 입도로 〈표 1.2〉를 표준으로 한다. 〈표 1.2〉에서 주로 사용되는 입도는 13mm, 10mm, 8mm SMA가 적용되며, 일반 토공부에는 주로 13mm SMA 혼합물이 적용되며, 교량의 교면포장 구간에는 주로 10mm와 8mm SMA 혼합물이 사용된다.

표 1.2 쇄석 매스틱 아스팔트 포장(SMA) 혼합골재의 입도기준

구 분		SMA				
호칭입경(mm) \ 공칭 최대치수		19mm	13mm	10mm	8mm	5mm
공칭 입경에 대한 체 통과 중량백분율 (%)	25	100	-	-	-	-
	20	93~100	100	-	-	-
	13	30~50	93~100	100	-	-
	10	20~35	40~55	90~100	100	100
	5	15~25	16~30	25~45	30~60	95~100
	2.5	12~22	12~23	15~30	15~30	25~45
	0.6	10~18	10~18	11~20	12~20	13~21
	0.3	8~15	8~15	10~16	10~16	11~17
	0.15	7~13	7~14	9~15	9~15	10~16
	0.08	6~12	7~12	8~13	8~13	9~14

1.2.4 배합설계 기준

〈표 1.3〉은 각 입도의 SMA 혼합물의 배합설계 기준을 나타내었다.

표 1.3 SMA 혼합물의 배합설계 기준

항 목		기 준				
		19 mm	13 mm	10 mm	8 mm	5 mm
아스팔트 함량(%)		5.8 이상	6.2 이상	6.6 이상	7.0 이상	7.6 이상
공극률(%)		2.0~4.0				
골 재 간극율(%)	공극률 2~3 미만	16 이상	17 이상	18 이상	19 이상	20 이상
	공극률 3~4 미만	17 이상	18 이상	19 이상	20 이상	21 이상
포화도(%)		75 이상				
드레인 다운 시험값(%)		0.3 이하				
동적안정도(회/mm)		2000 이상				

SMA 혼합물의 배합설계시 다짐 회수는 75회이며, 골재 최대 치수별로 최소 아스팔트 함량을 규정함으로써 SMA 혼합물의 탈리와 균열 저항성 저하를 방지하고 있는 것이 특징이다.

1.2.5 드레인 다운 시험

드레인 다운 시험은 혼합물로부터 잔 골재 중에 함유된 미립분이 포함된 아스팔트가 흘러내리는 양이 적합한지를 판정하기 위한 시험으로 다음과 같은 방법으로 실내에서 시험을 한다. 본 시험은 침입도 60~80의 아스팔트 바인더 적용시만 해당되며, 개질 아스팔트 사용 시는 해당 개질 아스팔트의 등급에 따라 조정하여 적용해야 한다.

(1) 1kg 정도의 쇄석 매스틱 아스팔트 혼합물을 160℃~165℃에서 혼합한 직후 유리(용적 1,000mL, 직경 100mm, 높이 130mm 이상)에 붓고 무게를 측정한다.
(2) 무게를 측정한 후 유리나 얇은 뚜껑을 덮고 170±2℃ 오븐에 1시간±1분 동안 넣어 둔다.
(3) 1시간 후 오븐에서 비커(Beaker)를 꺼낸 뒤 흔들림이나 진동이 가해지지 않게 하고 유리비커 내의 혼합물을 비운다. 다시 혼합물의 중량(g)을 소수점 첫째자리까지 측정한 후 손실된 무게에 대한 비율(%)을 산정한다. 이 때의 비율(%)이 드레인 다운 시험값이다.

1.3 SMA 혼합물 배합설계

SMA 혼합물의 배합설계는 물리적인 조절에 의존함으로써 투입량이 정확히 조절되지 않는 콜드빈 골재를 기준으로 하지 않고 정확한 계량에 의해서 생산되는 하트빈의 골재를 채취하여 배합설계를 하는 것이 배합설계에 콜드빈 골재를 사용하는 일반 밀입도 혼합물과 다른 점이다. SMA 혼합물의 개략적인 배합설계 순서는 콜드빈 골재를 대상으로 예비 배합설계를 실시하여 콜드빈의 투입비를 결정하고 이

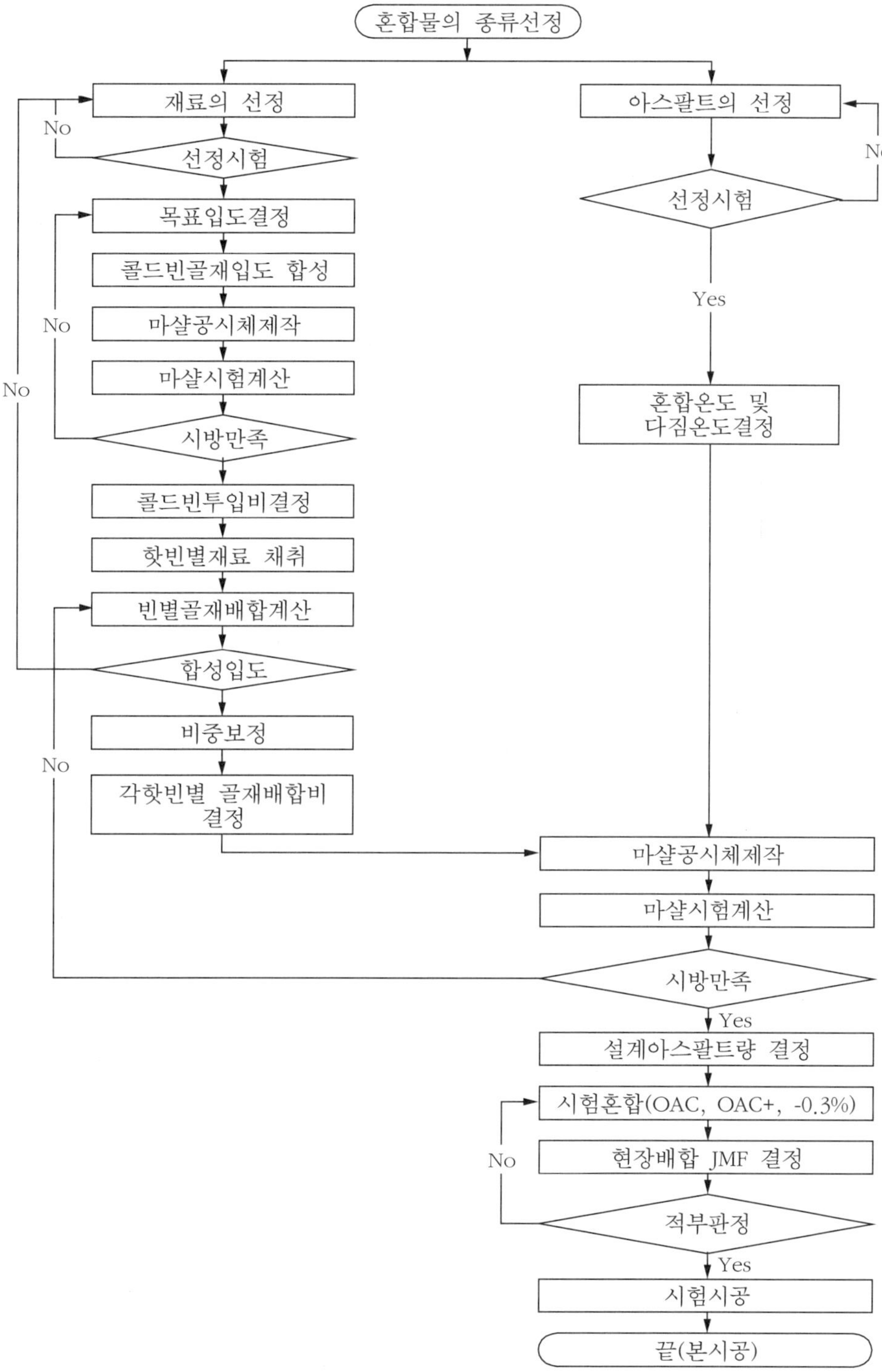

그림 1.4 SMA 포장 배합설계 흐름도

투입비로 골재를 투입하여 하트빈에 저장되는 골재를 채취하여 최종적인 배합설계를 통하여 합성입도와 아스팔트 함량을 결정한다. 그런 후에 실제 사용될 플랜트에서의 시험 혼합을 통하여 현장배합 입도와 현장 포설 아스팔트 함량을 최종적으로 결정한다.

이와 같은 SMA 혼합물의 최적 아스팔트 함량 결정을 위한 배합설계 과정을 흐름도로 나타내면 〈그림 1.4〉와 같다.

1.4 SMA 혼합물 생산시 유의 사항

각 골재 최대 치수별 SMA 혼합물의 생산을 위하여 석산의 골재 파쇄장에서 사용할 스크린의 치수를 SMA 혼합물 종류별로 〈표 1.4〉에 나타내었다.

크러셔와 플랜트 스크린의 입경 선택은 조절점보다 1~2mm 정도 큰 입경의 스크린을 선택함으로써 해결할 수 있다. 특정한 골재의 경우 이러한 망의 배치로 생산된 골재의 입도합성이 불가능할 경우는 해당골재의 입도특성을 고려하여 조절점을 추가로 설정하여 사용하는 스크린 망을 증가시켜야 하는 경우도 발생할 수 있다.

표 1.4 각 치수별 SMA 혼합물용 골재 생산에 사용되는 스크린 망

스크린입경 (mm) / 혼합물 종류	20	14	11, 12	9	6	3
19mm SMA	사용	사용	-	-	사용	-
13mm SMA	-	사용	사용	-	사용	-
10mm SMA	-	-	사용	-	사용	선택적으로 사용
8mm SMA	-	-	-	사용	사용	사용
5mm SMA	-	-	-	-	사용	사용

공사가 진행되는 동안 현장배합(JMF)에서 결정된 현장배합 입도 유지가 가장 중요한 요소이므로 콜드빈(Cold Bin)과 하트빈(Hot Bin) 골재에 대하여 지속적인

입도 검사를 통하여 최종적으로 결정된 현장배합 입도의 변동을 최소한으로 하여야한다.

낱알 형태의 셀룰로오스 화이버 첨가시 투입장치의 이상으로 소정의 섬유가 투입되지 않거나 결정된 투입량보다 적게 들어가는 경우가 종종 발생되므로 셀룰로오스 화이버의 정상적인 투입에 주의를 기울여야 한다. 또한, 셀룰로오스 화이버가 첨가되지 않은 혼합물은 현장 포설시 블리딩 현상이 발생되는데 이 때의 혼합물은 제거하고 재시공하여야 한다. 또한, 셀룰로오스 화이버가 골고루 분산되지 않을 경우에는 포장 표면에 부분적으로 뭉쳐서 다짐되어 고른 표면 형상을 기대할 수 없으므로 이 또한 주의를 기울여야 한다.

SMA 혼합물의 온도는 혼합 낱알 형태의 셀룰로오스 화이버가 혼합물 생산 시 잘 녹아서 분산될 수 있도록 일반 혼합물보다 높은 온도로 생산되어야 한다. 일반적으로 170℃ 정도가 적합한 것으로 판명되었으며, 기온과 운반거리에 따라 증감하여야 한다.

SMA 혼합물의 플랜트 혼합시간(Mixing time)은 마른비빔(Dry mixing) 5초, 젖은비빔(Wet mixing) 40초가 적당하다. SMA 혼합물의 당일 처음 생산된 혼합물에서 혼합물의 플랜트 믹서 배출시의 온도 조정을 위하여 200℃ 이상의 혼합온도로 혼합한 혼합물을 현장에 사용한 경우에 포장 면이 번들거리는 플러싱(Flushing) 현상이 발생하는 경우가 많으므로 첫 차에 상차되는 혼합물의 온도가 200℃가 넘는 경우가 있을 때는 이 혼합물은 폐기시키는 것이 바람직하다.

1.5 SMA 혼합물의 시공

아스팔트 피니셔(finisher)의 경우 85% 정도의 다짐 기능이 있는 것으로 가능한 한 확보하여 시공하여야 한다. SMA 포장은 굵은 골재의 함유량이 대부분이어서 일반 혼합물에 비하여 다짐밀도가 잘 나오지 않는 특성이 있다. 또한, 일반 혼합물의 다짐은 매카덤 로울러, 타이어 로울러, 탄뎀 로울러 순으로 진행하면서 실제적인 다짐 효과는 타이어 로울러에 의존하고 탄뎀 로울러의 역할은 면마무리의 역할만 수행하는 것이 대부분이다.

그러나 SMA 포장에서는 탄뎀 로울러가 가장 중요한 다짐 장비가 된다. 따라서 매카덤 로울러와 탄뎀 로울러는 다짐에너지가 최대한 높은 로울러를 확보하여야 한다. 로울러는 시방서에 규정되어 있는 것보다 가능한 한 큰 용량의 로울러의 확보가 바람직하며 탄뎀로울러의 경우 진동이 가능하여야 한다. 온도가 식은 경우 진동다짐을 할 수 있다. SMA 혼합물의 다짐 시 일반적인 로울러의 투입 순서는 매카덤, 매카덤, 탄뎀의 순서가 바람직하다.

SMA 혼합물 시공 시 시공 당일 처음 생산된 혼합물의 포설과 다짐 시에 플러싱 현상의 발생이 빈번한 경우가 많다. 이러한 현상을 방지하기 위하여 SMA 혼합물의 초기 포설시 반드시 포장 시작 전에 스크리드 히터로 스크리드 플레이트를 약 150℃ 이상으로 가열하여 페이버 포설 작업 시 SMA 혼합물의 페이스트가 스크리드 플레이트의 밑면에 달라붙지 않도록 하여야 한다.

다짐 작업 시 시방서에 규정된 로울러 별 다짐온도는 최소 규정이며 170℃ 이하의 가능한 높은 온도에서 다짐 작업이 이루어지는 것이 유리하고, 로울러 간에 연속적으로 신속하게 이루어져야하며, 탄뎀 로울러는 바퀴자국이 없어질 때까지 다짐을 계속하여야 한다.

다짐하기가 가장 용이한 SMA 혼합물의 온도는 일반적으로 145℃~165℃ 정도가 좋다. 다짐 시의 혼합물의 온도가 170℃가 초과하였을 때는 플러싱 현상의 발생 가능성이 높기 때문에 피니셔로 포설 후 혼합물의 온도가 170℃ 이상일 때는 온도가 170℃ 이하로 떨어질 때까지 대기하다가 로울러로 다짐하여야 한다.

SMA 포장시 콜드 조인트(Cold Joint) 부분이 있을 때에는 포설 시 특별한 주의를 기울여야 한다. 기존의 일반 혼합물 공사 시에도 이음 부분의 외형과 편평한 마무리에 과도한 주의를 기울인 나머지 이음 부분의 다짐밀도 부족으로 이음(Joint)부 종방향 균열이 발생한 사례가 있다.

SMA 포장에서는 특히 콜드 조인트 부분의 다짐에 주의를 기울여야 하며, 피니셔가 진행하는 동안 기존 포장 위에 포설된 겹침부의 혼합물을 걷어내거나 쓸어버리지 말고 래키 등으로 밀어서 이음(Joint) 부분에 두툼하게 쌓아서 로울러를 우선적으로 태워 소정의 다짐밀도가 되도록 하여야 한다. 겹침부의 혼합물을 걷어낼 경우 매끈한 이음이 되는 것으로 보이나 SMA의 경우는 소정의 밀도를 얻지 못할 수 있다. 이러한 과정은 〈그림 1.5〉에서 보는 바와 같다.

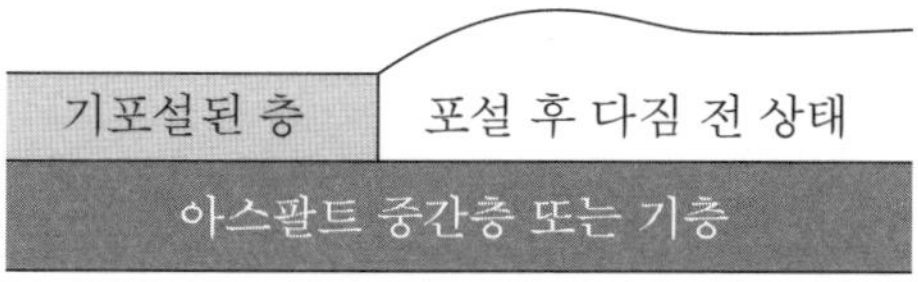

(a) 기존포장 포설시의 이음(joint)부 시공

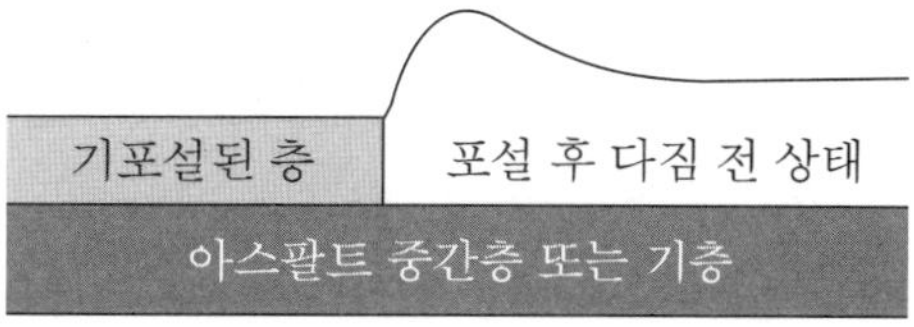

(b) SMA 포장 포설시의 이음(joint)부 시공

그림 1.5 아스팔트 콘크리트 포장의 이음(Joint)부 시공

〈그림 1.5〉 (a)에서 보여주는 그림은 이음부 시공시 외형적으로 편평한 마무리에만 중점을 둔 것으로 콜드 조인트부에서 균열이나 탈리가 생길 수 있다. 〈그림 1.5〉 (b)의 경우처럼 이음부를 시공하면 다짐도가 증가함으로써 이음부에서 발생되는 문제를 최소로 할 수 있다. 특히 SMA 혼합물의 이음부 다짐에는 반드시 (b)와 같은 방법을 사용하여 우수의 투수, 탈리 및 균열 발생을 최소화할 수 있도록 하여야 한다.

SMA 포장의 절삭 덧씌우기 공사시에 기존 포장부와 SMA 포장부의 콜드 조인트 부위에 다짐부족으로 인하여 우수가 침투하여 도로의 종·횡단 경사를 따라 우수가 흘러서 경사가 가장 낮은 부분에서 물이 용출되는 사례가 빈번히 발생하고 있다. 근본적으로 콜드조인트 부위의 시공과 다짐을 철저히 하여 이러한 사례가 없도록 하여야 하지만, 야간 및 동계 시공 등의 유지보수 공사를 감안하면 이러한 우수의 용출이 있는 곳에 교면포장에 침투한 우수의 배출에 사용되는 유도배수관(Drain pipe) 등을 매설하여 노견 외측의 비탈면으로 배수시키도록 하여야한다.

야간 또는 동절기(10월~4월)의 SMA 혼합물의 시공은 혼합물의 온도저하에 따른 다짐 불량에 대비하기 위하여 신속한 시공을 위한 특별한 대책을 강구하여 시공에 임하여야 한다.

1.6 SMA 혼합물의 교면포장 적용

SMA 혼합물의 교면포장 적용기준을 설정하기 위하여 교량 형식을 교량의 규모 및 교량 상판의 형식에 따라 〈표 1.5〉에서 나타낸 것처럼 세 가지로 구분하였다. 교량 상판의 형식에 따라 콘크리트 상판과 강상판으로 구분하였고, 콘크리트 상판은 크게 교량연장에 따라 100m 이상과 100m 이하 교량으로 구분하여 적용하도록 하였다. 또한 100m 이하의 콘크리트 상판 중에서도 비교적 처짐이 작은 라멘교나 연속교 형태의 콘크리트 상판을 제외한 나머지 형태는 100m 이상의 장대교와 마찬가지로 설계하도록 구분하였다.

교면포장에 적용하는 SMA 혼합물의 배합설계 기준을 상부층과 하부층의 사용목적과 SMA 혼합물의 특성을 고려하여 설정하였으며 〈표 1.6〉에 나타내었다.

표 1.5 교량상판의 종류에 따른 SMA 혼합물의 적용 기준

종류 / 층	100m 미만의 라멘교나 연속교 형태의 콘크리트 상판	100m 이상 콘크리트 상판	강상판
상부층	13mm SMA (10, 8mm SMA)	10mm SMA (8mm SMA)	10mm SMA (8mm SMA)
하부층	10mm SMA (8mm SMA)	8mm SMA (10mm SMA)	8mm SMA (5mm SMA)
비 고	상부 및 하부층 모두 10mm 또는 8mm SMA 적용 가능	상부층 8mm SMA 적용 가능	하부층 5mm SMA 적용 가능

표 1.6 교면포장용 SMA 혼합물의 배합설계 기준

항 목	기 준	
	상 부 층	하 부 층
아스팔트 함량(%)	6.5 이상	6.5 이상
공극률(%)	2.5~3.0	2.0~2.5
골재 공극률(%)	18 이상	18 이상
포화도(%)	75 이상	80 이상
드레인다운 시험값(%)	0.3 이하	0.3 이하

교면포장용 SMA 혼합물의 배합설계 방법을 교량의 종류에 따라 기술하면 다음과 같다.

(1) 100m 미만의 라멘교나 연속교 형태의 콘크리트 상판 : 100m 미만의 단교량 중에서도 교량의 처짐이 상대적으로 작은 라멘교나 연속교 형태의 콘크리트 상판을 대상으로 한 것으로 상부층은 일반 토공부에 사용하는 13mm SMA 혼합물의 입도를 그대로 사용하면서 아스팔트 함량만 증가시켜 교면포장용 SMA 혼합물의 배합설계 기준에 맞추어 사용하고, 하부층은 일반 토공부와 다른 치수의 SMA 혼합물일 경우 별도로 배합설계하여야 한다.

(2) 100m 이상의 콘크리트 상판 : 100m 미만의 단교량 중에서 라멘교나 연속교 형태의 교량을 제외한 처짐이 상대적으로 큰 교량은 100m 이상의 콘크리트 상판의 경우에 〈표 1.6〉의 기준에 맞게 배합설계를 실시한다.

(3) 강상판 : 교면포장용 SMA 혼합물의 배합설계 기준에 맞게 배합설계하여야 하며, 특히 강상판인 경우에는 휨 시험과 휠트랙킹 시험 등을 실시하여 가장 좋은 입도 조건과 아스팔트 함량에서 배합설계되도록 하여야 한다.

(4) 모든 교면포장 혼합물은 현장 플랜트에서 생산되는 SMA 혼합물에 대하여 현장 배합을 실시하여 시방기준에 만족하는 지 여부를 확인한 후 포설하여야 한다. 교량 상판의 주요 파손 원인을 살펴보면, 콘크리트 상판의 교면포장은 소성변형과 포트홀 등이고 강상판 교량의 경우는 균열과 소성변형이 가장 큰 파손원인이다. 이러한 문제를 해결하기 위해서는 수밀성, 내유동성, 처짐 추종성이 우수한 아스팔트 혼합물을 사용하여야 한다. 교면포장에 요구되는 이러한 아스팔트 혼합물의 요구 특성을 위하여 SMA 혼합물의 생산과 시공 시 철저한 품질관리가 요구된다.

제2장

개질 아스팔트

2.1 개질 아스팔트의 특징

개질 아스팔트는 중(重)교통 도로의 유동대책, 적설 한냉지역의 마모대책, 교면포장 등에 널리 사용되고 있다. 개질 아스팔트에는 여러 종류가 있는데 아스팔트에 첨가한 개질재의 종류, 첨가량, 제조 방법 등에 따라 품질 특성이 다르기 때문에 사용시 현장요구 성능을 명확히 파악하여 그에 적합한 성능을 얻을 수 있는 것을 적절히 선택하는 것이 중요하다. 이상적인 아스팔트 바인더에 요구되는 특성은 〈그림 2.1〉과 같으며, 이것을 얻기 위하여 아스팔트의 물성 향상을 위한 다음과 같은 개질이 필요하다.

① 액상 아스팔트 바인더의 펌핑, 혼합물 혼합 및 다짐을 쉽게 하기 위하여 높은 시공온도에서 더 낮은 점도를 가져야 한다.

② 소성변형, 밀림과 같은 포장의 변형을 줄이기 위해 고온에서 더 큰 강성을 가져야 한다.

③ 온도균열을 줄이기 위하여 저온에서 더 낮은 강성과 더 높은 이완성(弛緩性)을 가져야 한다.

④ 박리를 줄이기 위하여 수분이 있는 곳에서도 아스팔트와 골재의 부착성이 증가되어야 한다.

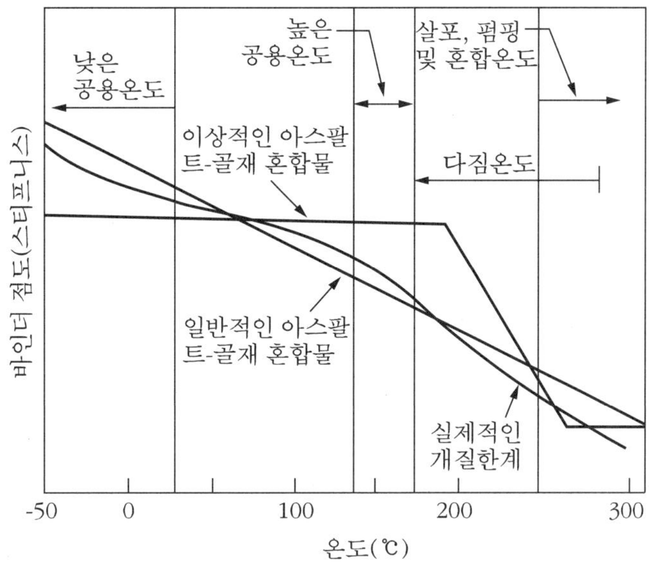

그림 2.1 이상적인 개질 아스팔트의 점도특성

2.2 개질 아스팔트의 종류 및 시공방법

2.3.1 고무계열

(1) SBS(Styrene Butadiene Styrene)

아스팔트 개질재로 쓰이는 스티렌 부타디엔 스티렌은 공중합체(共重合體; copolymer)로서 열가소성 수지 계통이다. SBS를 가열된 아스팔트에 첨가하면 수지계는 팽창하며, 혼합 시 전단력을 가하여 팽창한 폴리머를 유동화시켜 아스팔트에 분산되도록 한다. 폴리머 입자의 아스팔트 내 분산 속도는 입자의 크기, 전단력, 온도에 의하여 영향을 받는다.

SBS는 아스팔트의 감온성을 감소시켜 저온에서 아스팔트 혼합물의 온도균열 발생을 경감한다. 또한 연화점을 높이는 효과로 고온에서 아스팔트의 강도를 증진시켜 소성변형과 밀림현상을 감소시킨다. SBS 첨가 시 아스팔트의 유연성이 증가하므로 저온에서의 신도는 향상되나 고온에서는 신도 향상 효과를 나타내지 않는다. 이것은 SBS의 구성이 고온에서 아스팔트의 유동을 억제하기 때문인 것으로 알려져 있다.

SBS 개질 아스팔트를 사용한 아스팔트 포장에서는 온도관리에 주의하여야 한다. 플랜트 혼합온도, 운반 및 포설 시 전압온도를 〈표 2.3〉~〈표 2.5〉와 같이 일반 아스팔트 혼합물보다 10~20℃ 높여 시공해야 한다. 특히 전압 시에는 온도를 수시로 체크하여 적정 온도에서 전압이 되도록 하여야 한다. 이 때 고무 성분의 함유로 타이어 로울러에 심하게 달라붙으므로 미리 예열 등의 조치를 취해야 한다. 온도관리가 안된 개질 아스팔트 혼합물은 절대로 사용하여서는 안된다.

표 2.3 SBS 개질 아스팔트 혼합물 온도관리 기준

구 분	아스팔트 온도(℃)	골재 가열온도(℃)	혼합물 생산 온도(℃)
PG 76-22	160 이상	175~190	170~180
PG 82-22	160 이상	180~195	175~185

표 2.4 플랜트 믹서에서의 혼합시간

믹싱 구분	드라이(Dry) 믹싱	웨트(Wet) 믹싱
믹싱 시간(초)	4~7	40~45

표 2.5 다짐단계별 온도범위

다짐 구분	1차 다짐	2차 다짐	마무리 다짐
적정 온도(℃)	140 이상	100 ~140	80 이상

(2) SBR(Styrene Butadiene Rubber)

SBR은 폴리머 계통의 액상 아스팔트 개질재로 폴리머화하여 생산한 것이며, 아스팔트 혼합물의 온도균열 발생을 경감한다. 또한 고온에서 아스팔트의 강도를 증진시켜 소성변형과 밀림현상을 감소시키고, 노면 마모저항성을 증진시킨다.

SBR라텍스(latex)는 스타이렌(Styrene)과 부타디엔(Butadiene)을 유화 중합하여 제조한 수분산 합성고무이므로 아스팔트 혼합물 제조 시 심한 거품의 발생으로 인하여 부피가 1/2~2/3배 정도 증가하는데 이러한 현상이 발생하는 원인은 SBR라텍스의 성분 중 물 성분이 뜨거운 아스팔트 혼합물과 교반 시 기화하기 때문에 발생하는 것으로 알려져 있다.

SBR 라텍스는 67%의 고형분(solids)과 33%의 물, 혹은 50%의 고형분과 50%의 물로 구성되어 있으며, 고형분 무게 기준으로 아스팔트 무게의 3~3.5%를 첨가하는 것이 가장 효율적인 것으로 알려져 있다.

SBR 개질재를 이용하여 아스팔트 혼합물 제조 시는 전용 라텍스 투입 펌프를 이용하여 아스팔트가 골재에 충분히 피복된 후 투입한다. 믹싱타임은 일반적으로 골재 마른 비빔 5초, 아스팔트 투입 후의 젖은 비빔 10초, SBR 라텍스 투입 후의 젖은 비빔 30초, 배출 5초로 구성된다.

혼합온도는 SBR라텍스의 수분을 완전히 증발시키는데 필요한 열량 손실을 고려하여 일반 아스팔트 사용 시보다 10~20℃ 높게 하되, 아스팔트의 산화가 일어나는 185℃를 넘지 않아야 한다. 일반적으로 165~185℃이다.

SBR 개질 아스팔트 혼합물의 포설방법은 일반 아스팔트 혼합물 포설방법과 유사하나, 개질 아스팔트 혼합물은 점성이 높기 때문에 포설 시 온도관리에 유의하여야 하며, 특히 외기 온도가 10℃ 이하에서는 시공하는 것이 바람직하지 않다. 또한 SBR 개질 아스팔트 혼합물은 일단 식으면 시공성이 저하되어 소정의 밀도를 얻기 어려우므로 정해진 포설 온도 범위에서 포설하여야만 좋은 결과를 얻을 수 있다.

2.3.2 아민 계열

PBS(Phoenix Bituminous Stabilizer)는 덴마크 Phoneix사와 독일의 고분자 공급사가 공동으로 개발한 아스팔트 개질재로 결합재의 온도와 점성의 상관관계를 변화시킴으로써 온도의 변화와 관계없이 안정적인 결합을 유지시켜 성능을 향상시키기 위한 목적으로 개발된 개질 아스팔트이다. PBS는 백색에 가까운 아미드계 폴리머 개념의 안정재로 구성되어 있으며, PBS에 셀룰로스 섬유를 첨가한 것을 PBSC라고 한다. PBSC는 점성이 낮아 〈표 2.6〉~〈표 2.8〉과 같이 120℃ 이상의 온도에서 포설과 다짐이 이루어질 수 있다.

표 2.6 생산 온도 및 혼합시간

구 분	생산 온도 (℃)
드라이어	170～185
Hot Bin(가열골재)	160～175
아스팔트	150～160
혼합물 온도	160±10

표 2.7 플랜트 믹서에서의 혼합시간

믹싱 구분	드라이(Dry) 믹싱	웨트(Wet) 믹싱
믹싱 시간(초)	7～10	35～40

표 2.8 다짐단계별 온도범위

다짐 구분	1차 다짐	2차 다짐	마무리 다짐
적정 온도(℃)	120～135	100～120	80～100

2.3.3 탄화수소 계열

길소나이트(Gilsonite)는 흑갈색을 띤 고체상태의 천연재료이며 미국 유타주 동부에서만 채굴되고 상당히 많은 양이 매장되어 있다. 이 재료는 외형적으로는 석탄이나 굳은 아스팔트와 비슷하나 화학적으로는 특성이 다르다. 즉 이 개질재는 아스팔트 성분 중 분자량이 큰 아스팔텐(Asphaltene)이 대략 60～70% 정도 포함되어 있으며, 나머지는 주로 말텐(Maltene)으로 기름과 수지 성분이다. 일반적으로 2.5～3.5% 정도의 질소와 이온화한 질소기를 20% 이상 함유하고 있는 것이 특징이다.

길소나이트는 오일이나 레진 등의 아스팔트 성분을 화학적으로 변화시키지 않고 아스팔텐의 함량을 증가시킴으로써 아스팔트의 재료 특성을 개선시킨다. 이러한 원리로 아스팔트 혼합물의 안정성을 증대시키고, 질소의 고농축으로 골재와 아스팔트 사이의 강한 부착력을 얻음으로써 박리현상에 저항성을 가지게 된다. 길소나이트는 천연 아스팔트의 일종으로써 석유 아스팔트와 밀접한 관계를 가지고 있어서 아스팔트와의 혼합에 별 문제없이 솔벤트 및 탄화수소 등에 쉽게 용해되며, 첨가량은 아스팔트 량의 5~15%를 일반적으로 적용한다.

길소나이트는 자연상태에서 고체상태의 입자로 생산되고 있으며, 아스팔트 혼합물에 첨가하는 방법으로는 뱃치플랜트의 퍼그밀(pugmill)에 아스팔트가 분사되기 전에 가열된 골재와 동시에 투입한 후 15초 동안 180℃ 온도 하에서 섞어주면 된다. 이 때 퍼그밀에 연결된 사일로(silo)를 설치하여 길소나이트를 투입하거나, 아스팔트 혼합물에 영향을 주지 않고 녹을 수 있는 봉투(meltable bag)에 일정량의 길소나이트를 넣어서 골재와 동시에 퍼그밀 내로 투입하는 방법이 주로 사용되고 있다.

길소나이트가 혼합된 아스콘의 포설방법은 일반 아스콘과 동일한 방법으로 시공이 가능하므로 일반 아스팔트 포장장비의 사용이 가능하다. 길소나이트로 개질된 아스팔트 혼합물은 많은 응력을 받는 톨게이트 부근, 버스 정류장 및 주행차로 등의 하부층에 적용되고 있다.

2.3.4 플라스틱 계열

폴리에틸렌(PE)은 크게 저밀도 폴리에틸렌(low-density polyethylene: LDPE)과 고밀도 폴리에틸렌(high-density polyethylene: HDPE), 그리고 선형 저밀도 폴리에틸렌(linear low-density polyethylene: LLDPE)으로 구분된다. 이중 LLDPE는 도장용, 코팅용 재료로 많이 쓰이며, LDPE는 밀도가 0.91~0.94g/cm^{3}로서 HDPE의 밀도 0.95~0.98g/cm^{3}보다 다소 낮다.

이 중 LDPE는 석유부산물로 많이 생산되며 HDPE에 비해 인장강도가 낮으나 열팽창계수가 낮고 가격이 저렴해 공업용 재료의 원료로 많이 쓰이며 아스팔트의 개질에도 많이 쓰인다. PE의 대표적인 용도는 비닐하우스용 비닐, 튜빙, 필름, 병, 절연체 등이다.

LDPE는 아스팔트와 결합이 되지 않는다. 단지 아스팔트 내에 작은 입자로 분산되어있을 뿐이다. 개질 아스팔트 제조 시 고전단 믹서로 170℃ 정도에서 LDPE를 아스팔트와 혼합하고 나면 고온에서 수분 내에 상 분리가 일어난다. 따라서 이러한 상 분리현상을 방지하기 위해 혼합장치에서 LDPE 개질 아스팔트를 지속적으로 제조 후 바로 혼합물에 사용하여야 한다. 반면에 안정화 기법(예, steric stabilizer)을 사용하면 상 분리가 일어나지 않는 안정된 개질 아스팔트를 사용할 수 있다.

LDPE 개질 아스팔트는 크게 두 가지로 사용할 수 있다. 한 가지는 미리 일정 비율의 LDPE를 아스팔트에 섞어 안정화 상태로 유지해 놓거나, 혼합하여 사용하는 Premix 타입이다. 또 하나는 파우더 형태의 LDPE를 소정량 배치마다 믹서에서 바로 투입하는 건식 혼합 방법이다.

제3장

CRM 포장

3.1 CRM 포장의 특징

CRM 아스팔트는 일반 아스팔트에 비해 높은 점도와 저온에서 낮은 강성을 갖게되는데, 높은 점도는 교통하중에 의해 발생되는 높은 응력과 변형에 대해 저항하는 힘이 크고, 저온에서의 낮은 강성으로 저온균열에 대한 저항성이 크게 된다. 또한 CRM 아스팔트의 신축성으로 인하여 반사균열에 좋은 효과를 주고 있으며, 폐타이어 내에 존재하는 카본블랙은 아스팔트의 산화를 방지하는 효과를 주고 있어서 아스팔트 포장의 장기노화를 방지하는 효과가 있다.

3.1.1 CRM 아스팔트의 종류

CRM 아스팔트 포장의 종류에는 SAM(Stress Absorbing Membrane), SAMI(Stress Absorbing Membrane Interlayer), ARC(Asphalt Rubber Concrete) 등이 있다. SAM(Stress Absorbing Membrane)은 표층 처리용으로 쓰이며 도로 표면에 CRM 아스팔트를 뿌리고 이 CRM 아스팔트가 뜨거울 때 즉시 골재를 그 위에 뿌림으로써 CRM 아스팔트와 골재가 결합하는 칩실(Chip Seal)공법을 사용하며, CRM 아스팔트 양은 약 $3.0\ell/m^2$ 정도이고 최종 SAM의 두께는 9~19mm가 된다. 표층에 뿌려진 골재가 여러 층으로 겹쳐지기 때문에 두께도 두꺼워지고 미끄럼에 대한 저항성이 증대된다. SAM은 1968년에 처음 시공되었는데 골재조직이 치밀하지 못한 단점이 노출되었다.

이러한 단점을 극복하기 위하여 SAM을 덧씌우기 하기 전에 시공하였으며, 이러한 공법이 SAMI(Stress Absorbing Membrane Interlayer)인 것이다. SAMI는 1971년에 피닉스 시에서 최초로 시공되었다. SAMI는 기존의 시멘트 포장을 아스팔트 포장으로 덧씌우기할 때, 또는 기존의 아스팔트 포장의 균열을 보수할 때, 물성이 서로 다른 층의 거동으로 인하여 발생되는 반사균열을 방지하기 위하여 중간층을 두므로써 응력을 흡수하는 역할을 한다.

SAMI는 기존의 아스팔트 플랜트에서 CRM 아스팔트와 골재를 혼합하여 제조하는 Plant Mix방식이며 SAMI 포설방법은 SAM과 비슷하지만 SAMI는 수평방향으로의 변형을 최대한 줄일 수 있기 위해서 CRM 아스팔트위에 뿌리는 골재 양을 최소화하여야 하고, 수직하중을 아래층으로 전달하는데 있어서 과도한 처짐이 덧씌우기층에 발생하지 않도록 층의 두께를 SAM보다 얇게 하여 약 6~13mm 정도의 두께로 포설한다.

ARC(Asphalt Rubber Concrete)는 일반 아스팔트 포장과 똑같으며 아스팔트 바인더에 고무분말이 첨가된 CRM 아스팔트 혼합물이다. 이 경우에 내구성이 증대되며 산화가 감소하고 균열 저항 특성이 증대된다. CRM 아스팔트 혼합물에는 밀입도와 갭입도, 그리고 개립도 아스팔트 혼합물로 나눌 수 있으며 이 중에서 갭입도와 개립도 혼합물이 가장 널리 사용되고 있다.

갭입도(Gap Grade) CRM 아스팔트 혼합물은 골재의 맞물림 효과로 소성변형방지에 효과가 좋은 갭입도를 사용하며 갭입도에서 발생하기 쉬운 균열 및 골재탈리를 방지하기 위하여 고점도 개질 아스팔트인 CRM 아스팔트를 사용한다.

CRM 갭입도 혼합물의 최적 아스팔트 함량이 8% 내외에서 결정됨으로써 아스팔트가 골재를 두껍게 피복하며 또한 CRM 아스팔트의 인성으로 인하여 골재탈리 및 균열방지에도 좋은 효과가 있다.

개립도(Open Grade) CRM 아스팔트 혼합물은 최적아스팔트 함량이 9.5% 내외에서 결정되어 갭입도보다 아스팔트 함량이 많이 들어가며 강도측면에서는 갭입도보다 약하나 인성을 가지고 있어서 균열을 억제할 수 있는 장점을 가지고 있다. 따라서 시멘트포장 위에 아스팔트 포장 덧씌우기를 할 경우 필연적으로 발생하는 반사균열(Reflection Crack)을 억제할 수 있는 포장으로 기대되고 있다.

3.1.2 CRM 아스팔트의 특성

CRM 아스팔트는 폐타이어를 분쇄한 고무분말과 아스팔트가 약 200℃ 정도의 고온에서 혼합하여 약 45분간 교반양생시킨 것으로 이 때 고무분말은 아스팔트와 반응하여 고무분말의 부피가 증가하는 swelling 현상이 발생한다. swelling 과정은 아스팔트와 CRM의 물리화학적 특성에 의존한다. swelling의 변화와 비율은 혼합물의 온도, 시간, 아스팔트와 고무의 물리 화학적 특성에 의존한다.
Tolonen과 Green은 swelling과정을 연구하였는데, 고무입자가 swelling하면 고무입자간 거리가 감소하여 CRM 아스팔트의 점도가 증가하며 고무는 유분이나 아스팔트 유제의 흡수로 swelling한다고 하였다. 이와 같이 아스팔트에 고무분말이 swelling하는 과정을 reaction(숙성반응)으로 정의할 수 있다.

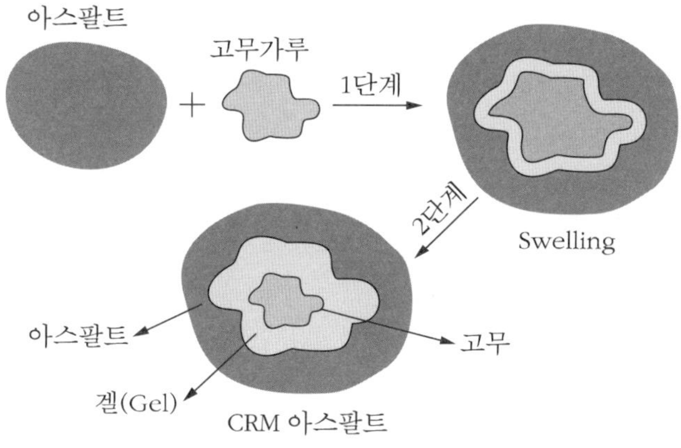

그림 3.1 아스팔트와 고무의 swelling

reaction 과정에서 고무분말의 부피증가와 아스팔트의 변화로 CRM 아스팔트의 점도가 증가한다. 고무분말이 swelling되고 바인더의 점도가 증가함에 따라 CRM 아스팔트의 물리적 특성이 변한다. 이 변화는 고온점도 증가, 탄성증가, 저온물성 개선과 노화(aging) 저항성 개선으로 요약될 수 있다.
이와 같은 물리적 특성에 영향을 미치는 요인은 아스팔트 시멘트의 구성요소와 고무분말의 입도, 표면적, 성분, 함량이 있으며 외적요인으로 가열시간 및 온도 믹싱 방법을 들 수 있다. 고무분말의 양이 10~25% 정도 함유된 CRM 아스팔트의 물리적 특성변화는 다음과 같다.

표 3.1 CRM 아스팔트의 물리적 특성 변화

물리적 성질	개 선 정 도
고온점도	일반 아스팔트보다 100배정도 증가
공용온도 stiffness	연화점이 15℃ 증가 절대점도(60℃) 100,000cp 이상 증가
탄성회복 특성	Resilience가 50% 증가
저온물성	저온 stiffness 감소 4℃ 신도 증가
에이징	TFOT 잔사침입도비 65~90% 증가

고무분말이 아스팔트에 첨가되면서 시간이 지날수록 점도가 증가하나 고무분말의 swelling이 완료된 후 점도는 감소되는데, 이 점도감소 반응은 204℃ 이상일 때 빨리 진행되며 150~190℃일 때 서서히 반응한다.

고무입자가 swelling하면서 CRM 아스팔트는 고온점도 증가, 고온스티프니스와 연화점 증가, 탄성특성 증가, 저온물성 개선, 노화(aging) 저항성 개선과 같은 물리적 특성이 변한다. 고무분말이 No.16체에 100% 통과하고 No.30체에 잔류하는 고무분말을 아스팔트 점도등급이 AC-10인 아스팔트와 반응했을 때 시험결과는 〈표 3.2〉와 같다.

표 3.2 일반 아스팔트와 CRM 아스팔트 특성비교

구 분		AC-10	CRM 아스팔트
침입도, 25℃(1/10mm)		106	67
절대점도, 60℃(poise)		1,071	2,174
화학성분(%)	asphaltene	8.6	10.8
	resin	13.8	15.2
	cyclic	74.5	70.7
	saturates	3.1	3.3

〈표 3.2〉의 시험결과는 60℃ 점도가 2배 정도 증가하였고 침입도는 37% 감소하였다. 화학분석 결과에서는 구성성분이 변하는 것을 보여주는데, 아스팔텐이 25%, 레진이 11%, saturates가 4% 증가하였고 cyclic이 5% 감소하였다. 이는 고무분말에 아스팔트가 흡수될 때 cyclic이 가장 크게 흡수되고 아스팔텐이 가장 적게 흡수되는 것을 의미한다.

CRM 아스팔트의 탄성특성은 ASTM D5329의 resilience 시험규정으로 평가할 수 있다. 아스팔트의 대표적인 탄성 회복량은 점도등급으로 AC-20 또는 AC-30인 아스팔트가 0～5%이고, AC-5는 -5% 정도이며 아스팔트에 고무분말을 첨가 시 탄성 회복량이 일반 아스팔트보다 40～50% 정도 증가하는 것으로 나타났다.

아스팔트 시멘트는 CRM 아스팔트의 특성에 영향을 미친다. 아스팔트의 스티프니스, 온도민감도, 노화(aging) 특성은 바인더의 고온과 저온특성에 영향을 미친다. CRM 아스팔트에 사용되는 아스팔트의 대표적인 등급은 점도등급으로 AC-2.5부터 AC-30까지인 아스팔트이고 점도가 큰 아스팔트의 사용은 점도가 낮은 아스팔트보다 높은 온도에서 큰 강성을 주나 저온에서는 딱딱해져서 수축균열을 일으킬 수 있다.

아스팔트에 첨가되는 고무분말의 양은 CRM 아스팔트의 특성에 영향을 미치는데, 〈표 3.3〉에서 AC-20 아스팔트에 고무분말의 치수가 1.18mm 이하인 고무분말을 0%부터 21%까지 변화하여 혼합한 CRM 아스팔트의 물리적 특성을 나타냈다. 이 표에서 고무분말 양이 증가할수록 175℃점도가 증가하고, 탄성회복량이 증가하며, 연화점이 증가하고, 콘 침입도가 감소하는 것으로 나타났다.

표 3.3 고무분말의 함량변화에 따른 CRM 아스팔트의 물리적 특성

구 분	고무분말의 함량(%)						
	0	6	9	12	15	18	21
175℃점도(cp)	60	550	800	900	1500	2500	6000
cone 침입도, 25℃(0.1mm)	48	40	43	44	40	30	27
탄성회복량, 25℃(%)	-1	-1	12	19	23	40	47
연화점(℃)	50	52	58	60	61	63	72

주) 아스팔트 : AC-20, 고무분말의 공칭치수 : No.16

고무분말 입자의 크기 및 입도는 CRM 아스팔트의 물리적 특성에 영향을 미친다. 세립의 고무분말은 표면적 증가로 swelling이 빨리 일어나고 큰 입자의 고무분말보다 높은 점도를 가져온다. 매우 작은 입자의 고무분말은 가열하는 동안에 매우 빠른 swelling과 잠재적 중합 저해 반응으로 인하여 급속한 점도 감소를 가져오는 경향이 있다.

고무분말을 전체 바인더의 10~25% 정도로 아스팔트에 다량으로 첨가되었을 때 바인더의 물리적 특성은 포장재료가 현장공용시 겪게되는 온도조건의 전범위에 대한 물성에 중요한 차이를 가져온다.

밀입도 아스팔트 혼합물에서는 세립의 고무분말(No.20 이하)이 적당하고 개립도 아스팔트 혼합물에서는 조립의 고무분말(No.10 이하)이 사용된다. 고무분말이 swelling하면서 발생하는 아스팔트 흡수의 양 때문에 아스팔트는 일반적으로 통용되는 아스팔트보다 연질의 아스팔트를 사용해야 한다.

CRM 아스팔트는 골재와 믹싱하는 동안의 바인더 온도조건에서 갭입도와 개립도는 6,000cp를 초과하지 말아야 하고 밀입도는 4,000cp를 넘지말아야 하는데, 점도가 높으면 혼합 시 골재의 피복문제가 발생할 수 있기 때문이다.

고무분말과 아스팔트의 숙성반응은 믹싱시간과 온도에 의존하며 높은 온도는 빠른 반응으로 더 많은 swelling을 일으킨다. 고무분말과 아스팔트 숙성반응의 대표적 온도는 164~204℃이다. CRM 아스팔트는 175℃에서 24시간동안 물리적 특성을 계속 유지하며 그 보다 높은 온도(190~204℃)에서는 고무분말은 3~6시간내에 물리적 특성이 영향을 받을 수 있는 범위로 중합반응이 저해되기 시작한다.

3.1.3 CRM 아스팔트 혼합물의 특성

CRM 아스팔트 혼합물은 CRM 아스팔트와 골재가 혼합된 형태를 말하며 아스팔트 혼합물은 입도 분류에 따라 밀입도, 갭입도, 개립도 혼합물로 구분한다. CRM 아스팔트는 고무분말을 premix 방식으로 아스팔트와 혼합하여 습식 방식으로 생산되며 개립도와 갭입도, 밀입도 아스팔트 혼합물의 바인더로 사용될 수 있고 포장 뿐만아니라 표면처리 및 크랙과 조인트 실런트 등의 용도에도 사용할 수 있다.

각 아스팔트 혼합물 형태에 대한 고무분말의 입자 크기와 CRM 아스팔트의 바인더에 대한 점도를 조정할 필요가 있다. 어떤 형태이든지 고무분말 입자가 혼합물이 다져진 상태에서 골재 입자 간의 간극보다 클 경우 골재 입자와 입자간의 접촉이 저해되어 불안정한 혼합물이 될 수 있으므로 각 입도의 골재간극이 허용하는 범위에서 고무분말 입도가 조정되어야 한다.

가열 아스팔트 혼합물의 wet process(습식방식)에 의한 CRM 아스팔트를 사용하는 데는 두 가지 목적이 있다. 첫 번째는 아스팔트 혼합물의 시공에 최소한의 영향만을 주기 위해 상당한 정도의 개질된 성질은 갖지 않는 CRM 아스팔트를 사용하는 것이다.

이 종류의 CRM 아스팔트는 고무분말이 아스팔트에 최대로 5% 함유하는 밀입도 혼합물 용이며 고무분말 입자는 개립도 아스팔트 혼합물이 조립(No.16 이하)인 반면에 밀입도 아스팔트 혼합물에서는 세립(No.50 이하)이어야 한다. 이와 같은 방법으로 생산된 CRM 아스팔트의 점도는 혼합물 믹싱 온도에서 5,000cp을 초과하지 말 것을 추천하고 있다.

두 번째 방법은 아스팔트를 상당부분 개질하여 공용성이 증가될 수 있도록 CRM 아스팔트를 사용하는 것이다. 이 개질방법은 고무분말을 10~25% 사용하여 아스팔트의 물성을 개선하는 것이다. 사용되는 아스팔트는 적용하고자 하는 등급보다 1~3등급 연질의 아스팔트를 사용한다.

이 형태의 CRM 아스팔트는 포장재료가 시공 및 공용 시 받게 될 온도조건에서 물리적 특성을 상당히 개선시킨다. 그러므로 CRM 아스팔트 포장의 설계 및 시공 방법은 개질 목적에 맞게 적용될 필요가 있다. 밀입도 아스팔트 혼합물은 세립 고무분말(No.20 이하)이 적당하고 개립도 아스팔트 혼합물은 조립 고무분말(No.10 이하)이 사용될 수 있다.

CRM 아스팔트의 점도 허용범위는 개립도와 갭입도 아스팔트 혼합물이 최대 6,000cp이고, 밀입도 혼합물이 최대 4,000cp인데, 이는 높은 점도로 인하여 골재피복이 안될 우려가 있기 때문이다.

갭입도 아스팔트 혼합물은 조골재의 접촉 면적 증가와 아스팔트 함량이 증가될 수 있도록 VMA를 증가시키기 위하여 입도분포가 밀입도보다 조립화된다. 골재의 조립화는 고무분말 입자가 들어갈 수 있는 충분한 공간을 제공한다. 따라서 고무분말 함량을 높일 수 있으며 고무분말 함량이 높은 CRM 아스팔트를 사용한 갭입도 아스팔트 혼합물은 공용성이 증가되는 것으로 밝혀졌다.

갭입도 혼합물은 개념적 측면에서 SMA와 매우 유사하며 이 때 CRM 아스팔트의 점도 증가는 Drain off(아스팔트가 흘러내림)특성이 감소되기 때문에 Drain off 특성을 감소하기 위한 개질재는 필요없다.

설계 아스팔트 함량은 공극률 3~5%와 VMA가 20% 이상인 아스팔트 함량에서 결정된다. 마샬안정도는 일반 아스팔트 혼합물보다 약 50% 감소한다. 갭입도 혼합물의 대표적인 CRM 아스팔트 바인더함량은 6.5~9.0% 범위이며 높은 VMA와 흐름치, 낮은 안정도를 준다.

개립도 아스팔트 혼합물은 고무분말 함량이 갭입도와 유사하며 골재간극이 갭입도보다 크고 아스팔트 함량이 갭입도보다 크다. CRM 아스팔트의 증가된 점성 때문에 바인더 함량은 Drain off 현상이 생기지 않으면서도 10%까지 들어갈 수 있다. 이와 같이 높은 바인더 함량은 피막 두께가 두꺼워지며 이로 인하여 노화(aging) 저항성과 내구성이 증가된다.

개립도 아스팔트 혼합물의 배합설계는 골재입도 선택, 바인더 함량 결정, 혼합물의 drainage 대 온도 특성, 수분 저항 특성 결정으로 구성된다. 개립도 혼합물의 공극률은 15~20%이고 VMA는 20% 이상이며 투수성을 가진다. 높은 고무분말 함량(10~25%)을 가진 CRM 아스팔트는 일반 아스팔트보다 점도가 상당히 높기 때문에 drainage 특성을 감소시킨다.

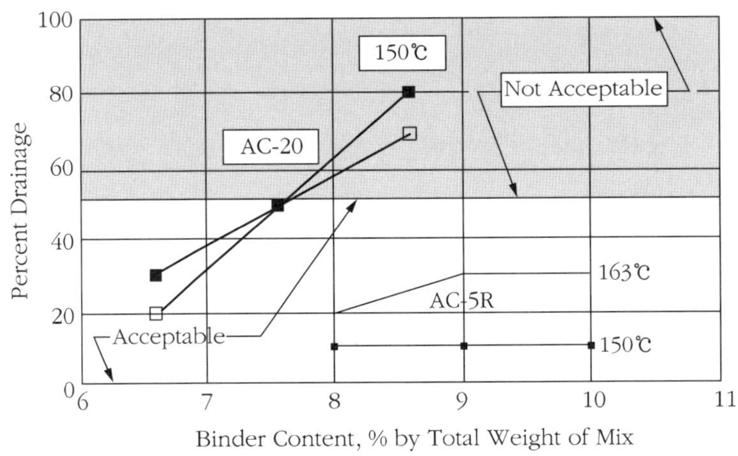

그림 3.2 개립도 혼합물의 Drain off 특성 비교

〈그림 3.2〉는 점도등급이 AC-20인 일반 아스팔트와 AC-5에 고무분말(No.24이하) 함량을 17% 첨가한 CRM 아스팔트의 drainage 특성을 비교하였다. AC-20 아스팔트는 7.5%이상에 drain off 현상이 생기므로 7.5% 이상을 사용할 수 없으나 CRM 아스팔트는 바인더의 함량이 10%에서도 drainage 특성이 전혀 문제가 없음을 보여준다. 일반적으로 개립도 아스팔트 혼합물에 사용될 수 있는 최대 바인더 함량은 고무분말 함량이 10~25%인 CRM 아스팔트를 사용했을 때 일반 아스팔트보다 40%정도 큰 것으로 나타났다.

3.2 CRM 포장의 품질기준

3.2.1 고무분말

고무분말은 승용차나 트럭의 폐타이어를 상온에서 분쇄하여 생산하게 되며, 금속, 토사, 먼지, 기타 유해물을 함유해서는 안되며, 충분히 건조한 분말이어야 한다. 고무분말 샘플 100g을 사용하여 체분석한 결과는 〈표 3.4〉의 기준을 만족하여야 한다.

표 3.4 고무분말의 허용입도

호칭치수(mm)	공칭 입경에 대한 체 통과중량 백분율(%)	
	I 형(개립도 또는 갭입도)	II 형(갭입도)
2.5	100	-
2.0	95~100	100
1.2	40~60	70~100
0.6	0~20	25~60
0.3	0~10	0~20
0.08	-	0~5

고무분말 입도 Ⅰ형의 고무는 섬유 함유율이 중량비로 0.1% 이내이어야 하며, 입도 Ⅱ형의 고무는 섬유 함유율이 중량비로 0.5% 이내이어야 한다. 고무분말의 함수량은 KS F 2306에 의한 중량비로 0.75% 이내이어야 한다.

CRM 아스팔트는 아스팔트와 폐타이어 고무분말을 균일하게 혼합한 것으로, 물리적 성질은 175±10℃에서 45~60분간 숙성시킨 후 〈표 3.5〉의 기준에 적합하여야 한다.

표 3.5 CRM 아스팔트의 품질기준

구 분	시험기준	범위	A[a]	B[b]	C[c]
절대점도(175℃, Spindle, 20RPM, cps)	ASTM D2196	최소	1,500	1,500	1,500
		최대	5,000	5,000	5,000
침입도(25℃, 100g, 5sec, 1/10mm)	KSM 2252	최소	25	25	50
		최대	75	75	100
침입도(4℃, 200g, 60sec, 1/10mm)	AASHTO T49	최소	10	15	25
연화점(℃)	KSM 2250	최소	57	55	52
탄성회복량(25℃, %)	ASTM D3407	최소	25	20	15
TFOT 잔사 침입도비(4℃, %)	AASHTO T179	최소	75	75	75

▸ a 더운지역에 사용
- 6월 평균기온 : 43℃(최대)
- 1월 평균기온 : -1℃ 이상

▸ b 보통기후지역에 사용
- 6월 평균기온 : 38℃(최대)
- 1월 평균기온 : -9 ~ -1℃

▸ c 추운지역에 사용
- 6월 평균기온 : 27℃(최대)
- 1월 평균기온 : -9℃ 이하

3.2.2 CRM 아스팔트 혼합물

개립도와 갭입도 혼합물용 골재는 골재의 접촉 면적을 증가시키기 위해 쇄석골재를 사용하여야 하며 골재의 입도는 〈표 3.6〉의 기준을 만족하여야 한다.

표 3.6 CRM 아스팔트 혼합물용 골재의 허용입도

구 분	개 립 도		갭 입 도		
공칭최대치수 / 호칭치수(mm)	10mm	13mm	10mm	13mm	19mm
25	-	-	-	-	100
20	-	100	-	100	90~100
13	100	95~100	100	90~100	65~85
10	85~100	75~95	78~92	70~90	50~70
5	25~55	20~45	28~42	24~42	22~42
2.5	5~15	5~15	15~25	15~25	15~25
0.6	0~10	0~10	5~15	5~15	5~15
0.08	0~5	0~5	3~7	3~7	3~7

CRM 아스팔트 혼합물은 〈표 3.7〉의 기준을 만족하여야 한다.

표 3.7 CRM 아스팔트 혼합물 품질기준

혼합물의 물성	개 립 도	갭 입 도
공극률(%)	-	3~6
골재의 공극률(VMA)(%)	22 이상	18 이상
잔류강도*(%)	50 이상	60 이상

* 잔류강도는 ASTM D 4867 규정에 의함.

배합설계는 시공전에 혼합물의 배합설계 결과를 토대로 〈표 3.8〉의 허용오차 범위에 따라 골재입도와 아스팔트 함량의 현장배합 승인을 받아야 한다.

표 3.8 CRM 아스팔트 혼합물의 현장배합 입도의 허용오차 범위

항 목		허용오차 범위(%)
호칭치수 (mm)	10	±7
	5, 2.5, 0.6	±5
	0.08	±2
아스팔트 함량		±0.5

3.3 CRM 아스팔트 혼합물 생산 및 시공

3.3.1 CRM 아스팔트 혼합물 생산

아스팔트 저장탱크는 고무분말과 아스팔트를 200±10℃에서 혼합할 수 있도록 아스팔트를 가열할 수 있어야 하며 탱크의 용량은 최소 10,000ℓ 이상이어야 한다. 고무 아스팔트 블랜더는 연속 혼합 방식을 가진 것으로써 균질한 품질의 CRM 아스팔트를 생산할 수 있어야 한다. 이 장치는 고무분말 공급 시스템을 갖추고 혼합한 아스팔트를 숙성탱크에 공급할 수 있어야 한다.

숙성탱크(Reaction tank)는 적정온도를 유지할 수 있는 가열 시스템을 갖추고 아스팔트와 고무분말을 적절히 혼합할 수 있도록 내부 교반장치와 믹서에 공급할 수 있는 펌핑 시스템을 갖추어야 한다.

고무분말 첨가 시 아스팔트의 온도는 200±10℃를 유지하여야 한다. 아스팔트와 고무분말은 블랜더에서 혼합하여 숙성탱크로 이송시킨다. 숙성탱크 내에서 점검은 최초 30분부터 시작하여 추가 점검을 15~30분 동안 실시하며, 숙성온도는 175±10℃를 유지시켜 CRM 아스팔트를 숙성시킨다.

CRM 아스팔트 혼합물의 생산 순서는 아스팔트를 200℃까지 가열한 후, 고무분말과 아스팔트를 혼합(Blending)한 후, CRM 아스팔트를 175℃에서 45분간 교반양생(Reaction)시킨다. 그리고, CRM 아스팔트를 혼합물 믹서로 펌핑하여 170±10℃에서 골재와 혼합한다.

혼합 반응기는 순간 가열 방법으로 아스팔트를 고온으로 가열하는 장치와 고무분말을 혼합하는 믹서를 갖춘 장비이고, 숙성기(Reaction Tank)는 아스팔트 시멘트와 고무분말의 균일한 혼합을 유지시켜주는 내부 교반장치가 있으며 반응, 펌핑, 아스팔트 혼합물에 바인더를 첨가하는 동안 162℃~190℃의 온도 유지를 위한 자동 가열 장치가 구비되어 있다.

아스팔트와 고무분말은 혼합 반응기에서 혼합하여 교반장치가 있는 숙성기로 이송되어 45~60분 내에 물리적 반응이 진행된다. 혼합물의 온도는 물리적 반응 기간 동안 163℃ 이상을 유지하여야 하며 반응이 끝난 후에는 175℃±5℃를 유지하여야 한다. 45분 경과 후 최초로 점도를 확인하며 물리적 반응을 일으켜 기준 점도가 나올 때까지 점도를 조정한다. 점도가 낮으면 고무분말을 추가로 서서히 100kg 단위로 첨가해서 교반 후 점도를 확인하면서 조정하며, 점도가 높으면 아스팔트를 서서히 첨가면서 조정한다.

CRM 아스팔트의 숙성 완료 후 혼합물 생산이 지연되거나 또는 중단되었을 때에는 가열을 중지시켜야 하며 재 사용하기 전에 175±10℃의 온도까지 서서히 재 가열하여 소요 점도 기준에 만족하여야 한다. 만일 점도가 품질기준에 벗어날 경우에는 아스팔트 또는 고무분말을 첨가하여 품질기준에 부합되도록 하여야 한다.

그림 3.3 순간히팅 블랜더

그림 3.4 리액션탱크

그림 3.5 CRM 아스팔트 혼합물 생산 전경

그림 3.6 점도측정

운반차량은 운반 거리, 공사물량을 감안하여 시공 중단이 없도록 충분히 확보하며 동절기 또는 장거리 운송으로 인한 혼합물의 급격한 열 손실을 방지하기 위해 보온 덮개를 덮는다. 운반 차량의 바닥에는 먼지나 진흙, 골재와 같은 이물질이 없도록 하기 위해 화물차 바닥에 세정액이나 실리콘 유제를 가볍게 도포한다. 이 때 등유나 경유는 바인더에 나쁜 영향을 주므로 바르는 것은 좋지 않다.

3.3.2 CRM 포장의 시공

(1) 노면보수

기존 포장도로 표면의 포트홀, 약한 부분, 중요 파손 부분은 일반 밀입도 아스팔트 혼합물로 메워서 보수한다. 균열폭이 6mm 이상인 구간은 CRM 아스팔트 충전재(Sealant)로 실링한다. 깊이 1cm 이상 소성변형(Rutting) 구간은 절삭 작업을 하고 택코팅을 하기 전에 표면을 완전히 청소하여 깨끗하게 한다.
소성변형 구간에서 비파괴시험기(방사능 밀도 측정기)나 코아를 채취하여 기층의 손상 여부와 공극률이 3% 이하로 낮아졌는지의 여부 등을 시험한 후 절삭할 깊이와 포장의 두께를 결정한다.

그림 3.7 실런트 주입

(2) 택코팅

택코팅은 고무계 개질 유화 아스팔트를 사용하여 택코팅을 하고 충분히 양생된 다음에 아스팔트 혼합물을 포설한다. 택코팅 양은 1m^{2}당 0.5ℓ ~0.6ℓ 이상을 살포하여야 한다.

(3) 포설 및 다짐

다짐장비는 다음의 장비를 사용하는 것을 원칙으로 하며 타이어 로울러는 아스팔트 혼합물이 달라붙기 때문에 사용을 금하나, 하절기를 제외한 시공에서는 아스콘이 붙지 않는 적절한 조치를 취한 다음 3차 전압에 사용할 수 있다.

그림 3.8 CRM 아스팔트 혼합물 포설

그림 3.9 1차다짐

그림 3.10 2차다짐

그림 3.11 살수 양생

▶ 갭입도(Gap Graded)

- 진동 탄댐 로울러 1대 : 8~12톤
- 무진동 탄댐 로울러 1대 : 8~12톤
- 마카담 로울러 1대 : 10~12톤

▶ 개립도(Open Graded)

- 무진동 탄댐 로울러 2대 : 8~12톤
- 마카담 로울러 1대 : 10~12톤

다짐 온도 준수를 위해 최초 1차 다짐 장비는 피니셔 바로 뒤에 붙여야 한다. 1차 다짐은 최소 규정 온도 기준을 지켜 신속히 진동 탄뎀 로울러로 6회 정도 다지며, 2차 다짐은 무진동 탄댐 로울러로 6회 정도 다짐을 실시하여 설계 밀도의 96% 이상이 되도록 충분히 다진다. 조인트 부분은 마카담 로울러로 6회 이상 다짐을 실시한다. 시공 조인트 부분에는 다짐이 끝난 후 반드시 RSC-4를 골고루 살포하여 방수력을 증진시킨다. 다짐이 끝나면 석회수(물 6,000ℓ에 석회석 25kg 희석)를 충분히 살포하면서 양생하여야 하며 온도가 60℃ 이하일 때 개통한다.

(4) 온도 관리

CRM 아스팔트 포장은 온도관리가 매우 중요하므로 〈표 3.9〉의 혼합물의 온도 관리 기준에 의거하여 철저한 온도관리를 하여야 한다.

표 3.9 CRM 아스팔트 혼합물의 온도관리 기준

구 분	기준 온도(℃)
골재 가열온도	162~190
아스팔트 가열온도	190~230
바인더 숙성온도	162~190
혼합물 생산 온도	개립도 131~149, 갭입도 142~176
현장 포설온도	개립도 131~149, 갭입도 142~162
다짐온도	1차 개립도 131 이상 2차 개립도 121 이상 갭입도 142 이상 갭입도 132 이상
개방온도	60℃ 이하
동절기 특이사항	혼합물의 생산 온도와 포설온도를 +10℃ 높인다.

공사 시 권장 최소 대기 온도는 10℃이며 비가 오거나 비가 와서 물이 고이거나 노면이 젖은 상태에서 포설해서는 안된다. 만일 10℃에서 공사를 시작했는데 예기치 않게 0℃로 내려 간다면 혼합물 온도가 143℃가 유지될 경우 마무리 공사를 할 수 있다.

제4장 반강성 포장

4.1 반강성 포장의 특징

반강성 포장은 공극률이 큰 개립도 타입의 반강성 포장용 아스팔트 혼합물에 침투용 시멘트 밀크를 침투시킨 것으로, 내유동성, 명색성, 내유성의 성능을 가진 포장이다. 모체로 되는 아스팔트 콘크리트는 포장 두께가 5cm 이상인 경우에는 골재 최대치수가 20mm, 3～4cm인 경우에는 10～13mm를 기준으로 한다. 골재 최대치수가 20mm인 경우에는 마무리 면이 거칠고 변형저항이 커서 미끄럼 방지를 목적으로 한 포장에 이용되는 수가 많고, 최대치수가 5mm인 경우에는 마무리 면이 보기좋고 표면의 요철이 미세하고 균일한 마무리면을 얻을 수 있어 내유성만을 목적으로 하는 장소 또는 조명효과를 목적으로 하는 장소에 이용된다.

반강성 포장을 표층에 이용하는 경우 포장두께는 4～5cm로 하는 것이 일반적이며, 반강성 포장의 특징 및 용도는 다음과 같다.

① 반강성 포장은 아스팔트 포장의 연성과 콘크리트 포장의 강성을 복합적으로 활용한 내구성 있는 포장이다.

② 반강성 포장은 교차점, 버스 터미널, 요금소 부근 등 내유동성, 내유성 및 명색성이나 경관성 등의 특징이 요구되는 장소 외에 공장, 가솔린 스탠드와 같이 내유성・난연성 성능이 요구되는 장소에 적용된다.

③ 반강성 포장 중에서 모체 아스팔트 혼합물의 모든 층에 침투용 시멘트 밀크를

침투시킨것을 전(全) 침투형, 절반 정도 침투시킨 것을 반(半) 침투형이라 한다.

④ 반강성 포장을 차도에 이용하는 경우는, 내유동성이나 내구성을 고려하여 일반적으로 전 침투형을 이용한다.

4.2 반강성 포장의 기준 및 배합

반강성 포장용 아스팔트 혼합물에 이용하는 침투용 시멘트 밀크 재료는 시멘트와 용도에 따라 플라이애쉬, 규사, 석분 및 첨가제 등이 이용된다.

(1) 침투용 시멘트 밀크

① 침투용 시멘트 밀크는, 보통 타입, 조강 타입 및 초속경 타입이 있다. 일반적으로 보통 타입은 보통 포틀랜드 시멘트, 조강 타입은 조강 포틀랜드 시멘트를 사용하고, 초속경 타입은 초속경 시멘트 또는 시멘트에 첨가제로서 급경화제를 첨가한 것을 사용한다.

② 균열 억제에 이용하는 첨가제로는 고무계 에멀젼, 수지계 에멀젼, 아스팔트 유제 및 고분자 유화제가 있다.

③ 침투용 시멘트 밀크의 일반적인 기준을 〈표 4.1〉에 표시하였다.

④ 첨가제의 첨가양은 일반적으로 제품 종류에 따라 정해져 있기 때문에 물/시멘트 비를 변화시켜 목적의 흐름치를 만족하는 배합으로 선정한다. 배합을 선정하면 강도시험으로 강도를 확인해두는 것이 바람직하다.

표 4.1 침투용 시멘트 밀크의 기준

항 목	기준값
흐름치(P 로트, 초)	10~14
압축강도(7일 양생, MPa)	9.8~29.4
휨강도(7일 양생, MPa)	2.0 이상

(2) 반강성 포장용 아스팔트 혼합물의 배합

① 반강성 포장용 아스팔트 혼합물의 골재입도는 〈표 4.2〉를 참고로 한다. 배합설계는 가열 아스팔트 혼합물의 배합설계에 준하며, 아스팔트 혼합물의 기준은 〈표 4.3〉과 같다.

② 마샬안정도 시험에 대한 기준을 만족해도, 아스팔트 함량이 많으면 시공 시에 분리되기도 하고 층 하부에 아스팔트가 고이는 현상이 생겨 침투용 시멘트 밀크가 충분히 침투하지 않을 수가 있으므로 아스팔트 함량 설정 시에는 충분히 검토하는 것이 중요하다.

표 4.2 반강성 포장용 아스팔트 혼합물의 골재 입도범위

<table>
<tr><th colspan="2">체 눈금 크기</th><th>I</th><th>II</th></tr>
<tr><td rowspan="8">통과질량백분율 %</td><td>26.2mm</td><td></td><td>100</td></tr>
<tr><td>19.0mm</td><td>100</td><td>95～100</td></tr>
<tr><td>13.2mm</td><td>95～100</td><td>35～70</td></tr>
<tr><td>4.75mm</td><td>10～35</td><td>7～30</td></tr>
<tr><td>2.36mm</td><td>5～22</td><td>5～20</td></tr>
<tr><td>0.6mm</td><td colspan="2">4～15</td></tr>
<tr><td>0.3mm</td><td colspan="2">3～12</td></tr>
<tr><td>0.075mm</td><td colspan="2">1～6</td></tr>
<tr><td colspan="2">일반적인 두께</td><td>5cm 정도</td><td>10cm 정도</td></tr>
</table>

표 4.3 마샬안정도 시험기준

구 분	기준값
밀도(g/cm³)	1.90 이상
안정도(kN)	2.94 이상
흐름치(1/100cm)	20～40
공극률(%)	20～28
다짐회수(회)	50

4.3 반강성 포장의 시공

반강성 포장은 재료 및 배합에 따라 특성이 다르므로 시공 시에는 그 특성을 충분히 파악한 뒤에 시행한다. 첨가재나 시멘트 밀크 종류에 따라 시공상 유의점이 다르므로 각각의 사양에 따라 시공하지만 일반적인 유의점은 다음과 같다.

① 침투용 시멘트 밀크 제조는 일반적으로 이동식 믹서에 의해 하지만 공사 규모가 큰 경우에는 전용 이동식이나 고정식 혼합 플랜트를 이용하는 것도 있다.
② 침투용 시멘트 밀크 시공은 일반적으로 포장체 표면의 온도가 50℃ 정도 이하가 된 뒤부터 시작한다. 이 경우, 포장체에 쓰레기 진흙, 물 등이 없는지 확인한다. 일반적으로 침투 작업은 진동 로울러에 의해 시행한다.
③ 시멘트 밀크가 포장 표면에 남아 있으면 노면의 미끄럼 저항치를 저하시킬 수가 있으므로, 포장 표면의 골재의 요철이 나타날 정도로 시멘트 밀크를 고무레이크로 제거한다. 특히 미끄럼방지 대책을 필요로 하는 곳은 규사 사용 및 잉여 시멘트 밀크의 제거 등, 재료나 시공법으로 대처하지만 경우에 따라서는 시공 후 숏블러스트로 표면을 거칠게 하는 것도 필요하다.
④ 교통 개방까지의 일반적인 양생시간은 〈표 4.4〉에 표시되어 있다.

표 4.4 교통개방까지의 양생시간 예

시멘트 밀크 종류	양생시간
보통 타입	약 3일
조강 타입	약 1일
초속경 타입	약 3시간

⑤ 침투용 시멘트 밀크 주입 전에 교통 개방하면 골재 탈리나 비산 또는 쓰레기, 진흙에 의한 더러움이 생기는 수가 있으므로 기본적으로 주입 전에 교통개방을 하지 않는다. 어쩔 수 없이 교통개방을 하는 경우는 쓰레기, 진흙 등에 의한 오염이 발생하지 않도록 조치할 필요가 있다.

그림 4.1 시멘트 페이스트 혼합

그림 4.2 시멘트 페이스트 주입

그림 4.3 표면 마무리

그림 4.4 시공 후 양생

제5장

골재노출 콘크리트 포장

5.1 개 요

도로 교통 소음은 운전자에게 지속적인 소음의 노출로 인해 피로를 유발하여 사고 발생의 가능성을 높이며 도로 주변에 거주하는 주민들에게는 스트레스, 불쾌감 및 불면증 등의 원인이 되기도 한다. 또한, 타이어와 포장 표면과의 미끄럼 저항은 제동거리를 좌우하는 기본적인 요소로서 주행 안전성을 확보하는데 중요한 역할을 한다. 즉, 도로포장의 표면은 교통안전을 좌우하는 중요한 요소로서 자동차의 타이어에 충분한 미끄럼 저항 수준을 제공해야 한다. 특히 우천 시에는 노면이 젖어 있어 수막현상으로 인해 미끄럼 저항성이 저하되므로 교통 사고율이 높아진다. 콘크리트 포장의 소음과 미끄럼 저항에 큰 영향을 미치는 표면처리 기법은 포장의 표면에 적절한 표면조직(texture)을 만들어 소음은 최소화하고 차량의 미끄럼 저항성은 극대화하는 방향으로 기술이 개발되어 왔다. 현재 주로 사용하고 있는 대표적인 표면처리 방법으로는 횡방향 타이닝과 종방향 타이닝이 있으며, 미국과 유럽에서는 타이닝 이외에도 이미 오래 전부터 골재노출, 다공성 콘크리트 등을 소음 저감 목적으로 사용하고 있다.

5.2 골재노출 공법의 특성

5.2.1 골재노출 공법의 표면특성

골재노출 공법은 콘크리트 포장 시공 시에 표면의 모르타르를 제거하여 굵은 골재를 노출시킴으로써 포장 표면에 별도의 표면조직을 형성하지 않고도 미끄럼 저항성을 확보하는 방안으로 소음 저감 효과가 양호한 공법으로 평가되고 있다. 그러나 콘크리트의 제조 방법, 시공순서, 시공장비 사용 등 여러 가지 공사 시방을 철저히 따라야 하기 때문에 기술적으로 쉬운 공법은 아니다. 골재노출 공법을 적용하기 위한 콘크리트 재료 배합 시에는 많은 양의 굵은 골재를 균일하게 포장 표면에 노출될 수 있도록 굵은 골재 용적률을 크게 해야 한다. 굵은 골재의 최대 입경은 일반적으로 20mm 이하로 사용하지만, 해외에서는 굵은 골재의 최대 입경을 15mm 이하로 하여 소입경 골재 노출 공법으로서 소음 저감 효과를 더욱 증대시켜 터널 내 포장에 적용하는 사례도 많다. 포장 표면에 골재를 노출시키기 위하여 포장 시공 이후에 지연제를 표면에 살포하여 표면 2~3mm 정도의 모르타르의 경화속도를 늦추고 골재 노출기(brush)를 사용하여 표면이 경화되기 이전에 2~3mm 정도의 모르타르를 긁어내어 표면의 결을 구성한다. 모르타르를 긁어내는 시기는 모르타르의 경도가 30~40(고무경도계)정도에서 하는 것이 적당하다.

골재노출 공법은 다른 표면처리 공법보다 소음 저감 효과가 우수하다. 특히 횡방향 타이닝과의 소음 측정값 비교시 5dB(A) 정도의 소음 저감 효과를 보이며 골재의 사이즈가 소입경일수록 소음의 저감 효과가 크고 미끄럼 저항은 커진다고 보고되고 있다. 또한 골재노출 공법으로 인한 포장 표면은 횡방향 타이닝과 같은 일정한 간격이 아니라 골재가 임의의 형태로 노출되므로, 고주파 소음(whine) 현상을 원천적으로 배제하여 조용한 도로포장을 사용자에게 제공할 수 있는 공법이다.

5.2.2 소음저감 효과

독일의 연구에 따르면 골재노출 포장 콘크리트 표면에서는 내부소음과 외부소음의 차이가 1dB(A) 이하였으며, 횡방향 타이닝보다 최고 3dB(A)의 소음을 저감한다고 보고되었다. 여러 나라의 콘크리트 포장에서의 소음과 표면조직에 관계되는 연구의 주요 결론은 횡방향 타이닝이 가장 큰 소음을 유발하며, 골재노출 공법은 타이어와 포장표면 사이에서의 소음을 줄이고 전체적인 소음 수준도 낮춘다고 하였다. 횡방향 타이닝의 경우 78dB(A)~85dB(A)로 가장 높은 소음이 측정되었으며, 소입경 골재노출 포장은 70dB(A)~74dB(A)로 소음이 가장 낮게 발생하는 것으로 측정되었다. 한편, 종방향 빗질로 표면조직을 처리한 포장은 72dB(A)~76dB(A)로 측정되어 소음이 낮게 발생하는 것으로 나타났으나, 미끄럼 저항이 다른 표면조직 방법에 비하여 낮기 때문에 안전이 중요시되는 포장에서는 실제 적용을 검토해야 한다. 동일한 방향의 같은 조직이라 하더라도 조직을 내는 방법에 따라 소음도가 달라지며 골재노출 공법의 경우 노출 골재의 크기에 따라 소음도에 차이가 발생하므로 조직을 발생시키는 방법에 대하여도 고려를 해야 한다.

5.3 골재노출 공법의 시공과정

일반 콘크리트 포장과 골재의 크기별 양은 차이가 있겠지만 초기 시공과정은 유사하다. 〈그림 5.1〉과 같이 일반 콘크리트 포장처럼 페이버로 콘크리트를 타설한다. 모르타르를 제거하여 골재노출을 하기 위해, 〈그림 5.2〉와 같이 모르타르의 경화를 지연시키는 지연제를 살포하고 콘크리트의 건조와 지연제의 증발을 막기위해 〈그림 5.3〉과 같이 비닐쉬트로 덮는다.

포설 후 24시간이 지나고 지연제에 의해 굳지 않은 표면의 모르타르를 〈그림 5.5〉와 같이 브러쉬 장비로 벗겨내고 모르타르를 폐기 처리하면 〈그림 5.6〉과 같이 골재노출 포장이 완성된다.

그림 5.1 콘크리트 타설

그림 5.2 지연제 분사

그림 5.3 초기 양생

그림 5.4 줄눈 컷팅

그림 5.5 골재 노출

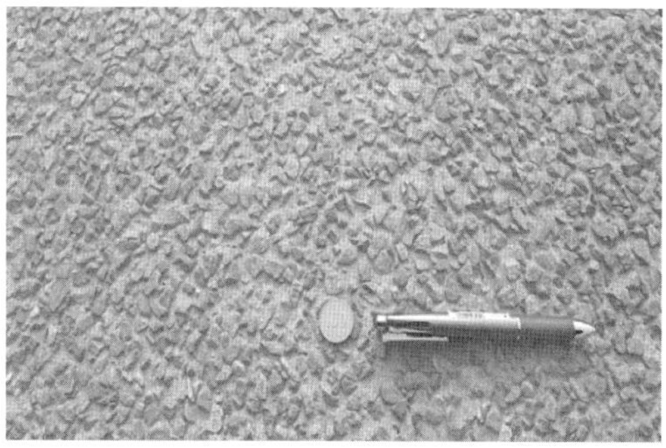

그림 5.6 완성면

제6장 포스트텐션 콘크리트 포장

6.1 개 요

국내에서 건설되고 있는 콘크리트 포장은 크게 줄눈 콘크리트(JCP : Jointed Concrete Pavement) 포장과 연속철근 콘크리트(CRCP : Continuously Reinforced Concrete Pavement) 포장으로 구분되며 현재까지는 줄눈 콘크리트 포장이 경제성의 이유로 콘크리트 포장형식의 주류를 이어왔다.

줄눈 콘크리트 포장은 조인트에서 스폴링과 줄눈재인 실런트의 재료적 파손, 균열, 단차 등의 파손이 발생될 수 있으며, 연속철근 콘크리트 포장 형식은 횡방향 균열을 허용하기 때문에 균열부에서의 스폴링과 펀치 아웃 등의 파손이 발생될 수 있다.

포스트텐션 콘크리트 포장(Post-Tensioned Concrete Pavement, 이하 PTCP공법)은 콘크리트 포장 슬래브에 종방향 및 횡방향으로 PS강연선을 배치하고 이를 프리스트레싱하여 포장 슬래브에 압축력을 가함으로써 차량하중으로 인해 발생하는 기존 콘크리트 포장 슬래브내의 인장응력을 상쇄시키는 공법이다. 이 공법의 특징은 콘크리트 포장두께를 감소시킬 수 있으며, 줄눈 간격을 감소시키므로써 줄눈부의 파손을 저감을 기대할 수 있다.

포스트텐션 콘크리트 포장 기술은 1946년에 프리스트레스트 콘크리트 개념을 처음으로 제안한 프레시네(Freyssinet)의 모국인 프랑스 파리의 올리 국제 공항에 1946년에 적용되었다.

이후 오스트리아, 벨기에, 잉글랜드, 독일, 네덜란드 등 유럽뿐만 아니라 미국에서도 프리스트레스트 콘크리트 포장을 시공하기 시작하였으며, 미국은 텍사스 주 도로국(DOT)을 중심으로 연구가 진행되고 있다.

6.2 PTCP 공법의 특징

포스트텐션 콘크리트 포장(PTCP : Post-Tensioned Concrete Pavement)은 차륜 및 환경 하중에 의해 포장체에 발생하는 인장 응력을 프리스트레싱 기법을 도입하여 감소시킴으로써 포장체의 우수한 장기 공용을 보장할 수 있도록 하는 포장 형식으로써 선진 외국에서는 이미 오래 전부터 이러한 도로 포장을 사용하며 발전시켜 오고 있다(Friberg and Pasko, 1973; Brunner, 1975; Klunker, 1981; Powers and Zaniewski, 1987).

PTCP는 콘크리트 슬래브의 두께를 기존 콘크리트 포장보다 줄일 수 있을 뿐만 아니라 줄눈 간격을 일반적으로 100m 내외에서 200m 이상까지도 가능하게 한다. 따라서 줄눈 콘크리트 포장과 비교하였을 경우에 줄눈 수가 1/20 이하로 감소하게 되어 이에 따른 잦은 줄눈 부분의 손상을 방지할 수 있으며 줄눈 손상으로 인한 보수가 감소된다. 또한 횡방향으로도 프리스트레싱을 가함으로써 모든 콘크리트 포장에 적용되는 종방향 줄눈도 생략할 수 있다. 궁극적으로 PTCP는 프리스트레싱 도입에 의한 발생 인장 응력의 감소로 포장체의 피로 파손을 줄여 내구성을 보장할 수 있으며 줄눈의 감소로 이와 연계된 손상 또한 감소시킬 수 있는 공법이다.

6.3 PTCP 공법의 시공 절차

시공 단계는 먼저 하부 지반 정리와 분리막 및 사이드 폼 설치가 이루어진다. 이때 Central 포켓 역시 설치된다. 그리고 횡방향 텐던 및 보조 철근이 설치되며 그 뒤에 종방향 텐던이 설치된다. 그리고 횡방향 텐던 및 보조 철근이 설치되며 그 뒤에 종방향 텐던이 설치된다. 이와 같은 사전 설치 작업이 끝나면 슬립폼 페이버에 의해 콘크리트가 타설 되며 타설 후 1차 및 2차 긴장을 통해 PTCP 슬래브에 긴장력을 작용시킨다.

PTCP 횡방향 긴장은 2차 긴장이 이루어질 때 함께 이루어진다. 모든 긴장이 끝나면 긴장을 위한 Cental 포켓 부분에 그라우팅을 함으로써 최종 마무리를 이룰 수 있다.

그림 6.1 블로우잉

그림 6.2 정착부 고정

그림 6.3 콘크리트 변형율 게이지 정착

그림 6.4 정착부 철근 배근

그림 6.5 포설 준비(1)

그림 6.6 포설준비(2)

그림 6.7 콘크리트 포설

그림 6.8 단부 인력마감

그림 6.9 표면 마무리

그림 6.10 거친 면 마무리

그림 6.11 타이닝

그림 6.12 양생제 살포

그림 6.13 포설 전경

그림 6.14 단부 인력 마무리

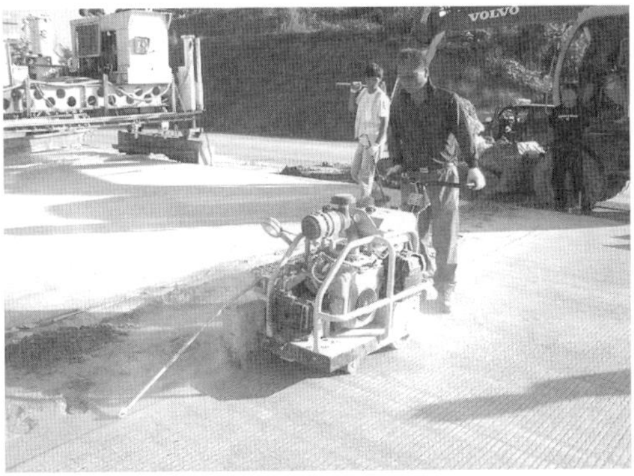

그림 6.15 정착부 콘크리트 제거

그림 6.16 긴장 작업

시공을 하기 위한 현장 실험으로는 PTCP 슬래브의 거동을 파악하기 위하여 변위 게이지와 변형률 게이지가 설치되고, Thermochron 및 Hygrochron는 Sand-bed에서 양생되어 압축강도를 측정하고, Maturity에 의해 예측된 값과 비교한다.

<표 6.1>은 Cental Prestressing 공법의 고내구성 콘크리트 품질기준과 배합표를 나타낸 것이다. 표에서 나타낸 바와 같이 본 공법의 콘크리트 배합은 초기재령에서 강도발현이 용이하고 장기적으로 고강도를 발현하는 배합으로서 투수, 동결융해, 내화학성 및 표면박리 저항성이 우수한 고내구성 콘크리트 배합이다. 고내구성 콘크리트 포장 배합에 사용된 시멘트는 플라이애시와 실리카흄을 사용하여 ASR에 의한 파손을 방지하고 초기 재령에서의 강도증진 및 내구성 확보를 위해 각각 20%와 5%가 사전 혼합된 시멘트로 설계되었다.

표 6.1 고내구성 PTCP 의 품질기준

품질 기준	시험방법	단위	기준	비고
• 슬럼프	-	mm	40±20	
• 공기량 범위	-	%	4~7	
• 압축강도	KS F 2405	MPa	21	재령3일
• 압축강도	KS F 2405	MPa	40	재령28일
• 투수저항성	ASTM C 1202	coulomb	1,000 이하	재령56일
• 동결/융해저항성	KS F 2456	%	80 이상	D.I. 기준
• 동결/융해저항성	ASTM C 457	μm	250 이하	S.F. 기준
• 화학저항성 (염산, 황산, 염화칼슘)	ASTM C 267	%	5 이하	중량손실기준
• 표면박리저항성	Boras Method	등급	G등급 이상	

표 6.2 PTCP 콘크리트의 배합설계 예

Gmax	W/C	S/a	단위량(kg/m³)					
			C	W	S	G	SP	AE
20mm	0.32	0.40	480	154	656	1,010	C×0.5%	C×0.15%

※ 단위시멘트량은 플라이애시와 실리카흄이 각각 20%, 5% 포함된 것임

PTCP 포장 설계는 슬래브의 두께 설계와 조인트 간격 설계로 구분된다. 슬래브의 두께 설계는 콘크리트 포장 슬래브에 환경하중, 교통하중 및 기층과의 마찰로 인하여 발생되는 인장응력이 설계응력 이내에서 유지되도록 프리스트레스 크기가 결정되고 이를 기초로 텐던의 간격이 결정된다. 설계에서 설계수명 기간 동안 교통량에 대한 피로검토와 프리스트레스의 손실량이 고려되어 균열 발생에 대한 충분한 안정성이 확보되도록 설계된다. 조인트 간격은 단일 콘크리트 포장 슬래브의 길이와 동일한 개념이며 PTCP 슬래브와 기층과의 마찰 및 설계 온도변화에 따른 신축량이 허용되는 범위 내에서 결정되며 본 시공에서는 120m로 설계되었다. 〈표 6.3〉은 PTCP 공법의 설계 예를 나타낸 것이다.

표 6.3 PTCP 공법 설계 예

구 분	설계 결과	비 고
슬래브 두께	15cm	
종방향 텐던 간격	60cm	KS D 7002, 7연선 B종, SWPC 7B기준 Φ15.2mm Unbonded 강선사용
횡방향 텐던 간격	300cm	
조인트 간격	120cm	

국내의 최초 시공사례로는 주문진-속초 고속도로에 PTCP 공법을 실시하였으며, 총연장 24m, 폭 8.2m에 슬래브 두께 15cm로 시공되었다. 조인트는 총 3개소로서 JCP 포장과 접속되는 2개소는 터미널 조인트가 설치되고 PTCP 포장슬래브 사이에 아모조인트가 1개소가 시공되었다. PTCP 시공방법은 미국의 펜실베니아, 미시시피, 애리조나에서 시공되었던 Gap Slab방식을 검토하여 시공의 연속성이 확보되도록 개선하고 사이드폼과 슬립폼을 이용한 방법으로 시공되었다.

본 시공에서 신축과 팽창 줄눈으로 사용하기 위해 개발된 아모조인트 시스템은 소음흡수를 위해 EVA 수지가 사용되고 EVA 수지의 파손과 노화를 방지하기 위해 우레탄 실런트를 2중 코팅하는 방식으로 설계하여 승차감을 향상시키기고 흡음재와 우레탄 실런트의 탈리를 방지하도록 B-Type의 아모조인트를 설계하였다. 갭슬래브는 인장작업에 필요한 최소한의 공간이 확보되도록 하고 이 부분의 구조검토를 수행하여 횡방향의 프리스트레스를 도입하고 철근으로 보강된 구조로 설계되었다.

콘크리트 포설을 위해서 스프레더 장비가 제작되어 사용되었으며, 인장작업은 프리스트레스의 손실을 최소화하기 위하여 양단 인장방식으로 시공하였다. PTCP공법의 주요 시공순서는 6단계로서 첫째, 분리막 및 사이드폼 설치 둘째, 횡방향 텐던 및 보조철근 설치 셋째, 종방향 텐던 설치 넷째, 콘크리트 포설 다섯째, 인장작업 마지막으로 조인트 및 Gap Slab 시공과정이다.

PTCP 메인 슬래브가 시공되고 인장작업이 완료되면 조인트 설치와 갭슬래브의 횡방향 텐던 및 보강철근 배근 후 콘크리트를 포설한다. 조인트의 시공은 평탄성이 확보되도록 양쪽 슬래브의 높이를 정확히 맞추어 시공하였고 시공시 온도에 따라 조인트의 설계유간을 조절한 후 콘크리트를 포설하였다. JCP 포장과 접속되는 2개소에는 터미널 조인트가 시공되었다.

PART 3

친환경 포장

1. 배수성 포장
2. 중온형 아스팔트 포장
3. 폼드 아스팔트 포장

제1장

배수성 포장

1.1 배수성 포장의 특징

배수성 포장은 우수를 포장체 내부로 침투시켜 불투수층에서 배수시설로 배수시키는 포장공법을 의미하며, 미끄럼 사고의 방지, 수막 현상 및 물 튀김 현상 방지, 야간 시인성 향상, 소음의 감소를 기대할 수 있다.

배수성 포장은 일반적으로 골재를 우수한 것으로 선정하고 개질 아스팔트를 적용한 혼합물을 기본으로 적용하고 있다. 사용 골재의 최대치수는 14mm, 11mm, 8mm로 구분하고 공극률은 20% 정도를 목표로 하고 있다. 아스팔트의 함량은 4.5~6.0%에서 결정된다. 시공 두께는 35~50mm 범위에서 결정된다.

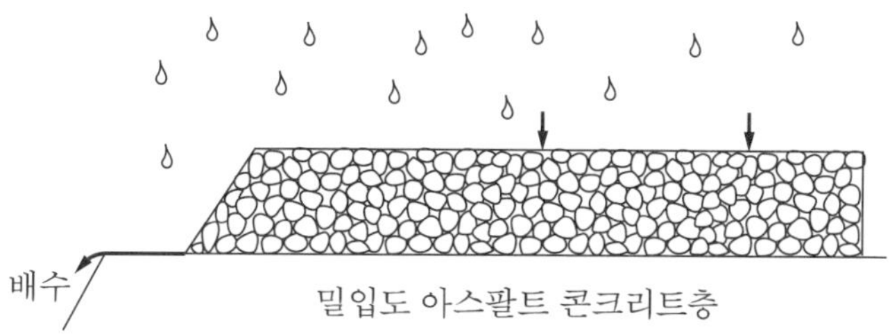

그림 1.1 배수성 포장의 구성형태

배수성 포장은 배수능력 및 소음 저감 특성을 보유하고 있으면서 차량 및 기후변화에 충분히 저항할 수 있는 구조이어야 한다. 배수성 혼합물은 충분한 공극이 확보되어야 효율적인 배수가 가능하며, 반면에 내구성 유지를 위하여 어느 정도의 결합능력이 확보되어야 한다. 공극과 내구성 확보문제는 서로 상반되는 개념으로 이러한 문제점을 극복하기 위하여는 고성능의 결합재 개발이 필수적이다.
배수성 혼합물의 안정성 및 내구성 저하방지를 위해 사용되는 결합재에는 아래와 같은 것이 있다.

① 일반 아스팔트 + 식물성 섬유
② 개질 아스팔트
③ 개질 아스팔트 + 식물성 섬유
④ 일반 아스팔트 + 천연 아스팔트 + 식물성 섬유
⑤ 고점도 특수 개질 아스팔트

식물성 섬유(셀룰로오 화이버스)는 혼합물 내 바인더의 흘러내림 방지와 결합재 양을 증가시켜 골재의 피막두께를 두껍게 하여 내 노화성, 내구성 향상 및 탈리로 인한 골재의 비산방지 등을 목적으로 사용하고 있다. 그러나 식물성 섬유의 사용은 동일 배합에서 공극률의 감소를 가져오는 특징이 있다. 개질 아스팔트는 스트레이트 아스팔트와 비교하여 정성적으로 연화점, 터프니스(toughness), 티네시티(tenacity) 및 60℃ 점도가 우수하다. 고점도 특수 개질 아스팔트는 혼합물 제조 시 높은 점성으로 결합재의 피막 두께를 증가시켜 내구성을 확보하고 고온에서 혼합물의 안전성 확보 등을 목적으로 사용한다.

1.1.1 배수 특성

지금까지의 아스팔트 포장은 불투수성이었고 투수계수가 작을수록 좋은 포장이라고 생각하여 왔다. 그러나 우천 시에는 수막현상으로 미끄럼 저항이 감소되고 야간의 시인성이 불량하여 교통안전을 저해하므로 포장 표면에서 우수가 배제되는 배수성 포장이 안전하고 쾌적한 고급 포장 공법으로 인식되고 있다. 일반적으로 배수성 포장에서는 10^{-2}cm/sec 정도의 투수계수가 얻어지며 이 정도의 값이 요구된다.

배수성 포장에서 투수로 인한 유출이 일어나고 있는 경우 연속 공극이 어느 정도 포화되어 있는가는 정확히 파악하기 어려우나 상당한 공극을 포함하고 있다고 추정된다. 연속 공극의 포화도는 포장체의 공극률과 개개의 공극의 치수 뿐만 아니라 빗방울에 함유되어 있는 공기량, 빗방울의 온도, 기온, 포장체의 온도, 강우의 상태 등에도 관계된다. 따라서, 실내 투수시험에서 얻은 투수계수는 그대로 배수성 포장에 적용할 수는 없으며 일반적으로 그보다 작은 값을 적용하여야 한다.

1.1.2 흡음 특성

배수성 포장체의 높은 공극률에 기인하는 소음 저감 효과는 다음 세 가지로 대표된다.

(1) 타이어의 Air-Pumping

배수성 포장 표면의 공극은 타이어가 도로 표면과 접촉할 때 타이어와 도로 사이에 존재하게 되는 공기의 압축과 팽창을 제거하여 air pumping 과 air resonant type 소음을 저감시킨다.

(2) 흡음작용

배수성 포장의 공극 타이어의 굽은 홈과 평평한 도로 표면 사이의 공간에 의해 발생하는 음향 완충(acoustical absorber)의 역할을 하여 소음의 반사와 전파를 줄일 수 있다. 이 특성은 타이어/도로 소음뿐 아니라, 다른 종류의 다양한 소음도 줄일 수 있다.

(3) 물튀김 음의 감소

배수성 포장의 소음 저감 효과는 주로 통기성에 의한 Air Pumping 음의 감소와 흡음작용에 의해 생긴다. 이에 부수적으로 강우 시 포장 표면에서의 물튀김 감소에 의한 소음 감소효과도 기대할 수 있다.

1.2 배수성 포장의 품질기준

1.2.1 아스팔트 바인더 및 골재

아스팔트는 배수성 포장용 개질 아스팔트를 원칙적으로 사용해야 하며 〈표 1.1〉의 기준에 적합해야 한다.

표 1.1 배수성 포장용 개질 아스팔트의 품질기준

항 목	기 준
침입도(25℃, 100 g, 5초)	40 이상
연화점(℃)	70 이상
신도(25℃, 5 cm/min) (cm)	50 이상
박막 가열 후 질량변화율(%)	0.6 이하
박막 가열 후 침입도의 비(%)	65 이상
터프니스(kg_f · cm)	200 이상
티네이시티(kg_f · cm)	150 이상
점도(60℃, poise)	200,000 이상
PG(Performance Grade)	82-22

굵은 골재는 〈표 1.2〉의 기준에 적합하여야 한다.

표 1.2 굵은 골재의 품질기준

항 목	시험방법	기 준
밀도(절대건조)	KS F 2503	2.5 이상
흡수량(%)	KS F 2503	3.0 이하
안정성 시험 감량(%) (황산나트륨 사용)	KS F 2507	12 이하
마모감량(%)	KS F 2508	35 이하
편장석함유량(%)	KS F 2575	20 이하
피복면적(%)	KS F 2355	95 이상

1.2.2 골재의 입도

잔 골재, 굵은 골재 및 채움재를 혼합한 혼합골재의 입도는 〈표 1.3〉의 기준을 표준으로 한다.

표 1.3 혼합골재의 입도기준

구 분	공칭 입경에 대한 체 통과중량 백분율(%)	
공칭최대치수 / 호칭 입경(mm)	19 mm	13 mm
25	100	-
20	95~100	100
13	53~78	92~100
10	35~62	62~81
5	10~31	10~31
2.5	10~21	10~21
0.6	4~17	4~17
0.3	3~12	3~12
0.15	3~8	3~8
0.08	2~7	2~7

1.2.3 배수성 아스팔트 혼합물 배합설계 기준

배수성 아스팔트 콘크리트 표층용 혼합물은 KS F 2337(다짐조건 : 양면 각 50회)으로 시험하였을 때 〈표 1.4〉의 기준에 합격하는 것이어야 한다.

표 1.4 배수성 혼합물의 배합설계 기준

항 목	기 준
안정도(kg)	500 이상
흐름값(1/100 cm)	20~40
수침마샬잔류안정도(%)	75 이상
공극률(%)	20 이상
현장투수능력(sec)	10 이내
동적안정도	3,000 회/mm

1.3 배수성 혼합물의 배합설계

배수성 아스팔트 혼합물의 골재입도를 합성하기 위해서는 〈그림 1.2〉와 같이 세 가지 종류의 입도를 만들어서 각각의 입도에 대한 2.5mm 통과율을 분석한다.

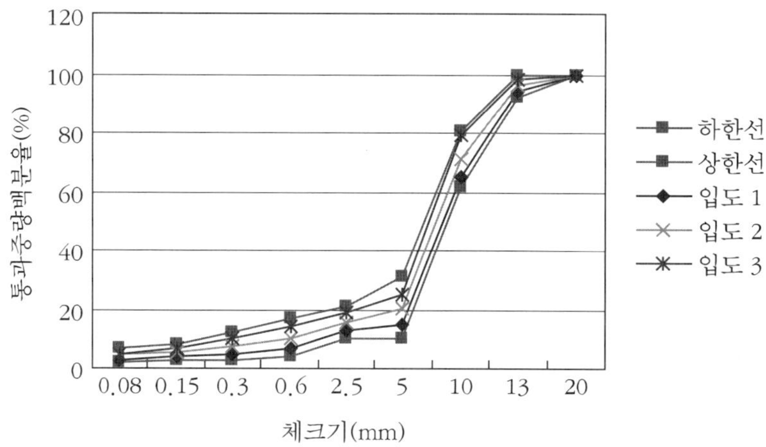

그림 1.2 배수성 포장용 골재입도의 합성

그리고 〈그림 1.3〉에서 공극률 20%에 해당하는 2.5mm 통과율을 결정한다. 따라서 목표로 하는 골재의 합성입도는 결정된 2.5mm 통과율을 지나는 골재입도로 합성을 한다.

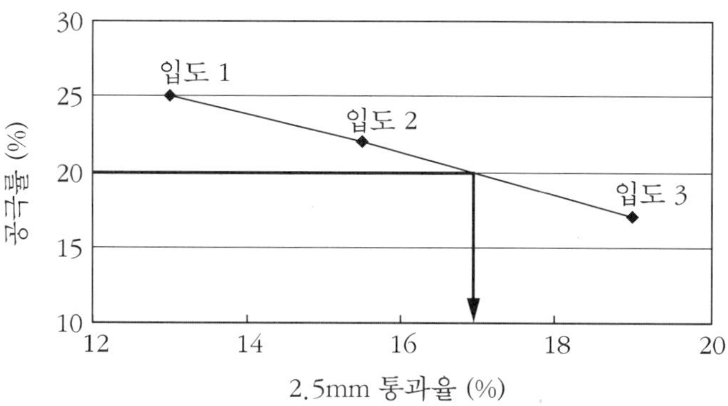

그림 1.3 골재배합비의 결정

일반적으로 배수성 혼합물은 개립도 형태이기 때문에 내구성 확보를 위하여 가능한한 많은 양의 아스팔트를 함유해야 하지만 아스팔트의 양이 너무 많을 경우 흘러내리거나 공극의 감소 등을 유발한다. 따라서, 아스팔트 혼합물 배합설계는 가장 유리하게 설정된 골재 배합조건에서 내구성 및 기능성을 모두 갖게 되는 최적 아스팔트 양의 선정이 중요한 요소라 판단된다.

혼합물의 배합설계는 규정된 골재의 입도분포 범위 내에서 목표 공극률(20% 정도)을 얻을 수 있는 수준(하방입도, 중앙입도, 상방입도)을 결정하고, 이 골재 입도분포특성을 기준으로 아스팔트의 양을 조절하여 내구성 및 아스팔트의 흐름 손실율을 측정한다.

내구성은 LA 마모시험기를 이용하는데 시험시편을 마샬 공시체 규모로 제작하고 LA 마모시험기를 이용해서 배수성 혼합물의 강도특성(칸타푸로시험)을 평가하게 된다. 강도 특성 평가를 LA 마모시험기에 공시체 1개를 넣고(철구는 넣지않는다) 30~33rpm의 회전속도로 300 회전한 후의 공시체 손상율을 계산한다. 아스팔트의 흐름 손상율은 아스팔트 혼합물을 특정용기에 넣어 일정 온도조건에서 방치할 때 아스팔트가 용기에 흘러내린 정도를 판정하게 된다. 이와 같은 시험결과를 이용하여 아스팔트 양의 변화에 따른 각 손실률을 결정하게 되며 최적 아스팔트 양을 결정하게 된다. 이를 도식적으로 살펴보면 〈그림 1.4〉와 같다.

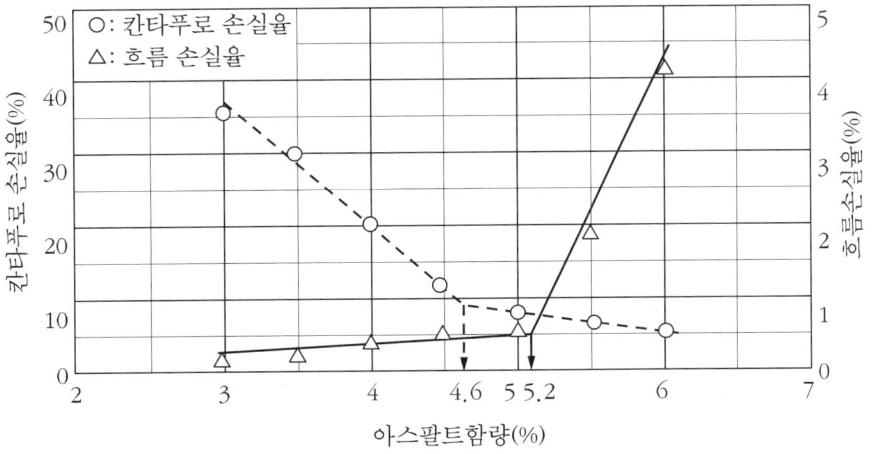

$$최적아스팔트함량 = \frac{4.6+5.2}{2} = 4.9\%$$

그림 1.4 최적 아스팔트 함량의 결정

1.4 배수성 아스팔트 포장의 시공 및 유지관리

1.4.1 배수성 포장용 아스팔트 혼합물의 생산 및 시공

배수성 포장용 아스팔트 혼합물은 첨가재에 따라 온도가 다르나 배수성 아스팔트 혼합물별 대표적인 적용 온도는 〈표 1.5〉와 같다.

표 1.5 배수성 포장 온도관리 예

구 분	적정 온도(℃)
골 재	190～200
아스팔트	160～170
아스팔트 혼합물	170～190

배수성 혼합물은 운반 트럭에 적재되어 운반되며 혼합물의 부착 방지를 위해 적재함에 경유 도포를 금하고, 식물성 기름 혹은 세제가 포함된 용액을 소량 도포한다. 배수성 혼합물의 출하시 온도는 180℃로서 시공현장 도착 시 배수성 혼합물의 온도가 170℃ 이상이 유지되도록 한다. 또한, 배수성 혼합물의 온도 저하를 방지하여야 하며 혼합물의 운반 시간은 1시간 이내로 한다.

포설은 아스팔트 피니셔의 사용을 원칙으로 하며, 온도저하 및 평탄성 확보에 특히 유의하여야 한다. 포설시의 배수성 혼합물의 온도는 155～170℃ 있어야 한다. 혼합물은 포설 후 평탄성, 표면 불량 등의 수정 작업이 불가능하므로 포장 표면 조직이 균질하게 포설 될 수 있도록 피니셔 속도에 유의하여야 하며, 피니셔는 시공 중 급가속, 변속을 하지 않아야 한다. 배수성 포장은 공극이 많아 온도가 급속하게 저하되므로 포설은 신속하게 이루어져야 한다.

배수성 혼합물은 급속하게 온도가 저하되므로 가능한 한 초기 다짐이 이음부부터 신속히 이루어져야 한다. 각 배수성 혼합물 별로 다짐장비 및 기준을 다르게 적용하고 있으며 특히 공극이 있는 포장의 경우에는 다짐 장비에 타이어 로울러를 사용하고 있지 않다.

다짐 시 로울러 바퀴에 배수성 혼합물이 부착되는 것을 방지하기 위하여 세제, 식물성 기름 등을 혼합한 용액을 적당량 도포 또는 분무한다. 배수성 혼합물의 다짐 밀도는 기준 밀도의 95% 이상이 되어야 한다.
신설 공사인 경우의 교통 개방시간은 마무리 다짐 완료 후 24시간을 기준으로 하며 기타인 경우는 양생이 충분히 이루어진 후에 교통을 개방하도록 한다. 단, 덧씌우기 등 어떠한 경우라도 포장의 표면 온도가 60℃ 이상에서는 교통 개방을 금한다.

1.4.2 배수성 포장의 유지관리

배수성 아스팔트 혼합물은 일반 아스팔트 혼합물의 시공 목표인 소정의 다짐도 확보는 물론 충분한 배수 기능성 및 내구성이 확보되어야 한다. 그러나, 재료 특성상 시공시 온도의 저하 가능성이 높으며, 특히 고점도의 결합재를 사용하기 때문에 온도 및 다짐 관리가 배수성 아스팔트 포장 시공 시 제일 중요한 요소로 작용한다. 또한 배수성 포장의 주변 배수 시설이 배수 성능을 좌우하기 때문에 주변 배수 보조 시설에 관한 충분한 검토가 필요하다. 특히 배수성 포장은 흙, 먼지 등의 이물질로 인해 그 기능이 저하하기 때문에 어느 형태의 포장보다도 유지관리가 중요하다. 배수 기능의 저하는 매우 짧은 주기로 도래하기 때문에 배수 기능 저하 시에 대비한 기능회복 대책을 항시 확보하고 있어야 한다. 배수성 포장의 유지관리에 관한 제반 기술, 특히 구조 능력 회복 문제는 계속적인 연구가 요구된다. 기능적인 면에서 지금까지 개발된 배수성 포장의 기능 회복 기법을 살펴보면 다음 〈표 1.6〉에 나타낸 바와 같다.

표 1.6 배수성 포장의 기능회복 방법

구 분	내 용
화학적 방법	• 과산화수소 용액의 살포
물리적 방법	• 고압수 • 고압수+흡입 • 살수+흡입 • 압축공기+흡입 • 압축공기

제2장

중온형 아스팔트 포장

2.1 개 요

일반적인 가열 아스팔트 포장은 160~170℃인 고온의 아스팔트 혼합물을 사용하여 시공을 하고 있는데 반하여 중온 아스팔트 포장은 110~135℃ 정도의 온도에서 아스팔트 혼합물을 생산하는 친환경 포장 공법으로 알려져 있다. 가열 아스팔트 포장과 비교하여 혼합물의 생산과정만 차이가 있고, 시공은 동일한 방법을 적용한다.

중온 아스팔트 혼합물은 가열 아스팔트 혼합물보다 제조 및 시공온도를 약 25~30℃ 저하시켜 도로 포장 시공에 사용할 수 있는 재료이다. 이 기술의 핵심은 약 110℃ 전・후의 중온에서 쉽게 연해지는 개질 첨가재를 추가하거나 수분 또는 발포제를 이용한 포밍 효과를 시공 전 과정에 걸쳐 유지함으로써 중온 조건에서 최적의 작업성을 얻을 수 있는 기술이며, 기존 가열 아스팔트 포장과 비교하여 다음과 같은 효과가 있다.

① 아스팔트 혼합물의 생산과 포장의 시공 온도를 약 25% 저하
② 생산 및 시공과정에서 대기중에 방출되는 이산화탄소의 방지와 유해 가스 억제 (온도가 10℃씩 저하되면 유해가스 배출량 절반 감소)
③ 아스팔트 혼합물 생산 중 석유계 연료 약 30% 저감
④ 시공 후 양생 시간 감소에 따른 조기 교통 개방

⑤ 시공현장에서 유해증기나 분진의 발생을 억제시켜 작업자의 안전 확보
⑥ 공용온도에서 가열 아스팔트 포장과 비슷한 강도 확보

특히, 최근 일본에서 개발된 화학 발포제를 이용하는 중온화 포장 기술은 〈그림 2.1〉과 같이 아스팔트 내에 미세포를 발생·분산시켜 아스팔트 혼합물의 포설 완료 시까지 아스팔트 혼합물 내에 미세포를 보관할 수 있도록 하였다. 이에 따라 가열 아스팔트 혼합물의 제조 시 아스팔트의 발포에 의해서 골재와 아스팔트 사이의 혼합성이 향상되고, 포설 및 다짐 과정까지 혼합물 내에 함유되어 있는 미세포의 작용으로 인하여 현장 다짐도를 향상시키게 된다. 기존의 가열 아스팔트 혼합물 및 상온 아스팔트 혼합물과 비교하여 일반적인 중온화 아스팔트 혼합물의 온도 범위는 〈그림 2.2〉와 같다.

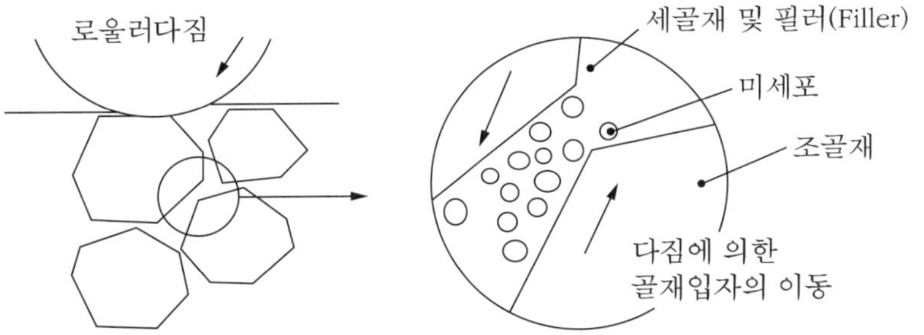

그림 2.1 중온화 폼드 개질 아스팔트 혼합물 기술개요

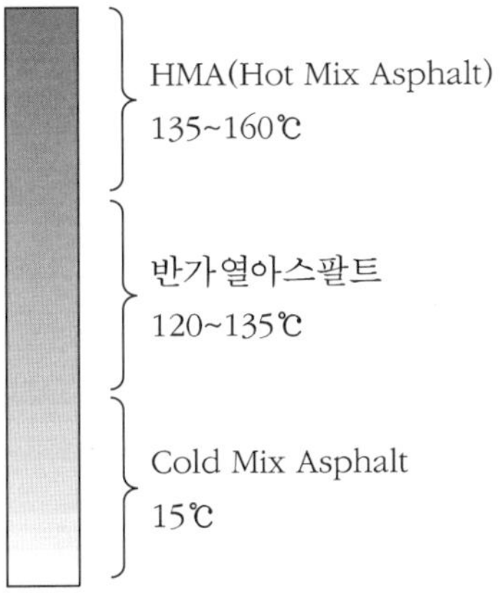

그림 2.2 중온화 아스팔트 혼합물의 일반적 온도 범위

2.2 중온형 아스팔트 포장의 특징

중온화 아스팔트 포장 공법 적용을 통해 환경 및 시공적인 측면에서 다음과 같은 효과를 기대할 수 있다.

첫째, 아스팔트 혼합물의 생산 온도를 30℃ 저감했을 경우, CO_2 배출량은 약 14% 저감시킬 수 있다. 이를 정량적으로 산출하면, 연간 제조량을 7,000만 톤으로 가정했을 경우 약 18만 톤의 CO_2 삭감으로 연결된다.

둘째, 생산 온도의 저감을 통해 시공 후 포장체 온도의 조기 저하를 도모할 수 있어 교통 통제 시간의 단축에 따른 교통정체 완화와 초기 소성변형의 억제에도 기여할 수 있다.

셋째, 종래와 동일한 생산 온도로서 높은 다짐 효과를 이용하면 시공 과정에서 다짐 로울러 편성의 간략화에 의한 포설과정의 CO_2 배출의 삭감과 공사비의 절감 및 동절기 기상조건 하에서의 다짐 확보에 의한 내구적인 도로 포장의 건설이 가능해진다.

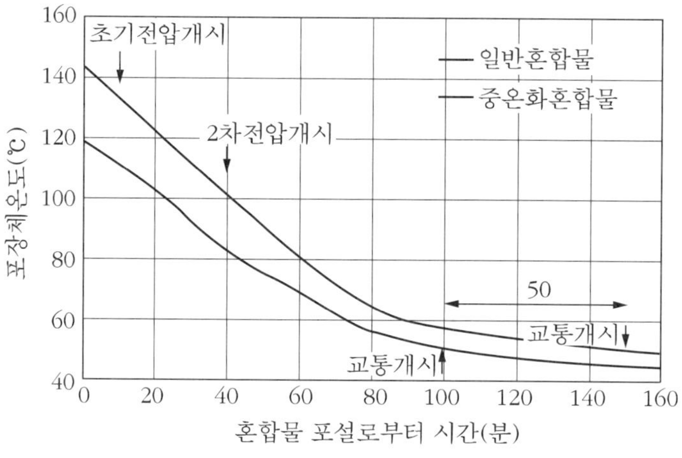

그림 2.3 중온화 아스팔트 포장의 시공온도 저하 효과

중온 아스팔트 포장 기술들은 다양한 방법으로 분류되고 있으나 가장 일반적인 방법은 생산 온도의 분포로 구분하는 방법이다. 〈그림 2.4〉와 같이 아스팔트 혼합물은 크게 두 가지로 구분된다. 즉, 약 80~100℃ 사이의 중온형 아스팔트(Half

Warm Asphalt)와 110~140℃ 사이의 중온형 아스팔트(Warm Asphalt)이다. 그림에서 보는 바와 같이 두 가지 종류의 중온 아스팔트는 일반적인 가열 아스팔트에 비해 적게는 30℃에서 많게는 60℃까지 낮은 온도를 나타낸다.

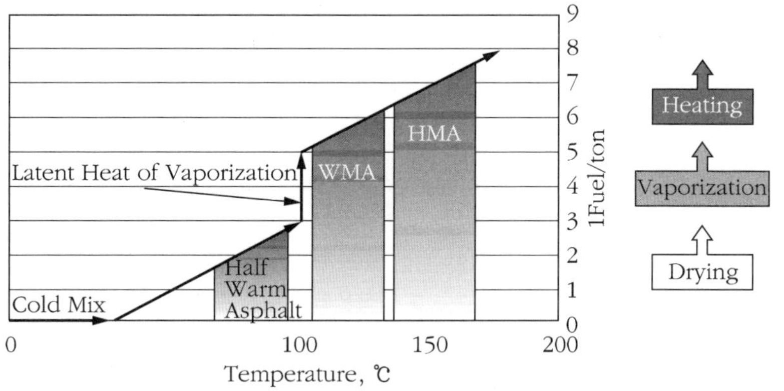

그림 2.4 온도범위에 따른 중온 아스팔트의 분류

2.3 중온화 첨가제

일본의 Nippo 회사에서 개발한 에코파인은 특수 첨가제에 의해서 아스팔트 중에 발생시키는 미세 거품의 효과를 이용하는 것으로, 미세 거품의 발포에 의한 작업성 향상과 미세 거품의 베어링적인 기능에 의한 다짐도의 향상을 얻을 수 있다. 이러한 작업성과 다짐도의 향상으로 〈그림 2.5〉와 같이 가열 아스팔트 혼합물의 온도 조건보다 약 30℃ 정도 저감해도 품질과 현장 시공성을 확보할 수 있다. 또한 종래와 동일한 온도에서는 향상된 현장 다짐도 특성을 확보할 수 있다. 이를 통해 〈그림 2.6〉과 같이 온도 저감에 따른 CO_2 배출량은 기존 재료에 비해 약 14% 정도 저감되는 것으로 나타났다.

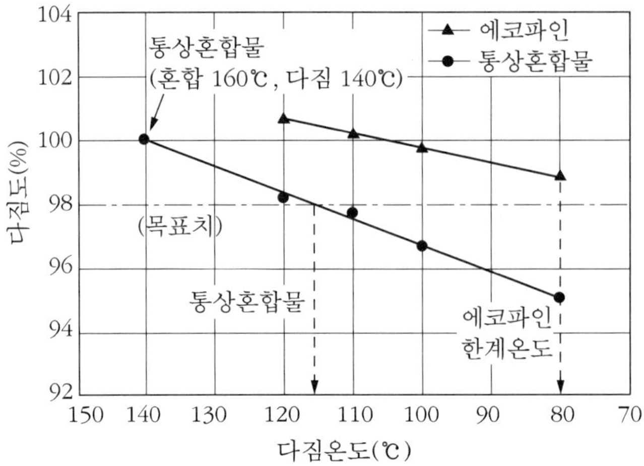

▶ 그림 2.5 다짐온도에 따른 다짐도

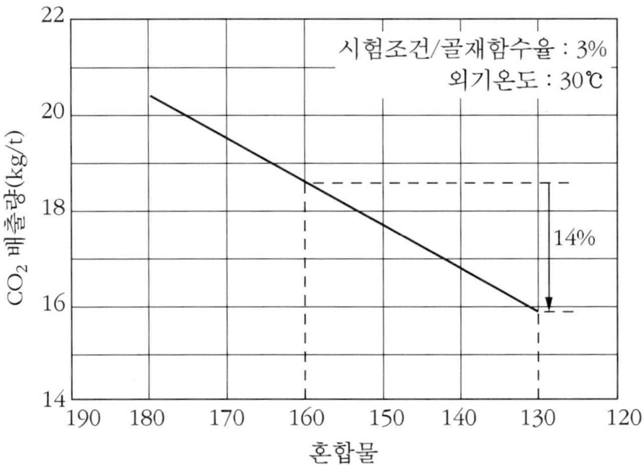

▶ 그림 2.6 혼합온도와 CO_2배출량의 관계

상기의 기술은 일본의 도로 시방서에 포함된 모든 가열 아스팔트 혼합물에 적용할 수 있다. 마에다 도로회사에서 개발한 웜페이브는 고온(110~160℃)에서 일시적으로 아스팔트의 점도를 저하시키는 특수 첨가제를 사용하는 공법으로써, 기존 가열 아스팔트 혼합물과 비교하여 혼합·시공온도를 약 30~50℃ 저감시킬 수 있는 중온화 아스팔트 포장공법이다.

아스팔트 혼합물 생산공정은 건식 혼합 5초 후 습식 혼합을 20초 정도 시행한 다음, 웜페이브를 혼합하고 다시 습식 혼합 20초 후 생산 완료하는 방법으로 이루어져 있다.

사토와타나베 회사에서는 발포제, 발포강화제 등을 포함한 특수 첨가제를 아스팔트 혼합물의 제조 시에 투입하여 혼합물의 내부에 발생하는 미세한 거품을 통해 작업성, 시공성을 향상시킨 중온화 아스팔트 혼합물을 개발하였다. 이를 통해 아스팔트 혼합물의 제조 온도를 기존의 가열 아스팔트 혼합물에 비해 약 30℃ 정도 저감할 수 있었다. 따라서 중온화 아스팔트 혼합물은 포장체 온도가 약 50℃ 이하로 낮아지는 양생 시간을 약 50분 정도 단축시킴으로써 조기 교통 개방이 가능하다.

이 외에도 타이세이로테크 회사에서 개발한 버스 코믹스는 상온 영역에서 강도 특성이 가열 아스팔트 혼합물과 비슷하며, 기존 가열 아스팔트 혼합물과 비교하여 CO_2 발생량을 약 14% 절감할 수 있다. 그리고 아스팔트 혼합물의 다짐온도를 25℃ 정도 저감시켜도 목표하는 공극률을 확보할 수 있는 것으로 알려져 있다.

ASPHA-MIN ZEOLITE는 독일에서 사용되는 중온화 아스팔트 첨가제 중의 하나이다. 이 재료는 수화 작용에 의해 발생하는 결정체로 이루어진 natrium-aluminum silicate 성분으로 구성되어 있으며, 약 21%의 물을 함유하고 있어 약 85~180℃의 온도에서 분해되어 수분을 발생시킨다. 이를 아스팔트 혼합물의 약 0.3%에 해당되는 비율로 첨가 할 경우에 약 30℃ 정도 상온에서 생산 및 시공이 가능하다고 알려져 있다.

ASPHA-MIN은 골재와 아스팔트를 혼합할 때 동시에 투입하며, 이때 발생되는 수분으로 아스팔트의 체적을 팽창시키는 작용을 한다. 이와 같은 아스팔트의 팽창 작용은 아스팔트에 발포 작용을 유도하여 낮은 온도에서의 아스팔트 혼합물이 작업성 및 골재 피복도를 향상시키는 역할을 한다. ASPHA-MIN의 사용 범위는 일반 아스팔트, 고분자 개질 아스팔트, 재생 아스팔트 등 모든 종류의 아스팔트 혼합물에 사용 가능한 것으로 알려져 있다.

Sasobit Wax는 1997년 유럽과 아시아에 판매되기 시작하면서 알려진 중온화 아스팔트 첨가재이다. Sasobit Wax는 Fischer-Tropsch 과정을 거쳐 석탄 가스로부터 생성되는 긴 탄화수소 사슬의 혼합체를 사용한 첨가재이며, FT paraffin Wax라고도 한다. Sasobit Wax는 ash-forming materials(석회발포제) 및 chlorine, sulphur, nitrogen, oxygen과 같은 heteroatoms(헤테로 원자)를 함유하지 않으므로 산화 및 노화에 대한 안정성을 발휘하여 저장 안정성이 높은 재료이다.
Sasobit Wax의 역할은 아스팔트 혼합물의 제조 과정 중에 아스팔트의 점도를 낮추어 작업성 및 시공성을 향상시키는 것으로 알려져 있다. 또한 아스팔트 혼합물의 제조 시 배출 가스의 감소 및 생산 에너지의 절감 효과를 발휘하여 아스팔트의 강성 특성을 개선시켜 아스팔트 혼합물의 변형 억제와 블리딩 현상을 감소시키는 것으로 보고되어 있다. 미국의 매릴랜드 고속도로 관리국에서 이 재료를 사용한 현장 적용결과, 시공 중 작업성을 향상시키면서 목표 다짐도를 확보하는데 기존재료를 사용한 다짐 작업량에 비해 약 40%를 줄일 수 있었다고 하였다.

출처 : 도로학회지, 제35호(2008.3), pp.24~29

제3장

폼드 아스팔트 포장

3.1 폼드 아스팔트의 특징

폼드 아스팔트란 아스팔트를 특수한 팽창실에서 압축공기와 함께 물을 분사하여 아스팔트 거품을 발생시켜 젖은 골재를 혼합하여 혼합물을 생산하는 기술을 말한다. 폼드 아스팔트의 원리는 〈그림 3.1〉과 같이 일정한 온도로 가열된 아스팔트가 상온의 물 및 압축 공기와 동시에 접촉하면서 액체 상태의 아스팔트가 순간적으로 거품 형태로 바뀌고 아스팔트는 본래 체적의 20배 이상 증가하면서 상온이나 중온에서 토질이나 골재를 코팅시킬 수 있도록 아스팔트의 표면적이 증가하고 점도가 감소하게 된다.

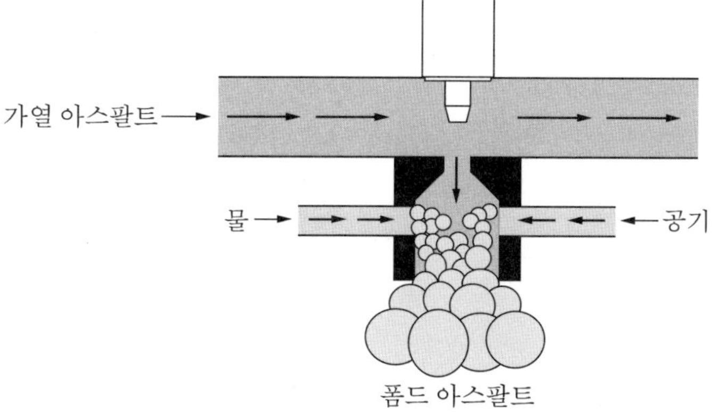

그림 3.1 폼드 아스팔트의 원리

폼드 아스팔트의 장점으로는 폼드 아스팔트로 처리된 토질이나 아스팔트 혼합물은 특별한 저장 시설이 없이 장시간 동안 저장하여 사용할 수 있으며 다양한 토질 종류나 골재와 함께 사용이 가능하다. 또한 상온 유화 아스팔트와 같은 첨가제에 비하여 적은 양의 아스팔트 함량과 물을 사용함으로써 매우 경제적일 뿐만 아니라 양생 시에 휘발성 물질이 방출되지 않기 때문에 환경 친화적인 포장 공법이다. 그리고 폼드 아스팔트는 현장에서 즉시 혼합 및 생산이 가능하고 포설과 다짐 후에도 즉시 교통 개방을 할 수 있을 만큼 조기 경화가 빠르다.

폼드 아스팔트는 혼합물 내에 바인더의 분산이 향상됨으로써 내구성, 수분에 대한 저항성 및 안정성이 증가된다. 이러한 이유 때문에 골재에 대한 바인더의 최소 두께를 규정하고 있는 기관도 있다. 골재와 아스팔트의 입자가 혼합물 내의 인장강도를 발현하게 하는 경우인 폼드 혼합물에서는 바인더의 최소 두께가 특히 중요하고 골고루 잘 분포가 되었을 경우 바인더의 네트워크 망상의 연결을 잘 연결시킴으로써 혼합물의 피로 저항성을 증진시키게 된다.

3.2 배합설계 방법

폼드 아스팔트 혼합물은 간접인장강도를 기준으로 최적 아스팔트 비를 결정하는 방법과 마샬 배합설계를 수정한 수정 마샬 배합설계 방법이 사용되고 있다. 유럽과 남아프리카 공화국에서는 인장강도 시험으로부터 최적 아스팔트 비를 정하는 반면 미국에서는 마샬 시험법으로부터 최적 아스팔트 비를 정하는 방법을 사용하고 있다. 호주의 Lancaster(1994)에 경험에 의하면 폼드 아스팔트 바인더 비는 반드시 회복탄성계수가 가장 큰 수치로 선정되어야 한다고 추천하고 있으며, Lewis(1998)는 마샬 안정도가 아스팔트 혼합물의 성능과 관계가 없기 때문에 간접인장강도 시험으로 설계 바인더 비를 선정하도록 제안하고 있다.

3.2.1 폼드 아스팔트 바인더의 최적 함수 량 결정

폼드 아스팔트의 특성을 분석하기 위해서 압력을 6~8bar로 변화시키고 동시에 온도를 160℃, 170℃, 180℃로 변화시키면서 거품특성을 측정하였다. 거품 특성은 함수비에 의해서 결정되기 때문에 반감기와 팽창비를 동시에 만족시킬 수 있는 최적 함수비를 구하기 위해서 배합설계를 실시하기 전에 반드시 시험을 실시하여야 한다.

각 온도에 따른 최적 함수비를 측정한 결과는 〈표 3.1〉과 같다. 〈표 3.1〉의 결과에서 볼 수 있는 것처럼 온도가 높아 최적 함수비는 상승하는 것으로 나타났다.

표 3.1 아스팔트의 온도별 최적함수비(%)

바인더 \ 온 도	160℃	170℃	180℃
침입도 80-100(PG64-22)	1.2	1.25	1.4

〈그림 3.2〉는 180℃에서의 시험에 사용한 아스팔트의 팽창비와 반감기에 대한 시험결과이며 혼합물 제작 시 폼드 아스팔트의 최적 함수비를 1.4%로 결정하여 사용하였다.

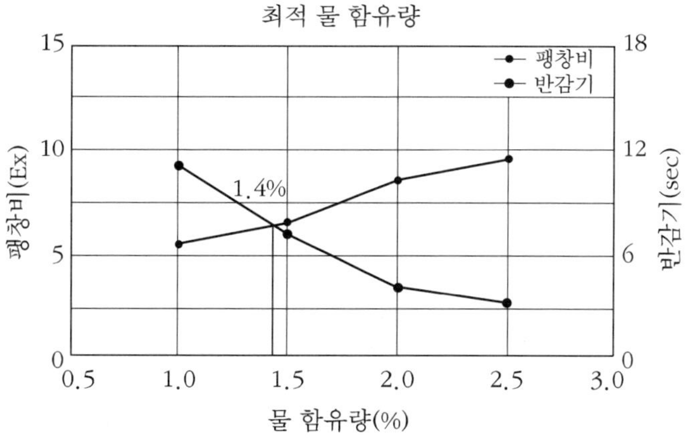

그림 3.2 원 아스팔트의 최적함수비

3.2.2 골재의 다짐 시험

배합설계 이전에 골재의 다짐 시험을 실시하여 골재의 최적 함수비를 정하여야 골재간의 최적 결합을 얻을 수 있다. 다짐 시험은 흙의 다짐 시험(KS F 2312) 방법을 이용하여 최적 함수비와 최대밀도를 결정하였다.

다짐 시험은 합성입도에 맞도록 각각 5조를 준비하였고 함수비를 변화시켜 가면서 수정 D다짐으로 시험을 실시하였다. 골재의 다짐 시험을 실시하여 얻어진 최대 건조밀도와 최적 함수비의 결과는 〈표 3.2〉와 같다.

표 3.2 다짐 시험결과

구 분	최대건조밀도(g/cm^3)	최적 함수비(%)
혼합시료	2.102	5.90

3.2.3 설계 바인더량 결정

배합설계의 순서는 다음과 같다.

① 아스팔트의 거품-최적함수비 결정(반감시-팽창비 관계 결정)
② 골재 및 폐 아스팔트의 함수비-밀도관계(다짐 시험)
③ 마샬 공시체 8개 제작(양면 75회)
④ 다짐된 시료의 양생
⑤ 밀도 시험
⑥ 시료의 수침
⑦ 건조 및 수침 간접인장강도 시험
⑧ 최적 폼드 아스팔트량 결정
⑨ 최적 아스팔트량으로 제작된 시료의 마샬안정도 시험

혼합물 제작은 10kg을 1배치로 하여 바인더 양을 0.5%씩 증가시켜 가면서 5개의 배치를 제작한다. 폼드 아스팔트 플랜트에서 미리 가열시키고 가열이 완료되면 계량된 골재에 물을 가하고 1분 정도 믹서에서 혼합하고, 즉시 제조된 폼드 아스팔트 바인더와 함게 30초 동안 혼합한다. 마샬 다짐 장치로 양면 75회 다짐을 실시하여 시편을 제작하고, 몰드 내에서 60℃의 오븐에서 72시간 동안 양생 후 시험을 실시한다. 〈표 3.3〉은 남아프리카 공화국의 설계기준이다.

표 3.3 폼드 아스팔트의 설계기준

구 분	기 준	
	건 조 상 태	습 윤 상 태
간접인장시험	5～7kgf/cm^2 (500～700kPa)	3kgf/cm^2 (300kPa)
M_R(회복탄성계수)시험	30,000kgf/cm^2 이상 (3000MPa 이상)	-
크리프시험	200kgf/cm^2 이상 (20MPa 이상)	

PART 4

교면포장

1. 구스 아스팔트 포장
2. LMC 교면포장
3. 고성능콘크리트(HPC) 교면포장

제1장

구스 아스팔트 포장

1.1 구스 아스팔트 포장의 특징

강상판 교면포장은 교량 상판의 자중을 감소시킬 수 있는 잇점이 있으나, 윤하중에 대한 국부적인 변형량이 크고, 기온의 영향을 쉽게 받으므로 세로리브와 메인거더 복판 윗부분에 큰 변형이 발생하여 균열 발생을 일으킬 수 있다. 따라서, 강상판 포장에 사용되는 재료는 그 변형의 반복에도 견딜 수 있어야 한다.

구스 아스팔트 포장은 강상판 교면포장에 적합한 공법으로 독일에서 개발된 유입공법에 의한 아스팔트 포장의 일종이며, 아우토반 등에서 많이 시공되었다. 일본에서는 1955년대에 도입된 이래 강상판 포장의 하부층에 주로 시공되었는데, 구스아스팔트는 불투수성이며 방수 효과가 높고 처짐에 대한 추종성이 높기 때문이다.

구스 아스팔트의 재료는 일반 아스팔트 혼합물과 같이 쇄석, 모래, 석분 및 아스팔트로 되어있다. 아스팔트는 특수한 경질 아스팔트를 사용하며, 아스팔트 및 석분의 배합비가 일반 아스팔트 혼합물에 비해 높다.

구스 아스팔트는 일반 아스팔트 플랜트에서 혼합한 후, 유입 시공을 할 수 있도록 아스팔트 쿠커(이하, 쿠커)를 이용하여 소정의 유동성을 얻을 수 있을 때까지 적정온도(약 240℃)에서 가열 혼합(쿠킹)하여 제조한다. 또, 구스 아스팔트는 전용 아스팔트피니셔 또는 레이크 등으로 포설하며 전압은 필요없게 된다.

구스 아스팔트의 주요 특징은 다음과 같다.

① 불투수성이므로 방수성이 우수하다.

② 충격, 진동 등에 대한 저항성이 크다.

③ 유입 공법이므로 전압 작업이 불필요하다.

강상판 위의 표준적인 포장구성은 〈그림 1.1〉과 같다.

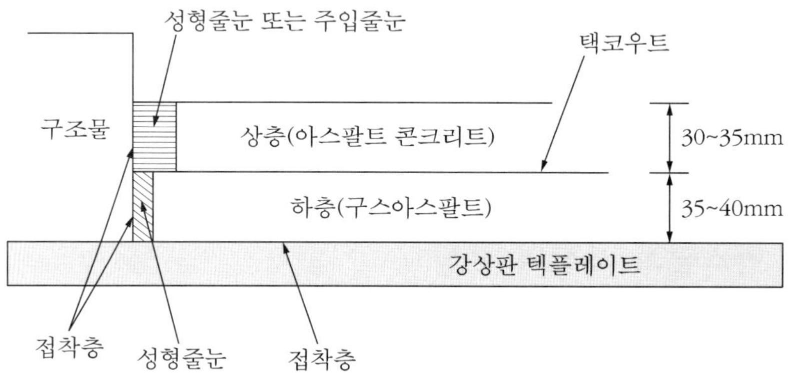

그림 1.1 강상판상의 표준적인 포장구성

1.2 구스 아스팔트 포장의 품질 기준

1.2.1 아스팔트

아스팔트는 일반적으로 스트레이트 아스팔트 침입도(20~40)에 트리니다드 아스팔트(TLA)를 용융 혼합한 경질 아스팔트를 이용한다. 아스팔트에 대한 TLA의 배합비는 일반적으로 20~30%정도로 통상 25%로 한다. 스트레이트 아스팔트 및 TLA의 품질 기준을 〈표 1.1〉에 경질 아스팔트의 품질 기준을 〈표 1.2〉에 나타냈다.

골재는 KS규격의 품질 기준에 맞도록 하며 스크리닝스는 가급적 사용하지 않는 것이 좋다.

표 1.1 아스팔트의 품질기준

항 목	기 준	
	스트레이트 아스팔트 20~40	트리니다드 아스팔트
침입도(25℃), 1/10mm	20 초과 40 이내	1~4
연화점, ℃	55.0~65.0	93~98
신도(25℃), cm	50 이상	-
증발질량변화율, %	0.3 이하	-
삼염화에탄 가용분, %	99.0 이상	52.5~55.5
인화점(C.O.C), ℃	260 이상	240 이상
밀도(15℃), g/cm^3	1.00 이상	1.38~1.42

표 1.2 경질 아스팔트*의 품질기준

항 목	기 준
침입도(25℃), 1/10mm	15~30
연화점, ℃	58~68
신도(25℃), cm	10 이상
발열질량 변화율, %	0.5 이하
삼염화에탄 가용분, %	86~91
인화점(C.O.C), ℃	240 이상
밀도(15℃), g/cm^3	1.07~1.13

* 스트레이트와 TLA를 3:1(75:25)에 혼합한 아스팔트

1.2.2 접착층용 재료

접착층용 재료는 〈표 1.3〉과 같이 품질기준에 합격한 것을 사용한다.

표 1.3 접착제의 품질기준

항 목	기 준	시험법
	역청 · 고무계	
불 휘발분(%)	50 이상	JIS K 6839
점도(25℃, cps)	500 이하	JIS K 6838
건조시간(25℃, 분)	90 이하	JIS K 5400
저온휨시험(-10℃, 3mm)	합격	JIS K 5400
도막연성 시험(점)	10	JIS K 4001
내습시험후의 도막연성 시험(점)	8 이상	JIS K 5664
염수 분무시험후 도막연성 시험(점)	8 이상	JIS K 5400

1.2.3 줄눈 재료

성형줄눈 및 주입줄눈은 용융하고 시험을 실시하였을 때에 〈표 1.4〉와 같이 품질 기준에 합격한 것을 사용한다.

표 1.4 줄눈재의 품질기준

항 목	기 준	시험법
침입도(원추침)	60 이하	일본 시멘트 콘크리트 포장요강 부록 5
흐름(mm)	5 이하	
인장량(mm)	3 이상	

1.3 구스 아스팔트 혼합물의 배합설계

1.3.1 배합설계 방법

각 골재의 배합비는 〈표 1.5〉와 같이 골재 입도 범위의 중앙 입도를 목표로 결정한다. 설계 아스팔트 함량은 〈표 1.5〉와 같이 아스팔트 함량의 범위에서 0.5%마다 혼합물을 만들어서 〈표 1.6〉과 같이 기준치를 모두 만족하는 아스팔트 함량의 범위 내에서 선정한다.

표 1.5 골재입도범위

체 크기	통과중량 백분율
19mm	100
13.2mm	95~100
4.75mm	65~85
2.36mm	45~62
0.6mm	35~50
0.3mm	28~42
0.15mm	25~34
0.075mm	20~27

표 1.6 구스 아스팔트의 기준

항 목	기 준 값
유동성 시험 : 류엘유동성(240℃, sec)	20 이하
관입량 시험 : 관입량(40℃, 52.5kg/5cm^2, 30분, mm)	1～4
휠트레킹 시험 : 동적안정도(60℃, 6.4kg · cm^2, 회/mm)	300 이상
휨시험 : 파단변형(-10℃, 50mm/min)	8.0×10^{-3} 이상

1.3.2 배합설계 순서

구스 아스팔트의 배합설계는 〈그림 1.2〉와 같은 흐름도에 따라 실시한다.

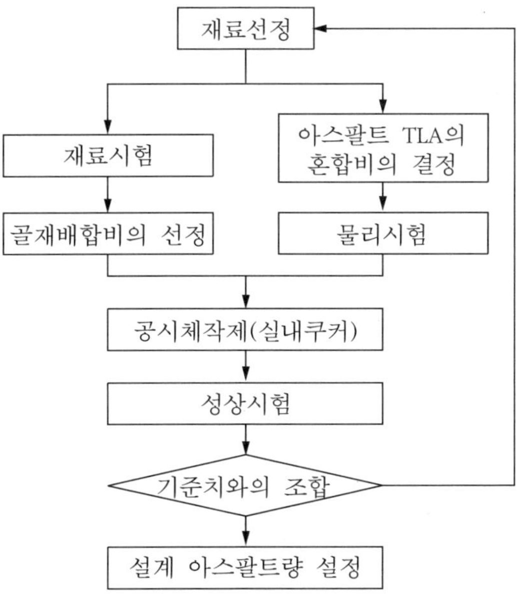

그림 1.2 배합설계 흐름도

그림 1.3 골재 및 아스팔트를 믹서에 투입

그림 1.4 구스 아스팔트 혼합물을 쿠커에 투입

그림 1.5 구스 아스팔트 혼합물을 1시간 교반 양생후 쿠커에서 배출

그림 1.6 류엘 유동성 시험

그림 1.7 관입량 시험

그림 1.8 석분 흐름 시험

그림 1.9 휠트랙킹 시험

그림 1.10 휨파단시험

1.3.3 설계 아스팔트 함량의 설정

설계 아스팔트 함량은 다음과 같은 방법에 따라 설정한다.

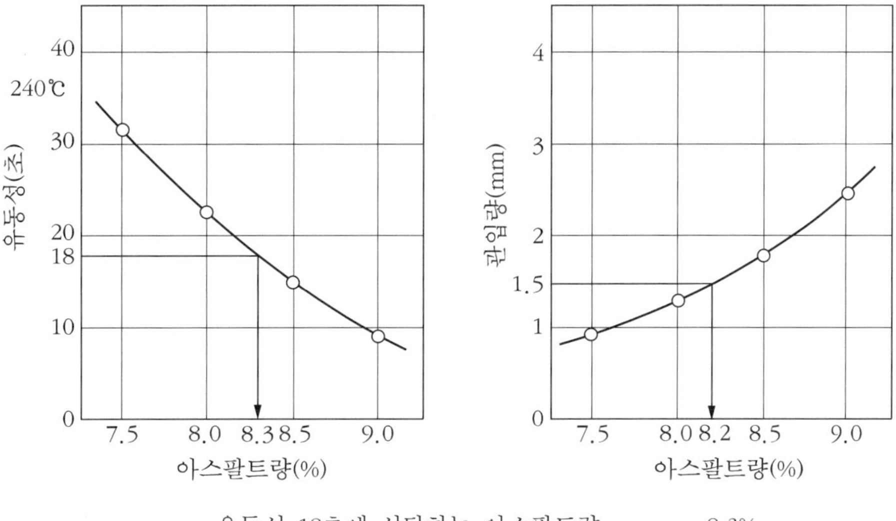

유동성 18초에 상당하는 아스팔트량 8.3%

관입량 1.5mm에 상당하는 아스팔트량 8.2%

실내설계 아스팔트량 $\frac{8.3+8.2}{2} = 8.25 \fallingdotseq 8.3\%$

그림 1.11 설계 아스팔트 함량의 설정방법의 일례

① 아스팔트 함량을 0.5%마다 3~4 종류를 변화시켜 혼합물의 유동성 및 관입량 시험을 실시한다.

② 유동성 및 관입량 시험의 결과를 〈그림 1.11〉과 같이 자연스럽게 곡선으로 연결한다.

③ 그림에서 유동성 18초를 나타낸 아스팔트 함량과, 관입량 1.5mm을 나타낸 아스팔트 함량을 각각 읽는다.

④ 설계아스팔트 함량은 원칙적으로 ③에서 얻을 수 있는 아스팔트 함량의 평균치로 하나, 이 평균 아스팔트 함량이 유동성 18초를 나타낸 아스팔트 함량보다도 작게 될 경우는 유동성 18초를 나타낸 아스팔트함량을 실내 설계 아스팔트 함량으로 한다. 또한 현장 설계 아스팔트량은 실내 배합설계에서 선정한 아스팔트 함량으로 시험 배합을 실시하여 특성을 확인하고 나서 최종적으로 결정한다.

1.3.4 배합설계 예

(1) 골재 입도합성

골재의 체분석 결과는 〈표 1.7〉과 같고, 골재의 합성 입도는 〈표 1.8〉과 같다. 골재 입도 합성을 위한 골재 중 부순모래는 #8 통과율이 많은 관계로 합성입도의 #8 통과율이 많은 것으로 나타났다.

표 1.7 각 골재에 대한 체분석시험결과

구 분	가적통과율(%)								
	25mm	19mm	13mm	#4	#8	#30	#50	#100	#200
13mm	100	100	99.4	15.5	3.2	0	-	-	-
부순모래	-	-	100	95.3	70.5	22.6	15.6	8.2	1.8
모 래	-	-	100	97.6	87.5	44.5	12.9	3.9	1.5
채움재	-	-	-	-	-	-	100	99.0	93.0

표 1.8 합성입도 계산

구 분	합성비율 (%)	가적통과율 (%)								
		25mm	19mm	13mm	#4	#8	#30	#50	#100	#200
13mm	35	-	35.0	34.8	5.4	1.1	0	-	-	-
부순모래	18	-	-	18.0	17.2	12.7	4.1	2.8	1.5	-
모 래	24	-	-	24.0	23.4	21.0	10.7	3.1	1.0	0.4
채움재	23	-	-	-	-	-	-	23.0	22.8	21.4
혼합입도	100	-	100	99.8	69.0	57.8	37.7	28.9	25.2	22.1
시방입도	-	-	100	100~95	85~65	62~45	50~35	42~28	34~25	27~20

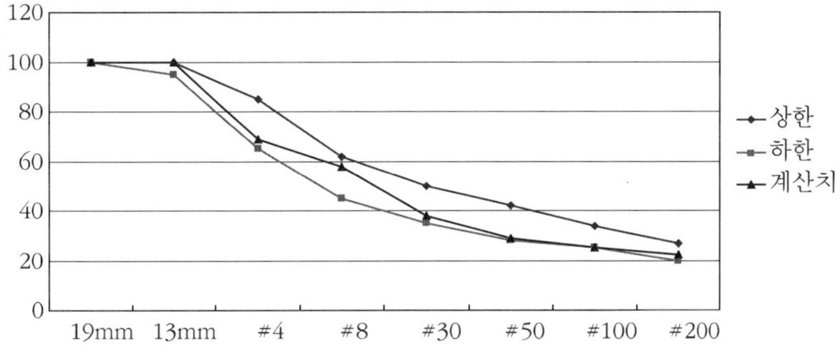

그림 1.12 합성입도

(2) 설계아스팔트 함량 결정

각각의 아스팔트 함량에 대하여 류엘 유동성과 관입량 시험을 실시한다. 〈표 1.9〉에서 유동성 18초와 관입량 1.5mm에 해당하는 아스팔트 함량을 결정한다.

표 1.9 각 아스팔트 함량에서 유동성값과 관입량값

아스팔트 함량(%)	유동성(초)	관입량(mm)
8.5	21.5	1.09
9.0	10.9	2.38
9.5	5.6	3.23

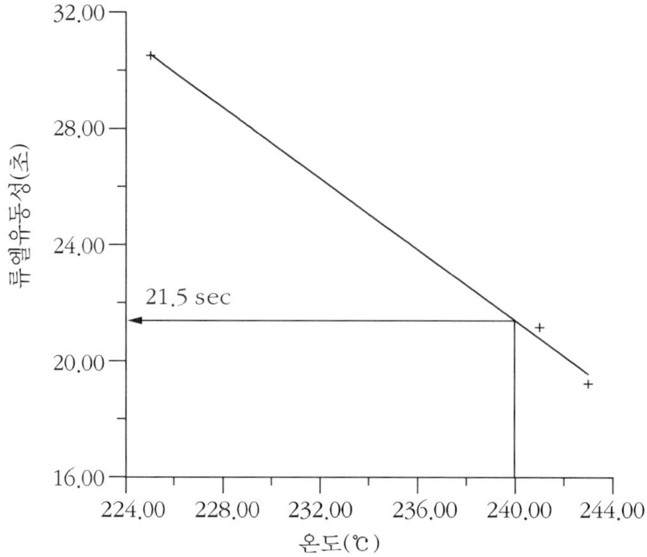

(a) 류엘유동성 시험

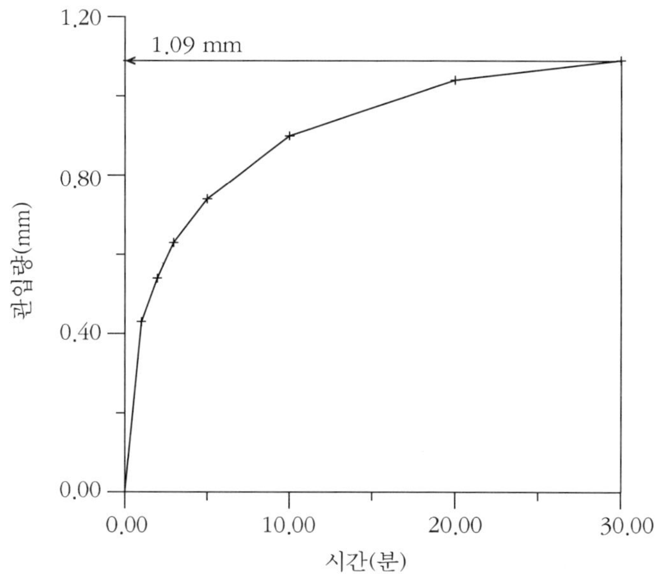

(b) 관입량 시험

그림 1.13 배합설계 시험결과(아스팔트 함량 8.5%)

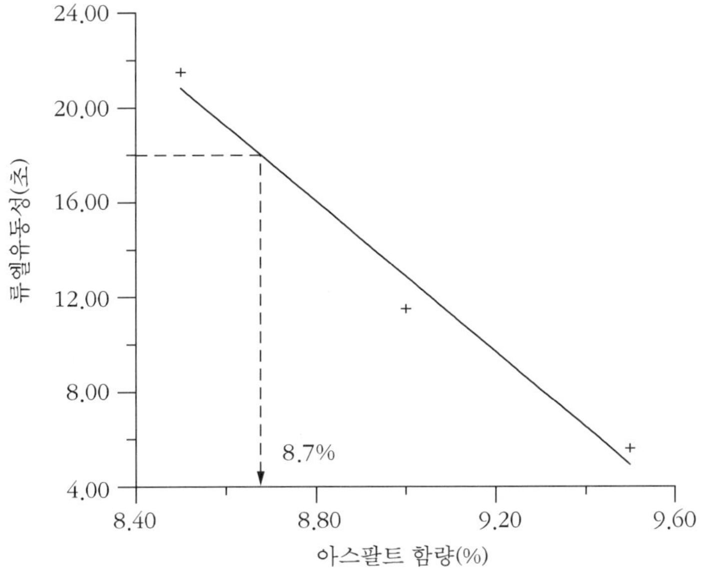

(a) 유동성 시험

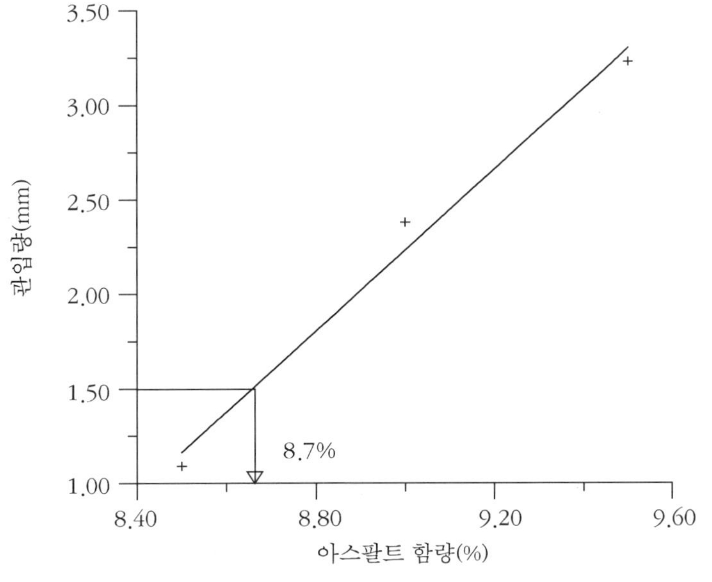

(b) 관입량 시험

유동성 18초에 해당하는 아스팔트 함량 : 8.7%

관입량 1.5mm에 해당하는 아스팔트 함량 : 8.7%

설계 아스팔트 함량 (8.7+8.7)/2 = 8.7%

그림 1.14 설계아스팔트 함량 결정

설계 아스팔트 함량은 류엘유동성이 18초, 관입량이 1.5mm에 해당하는 아스팔트 함량의 평균치로 결정하며 〈그림 1.14〉에서 설계 아스팔트 함량은 8.7%로 결정된다.

1.4 구스 아스팔트 혼합물의 생산 및 시공

1.4.1 제조 방법

구스 아스팔트 제조 방법의 흐름도는 〈그림 1.15〉와 같다. 제조 방법에는 TLA를 교반 탱크 내에 투입하는 방식과 퍼그밀 믹서에 직접 투입하는 방식이 있으나 대형 공사에서는 교반 탱크 투입 방식을 표준으로 한다.

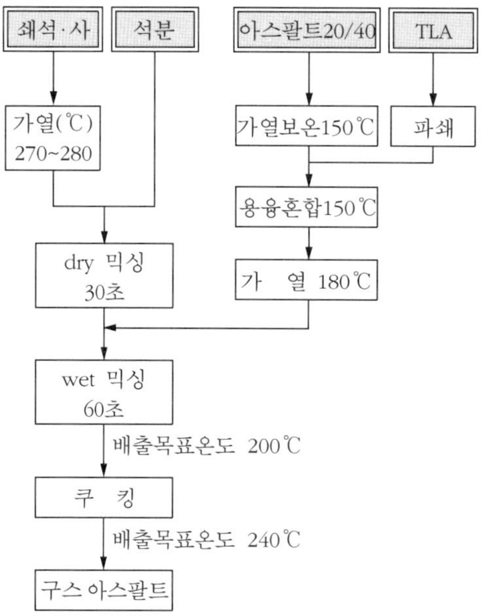

(a) 교반 탱크 투입 방식

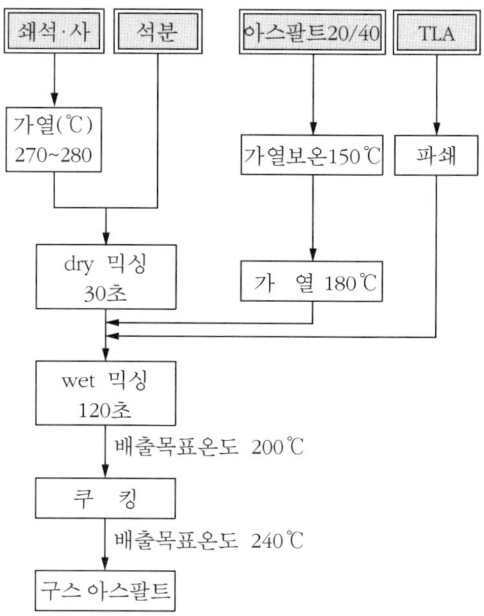

(b) 퍼그밀 믹서 직접 투입 방식

(주 : 대형공사인 경우, 석분은 전용 드라이어로 가열한다.)

그림 1.15 제조 흐름도

1.4.2 혼합물의 준비

(1) 스트레이트 아스팔트

드럼 통에 채워져 있는 경우의 작업순서는 다음과 같다.

① 가열 탱크 투입구 위에 윈치 등으로 위와 아래를 거꾸로 매단다.
② 드럼 통의 저면 및 측면을 버너로 균일하게 데운다.
③ 내부에 들어있는 스트레이트 아스팔트를 가열 탱크 안으로 떨어뜨린다.
④ 탱크 내에서 가열하여 용융한다. 탱크 내의 가열 온도는 150℃를 표준으로 한다.
⑤ 기온이 낮을 때에는 스트레이트 아스팔트의 드럼 통을 손도끼 등으로 잘라서 큰 햄머로 파쇄하여 탱크 안으로 투입시켜 용융하는 것이 효율적이다.

(2) TLA

TLA는 파이버 드럼 안에 채워져 있으므로 계량 및 용융을 용이하게 하기위해 햄머, 크러셔 등으로 주먹 크기로 파쇄한다. 파이버 드럼의 파이버는 물을 흡수하면 부식되어 벗겨내기가 어려워지므로 우수 등이 닿지 않도록 보관한다. 작게 부순 TLA는 장시간 방치해두면 서로 붙어 큰 덩어리로 되기 때문에 구스 아스팔트 제조 직전에 파쇄한다.

그림 1.16 TLA 분쇄

(3) 경질 아스팔트의 제조

1) 블랜딩 탱크 투입방식의 경우

작업 순서는 다음과 같다.

① 가열 탱크 내에서 가열한 스트레이트 아스팔트를 플랜트의 계량조로 소요량을 계량하여 교반 탱크 안으로 옮긴다.

② 주먹 크기로 쪼개놓은 TLA를 교반 탱크의 투입구로 소요량을 투입한다.

③ 경질 아스팔트는 교반 탱크의 교반 날개로 교반하면서 150℃로 가열하여 제조한다.

④ TLA에 있는 광물질 미세 채움재가 블랜딩 탱크 안에서 침전할 우려가 있기 때문에 TLA의 용융을 시작하면 탱크에 있는 교반 날개의 회전을 막아서는 안된다.

2) 퍼그밀 믹서 직접 투입 방식의 경우

작업 순서는 다음과 같다.

① 가열 탱크 또는 교반 탱크 내에서 스트레이트 아스팔트를 150℃로 가열하여 둔다.

② 파쇄한 TLA를 1배치마다 소요량 계량하여 자루에 넣는다.

③ 일반 아스팔트를 퍼그밀 믹서에 분사한 후, TLA를 직접 투입하여 퍼그밀 믹서 안에서 경질 아스팔트를 제조한다.

④ TLA는 파쇄된 사이즈가 크면 wet 믹싱 동안에 완전히 용융하지 않으므로 가능한한 작게(40mm 정도) 파쇄시키는 것이 바람직하다.

1.4.3 혼합

구스 아스팔트의 혼합은 통상 아스팔트 플랜트에서 실시되나, 혼합 온도가 일반 아스팔트 혼합물보다도 높고, 석분 배합비가 높기때문에 쇄석・모래의 가열온도를 높게 하여야 한다. 〈표 1.10〉에 플랜트의 혼합조건의 일례를 나타냈다.

표 1.10 혼합 조건의 일례

항 목		혼합조건
가열온도	쇄석 · 모래(℃)	270～280
	석분(℃)	상온
	아스팔트[*1](℃)	180
	TLA(℃)	상온
혼합온도	마른 비빔(℃)	210
	젖은 비빔(℃)	200
혼합시간	마른 비빔[*2](초)	30
	젖은 비빔(블랜딩 탱크 투입 방식)(초)	60
	젖은 비빔(퍼그밀 믹서 직접 투입 방식)(초)	120
반죽온도(℃)		200

*1 혼합 전에는 아스팔트의 열화방지를 위하여 150℃로 보온하여 두고, 혼합시에 180℃가 되도록 가열한다.

*2 쇄석·모래, 석분을 투입한 후의 시간

혼합물의 출하량은 강상판 위의 시공 면적, 포장 두께를 확인하고 다음 식에 의해 구한다.

혼합물의 출하량(ton)＝시공 면적(m^2)×포장 두께(m)×밀도(t/m^3)×손실률(1.05)

쿠커의 쿠킹 중량은 4～6ton으로 한다. 6ton 이상의 경우는 쿠커의 교반날개에 과대한 부하가 걸리고, 4ton 이하의 경우는 상부의 교반 날개로 교반할 수 없어서 이 모든 경우 쿠킹이 불충분하다. 쿠커가 퍼그밀 믹서의 밑으로 들어갈지의 여부를 〈그림 1.18〉과 같이 사전에 믹서의 배출구까지의 높이를 측정하여 확인하여 둔다. 또한, 쿠커의 투입 호퍼 치수는 〈그림 1.19〉와 같이 1,100×800mm이다. 믹서의 배출구 치수가 투입 호퍼보다도 큰 경우에는 배출시에 혼합물이 넘치지 않도록 고무판 등을 이용하여 투입할 수 있도록 한다.

그림 1.17 쿠커

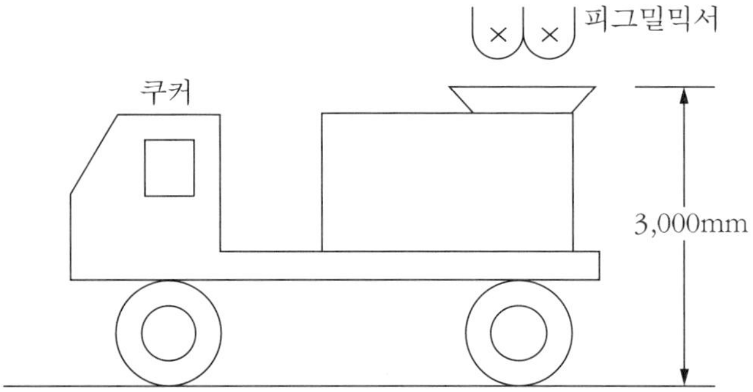

그림 1.18 쿠커의 높이

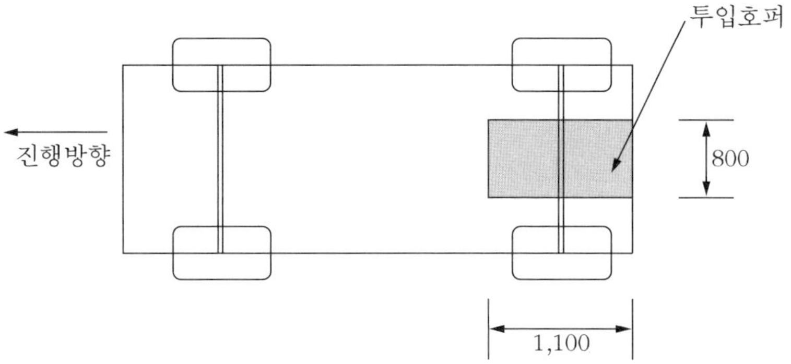

그림 1.19 쿠커의 투입호퍼의 치수(단위:mm)

1.4.4 쿠킹

구스 아스팔트 포장의 시공에서 쿠킹이라 함은 구스 아스팔트 혼합물을 포설하기 위한 적정온도인 240℃의 온도로 가열 및 항온시키기 위하여 쿠커에서 가열 교반을 시키는 과정을 의미하며, 유입을 할 수 있는 유동성은 쿠커로 쿠킹하기에 따라 달라진다. 필요한 쿠킹시간은 통상 90~120분이다. 유동성을 얻을수 있는가의 여부는 유동성 시험을 실시하여 확인한다. 또한, 경질 아스팔트가 노화되므로 180분 이상 쿠킹하여서는 안된다.

작업순서는 다음과 같다.

(1) 혼합물 제조 전날에 쿠커 내에 이물질 등이 들어가 있는가를 확인한다. 우수가 침입하였을 때는 배수하고 건조시켜 둔다.

(2) 혼합물을 투입하기 전에 쿠커의 버너에 점화시켜 약 100℃로 가열 보온하여 두고, 교반 날개를 회전시켜 놓는다.

(3) 혼합물은 교반용 유압 모터의 압력계 눈금을 보면서 투입한다. 투입 중에 압력계 눈금이 300bar 이상이 되면 교반을 할 수 없어 소정의 유동성을 확보할 수 없으므로 혼합물의 투입을 중지시키고 쿠커 내의 혼합물을 배출시켜 폐기한다.

(4) 쿠커의 투입 완료 후, 쿠커 온도계의 지시온도를 255℃로 셋팅(쿠커 내의 혼합물의 온도는 약 240℃가 된다.)하여 쿠킹을 실시한다. 쿠킹은 혼합물의 적재 중, 운반 중에도 계속해서 실시하고 버너는 운반 중이라도 꺼서는 안된다.

(5) 쿠커의 배출구에서 시료를 꺼내어서 유동성 시험을 실시한다. 240℃에서의 유동성이 20초 이하이면 쿠킹을 완료한다.

1.4.5 시공방법

구스 아스팔트 시공방법은 〈그림 1.20〉과 같은 흐름도에 따라 실시한다.

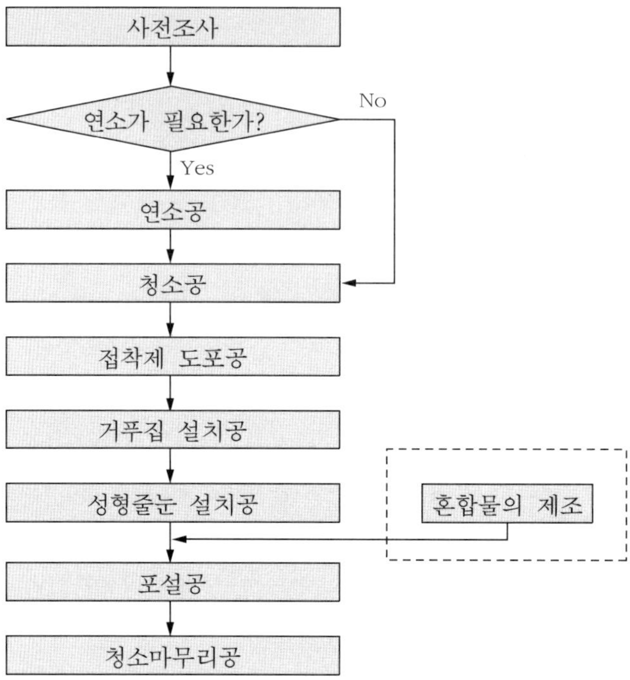

그림 1.20 시공방법의 흐름도

(1) 사전조사

① 강상판의 볼트 또는 리벳의 머리 부분까지의 높이(〈그림 1.21〉의 h)를 실측하여 구스 아스팔트의 포장 두께(h')보다 낮다는 것을 확인한다.

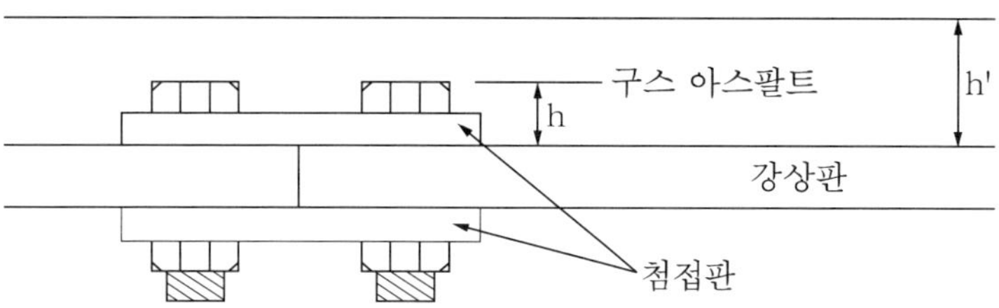

그림 1.21 강상판의 볼트 또는 리벳의 머리 부분까지의 높이

② 강상판의 종단경사, 횡단경사를 확인한다. 경사가 2% 이상일 때에는 펴고르기한 구스 아스팔트가 상온이 될 때까지 유동할 가능성이 있으므로 기준치를 만족하는 범위 내에서 구스 아스팔트의 아스팔트 함량을 약간 적게 하는 등의 검

토가 필요하다.
③ 강상판의 녹 유무 및 정도를 확인한다.
④ 강상판의 방청 도장의 종류를 확인한다.

(2) 연소공

구스 아스팔트의 포설에 앞서 강상판의 연소를 실시한다. 징크리치프라이머* 만을 도장한 강상판의 연소 정도는 제 1종 표면처리로 한다. 후막 무기징크리치페인트**를 도장한 강상판은 제 4종 표면처리를 표준으로 하나, 녹이 발생되어 있는 개소에 대해서는 제 3종 표면처리를 실시한다. 표면처리의 종류는 〈표 1.11〉을 참조한다.

그림 1.22 연소공

연소기가 들어가지 않는 개소(볼트 주위나 테두리 단부 등)는 와이어브러쉬, 디스크샌드 등을 사용하여 수 작업으로 녹을 완전히 제거하도록 한다.

표 1.11 표면처리의 종류 및 작업방법

표면처리 종류	표면처리 정도	작업 방법
제 1 종	흑피, 녹, 도막을 충분히 제거하여 금속면을 청결히 한다.	블라스트법
제 2 종	녹, 도막을 제거하여 녹면을 노출시킨다. 단, 움푹 들어간 부분에는 녹이나 도막이 남는다.	디스크샌드, 와이어브러쉬 등의 동력 공구와 수 공구의 병용
제 3 종	녹, 열화 도막을 제거하여 강면을 노출시킨다. 단, 열화하지 않은 도막(활막)은 남긴다.	상동
제 4 종	분화물 및 부착물을 털어내고 활막을 남긴다.	상동

* : 일본 본주사국 연락교공단규격(HBS K 5611)
** : 일본 본주사국 연락교공단규격(HBS K 5603)

(3) 청소공

연소공 종료 후, 접착제 도포공에 앞서 강상판 상의 먼지, 그리드* 등을 컴프레서, 빗자루 등으로 제거한다. 또, 표면에 수분, 유지류의 부착이 발생하였을 경우에는 완전히 제거하여야 한다. 수분은 걸레로 닦고 나서 버너로 건조시키고 유지류는 신나 등으로 닦아낸다. 녹, 수분 및 유지류의 부착은 구스 아스팔트 시공 후 블리스터링의 원인이므로 정성스럽게 처리할 필요가 있다.

그림 1.23 노면 가열 히터

(4) 접착제 도포공

접착제의 도포는 강상판의 연소 종료 후, 녹이 수시간내에 발생되기 때문에 즉시 실시하여야 한다. 접착제의 도포량은 0.4 ℓ/m^{2}를 표준으로 0.2 ℓ/m^{2}의 2회 칠한다. 도포 작업은 로울러 붓 등을 사용하여 칠얼룩이 생기지않도록 균일하게 마무리한다. 강상판의 볼트의 두부, 협소부는 페인트용 붓으로 도포하면 좋다.

제 2층 도포는 제 1층 도포 후, 지촉(指触)으로 접착제가 손에 묻지않는 것을(통상, 3~4시간의 양생이 필요) 확인하고 나서 실시한다. 제 2층의 접착제 건조 후, 비, 이슬의 우려가 있는 경우에는 시트 등으로 시공 면을 덮는 것이 바람직하다. 접착제는 성형 이음이 벗겨지지 않도록 하기위해 구스 아스팔트가 접촉하는 연석 등의 구조물에도 도포하여 둔다.

---

* : 연소기에 사용하는 산탄(발사와 동시에 파열하여 많은 잔 탄알이 튀어 나오게 한 탄환)의 일종

그림 1.24 접착제 도포

(5) 거푸집 설치공

목재 거푸집 및 피니셔 주행용의 금속제 레일을 시공 개소의 상황에 따라 강상판 위에 설치한다. 고정은 일반적으로 마그네트 식의 고정철물을 사용한다. 목재 거푸집 및 금속재 레일의 설치 예를 〈그림 1.25〉에 나타냈다.

거푸집 측면에는 시공 완료 후에 거푸집을 철거하기 쉽게 하기 위해서 석분을 사전에 도포하여 두면 좋다. 목재 거푸집은 구스 아스팔트 포장 두께와 동등한 것을 준비한다.

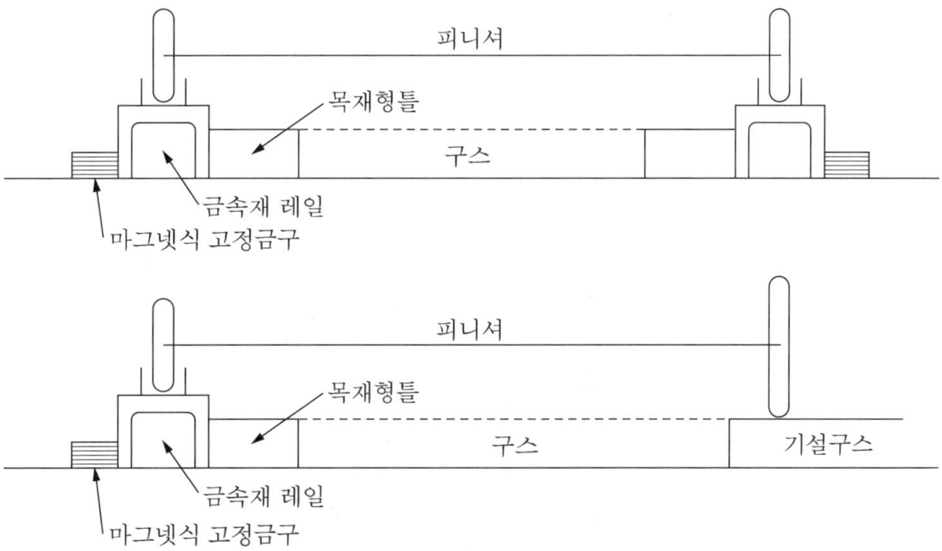

그림 1.25 거푸집 및 금속재 레일의 설치 예

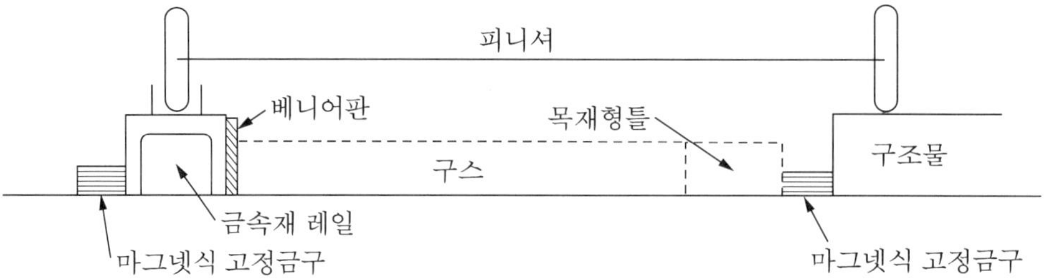

▶ 그림 1.25 거푸집 및 금속재 레일의 설치 예(계속)

(6) 성형줄눈 설치공

성형줄눈은 구스 아스팔트 포설 직전에 보도 연석 등의 구조물과 구스 아스팔트가 접하는 곳에 붙인다(〈그림 1.26〉 참조). 붙이는 작업은 박리지를 조금씩 벗기면서 구조물과 틈이 벌어지지 않도록 잡아주면서 실시한다. 또한, 성형 이음의 두께는 1cm를 표준으로 한다. 집수구 등이 있는 경우에는 그 주위에도 성형 줄눈을 설치한다.

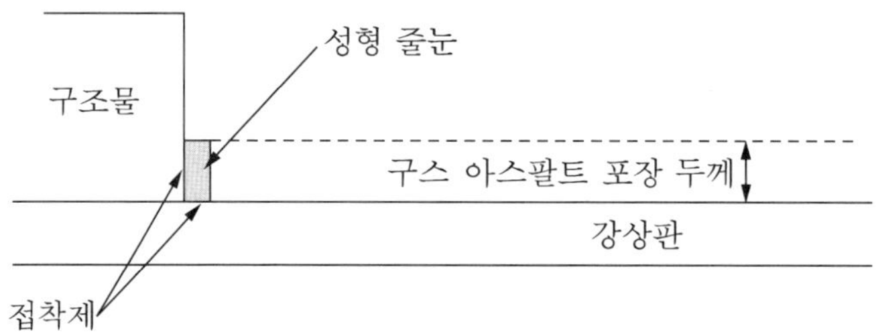

▶ 그림 1.26 성형 줄눈 설치 개소

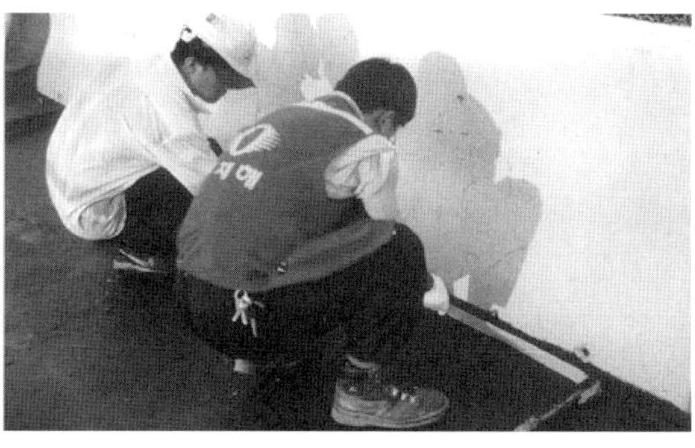

▶ 그림 1.27 성형 줄눈 설치

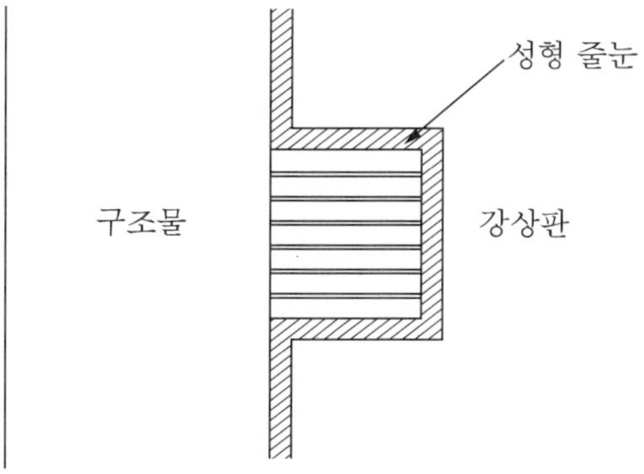

그림 1.28 성형 줄눈 설치 상황 예(집수구가 있는 경우)

(7) 포설공

① 준비

구스 아스팔트의 포설 당일에 다시 시공 면의 건조, 청소를 실시한다. 비, 이슬 등의 물이 접착층 면에 남아있는 경우에는 걸레 등으로 닦고 버너로 건조시킬 필요가 있다.

그림 1.29 구스 아스팔트 혼합물 전용피니셔

② 포설공

구스 아스팔트의 포설은 기온이 5℃ 이하일 때에는 실시하여서는 안된다. 또, 작업 중에 비가 내리는 경우에는 즉시 작업을 중지시켜야 한다.

포설순서는 다음과 같은 유의점을 고려하여 결정한다.

㉮ 기계 시공 구간을 먼저 시공하고 인력 시공 구간을 다음에 시공한다.

㉯ 시공은 가능한 한 경사가 높은 곳에서부터 실시한다.

㉰ 기계 시공 구간의 시공 폭은 가능한 한 등 간격으로 한다.

㉱ 시공 조인트는 볼트 이음부, 센터 라인, 바퀴 자국에는 실시하지 않는다.

그림 1.30 아스팔트 혼합물 포설

ⓐ 기계 시공

펴 고르기는 구스 아스팔트 피니셔로 실시한다. 또, 스크리드의 저면의 높이는 포설 두께에 맞춘다. 피니셔의 펴 고르기 속도는 1m/분을 표준으로 하지만 현장의 상황에 따라 조정한다.

그림 1.31 표면 마무리작업

혼합물은 시공 폭의 중앙 부근에 배출하고 레이크나 삽 등으로 좌우로 눌러 퍼지게 하면 좋다. 흙손, 레이크 등의 소도구는 사전에 데워놓고 구스 아스팔트의 부착 방지용으로 석분을 도포하여 두면 좋다. 쿠커 배출구의 슈트는 혼합물이 부착하기 쉬우므로 꼼꼼하게 석분을 도포하고 나서 혼합물을 털어내도록 하면 좋다. 거푸집은 펴 고르기 한 구스 아스팔트의 모서리가 다치지 않는 정도로 식혀서 벗겨둔다.

ⓑ 인력시공

피니셔로 펴 고르기가 불가능한 곳(예를 들어 노견부, 피니셔의 레일자국, 조인트 설치부 등)이나 소규모 공사의 경우, 인력에 의해 혼합물을 펴 고른다. 혼합물은 쿠커에서 일륜차로 떨어뜨린 다음, 시공 개소로 흐르게 하여 흙손, 삽 등을 이용하여 마무리한다. 혼합물의 온도가 저하하면 시공성이 극단적으로 악화되므로 펴고르기 작업은 신속하게 실시하는 것이 바람직하다.

③ 포설중 작업

㉮ 블리스터링이 발생한 경우에는 즉시 공기 빼기봉 등으로 구멍을 뚫어서 안에 있는 공기, 증기 등의 기체를 빼야한다. 뺀 자국은 목손 등으로 가볍게 두드려서 구멍을 막아둔다.

㉯ 시공 조인트는 틈이 생기지 않도록 목손 등으로 충분히 두드려서 마무리한다.

그림 1.32 블리스터링이 발생한 부분의 공기제거

(8) 청소 마무리공

① 혼합물이 부착한 포설 기구는 모두 가열하여 청소한다. 등유·경유 등은 블리스터링의 발생원인이 되므로 절대 사용하여서는 안된다.

② 쿠커 안에 남아있는 혼합물은 쿠커 내부의 온도가 높을 때에 긁어내야 한다. 특히 배출구의 출구 부근, 쿠커 내의 바닥 부분에 부착된 혼합물은 깨끗하게 제거할 필요가 있다.

③ 피니셔의 스크리드 저면에 부착되어있는 혼합물은 스크리드가 아직 따뜻할때 제거하여 두어야 한다.

제2장

LMC 교면포장

2.1 LMC 교면포장의 특징

라텍스 혼합 개질 콘크리트(LMC)란 라텍스(Latex)를 보통 콘크리트에 일정량 혼합하여 만든 콘크리트로써 배합시에는 유동성을 증가시켜 작업성을 증진시키고, 경화 후에는 라텍스 고형분이 콘크리트 내부의 미세 공극을 채워 충진재의 역할을 하며 동시에 필름막을 형성하여 콘크리트의 성능을 크게 개선시킨 콘크리트를 말한다.

Latex란 고무 나무로부터 얻어지는 자연 제품을 가리키는 말이며 현재 사용되고 있는 대부분의 Latex는 50%의 물에 50%의 Polymer를 첨가해서 제조한다. 또한 LMC는 포틀랜드 시멘트 콘크리트에 Latex를 첨가해서 만든 콘크리트이다.

Latex를 포틀랜드 콘크리트나 모르타르에 첨가하였을 때 유동성이 증가하고 시멘트 페이스트를 골재에 부착시키는 점착력이 증가하고 미세 균열의 충진 효과가 뛰어나 균열의 확산을 억제한다. 또한 이러한 충진 효과에 의해 침투성이 감소하여 아스콘에 비해 우수한 방수효과를 나타낸다.

물(50%) + S/B 폴리머(50%) = 라텍스

라텍스 + 콘크리트 = LMC

그림 2.1 라텍스 혼합 개질 콘크리트의 개념도

라텍스 혼합 개질 콘크리트의 발현 메카니즘은 시멘트 수화작용으로 골재와 골재를 연결하는 결합재가 형성되고 라텍스는 수화된 시멘트 입자와 강하게 연결되어 그물 구조를 가진 폴리머 시멘트 코매트릭스(polymer cement co-matrix)를 형성한다.

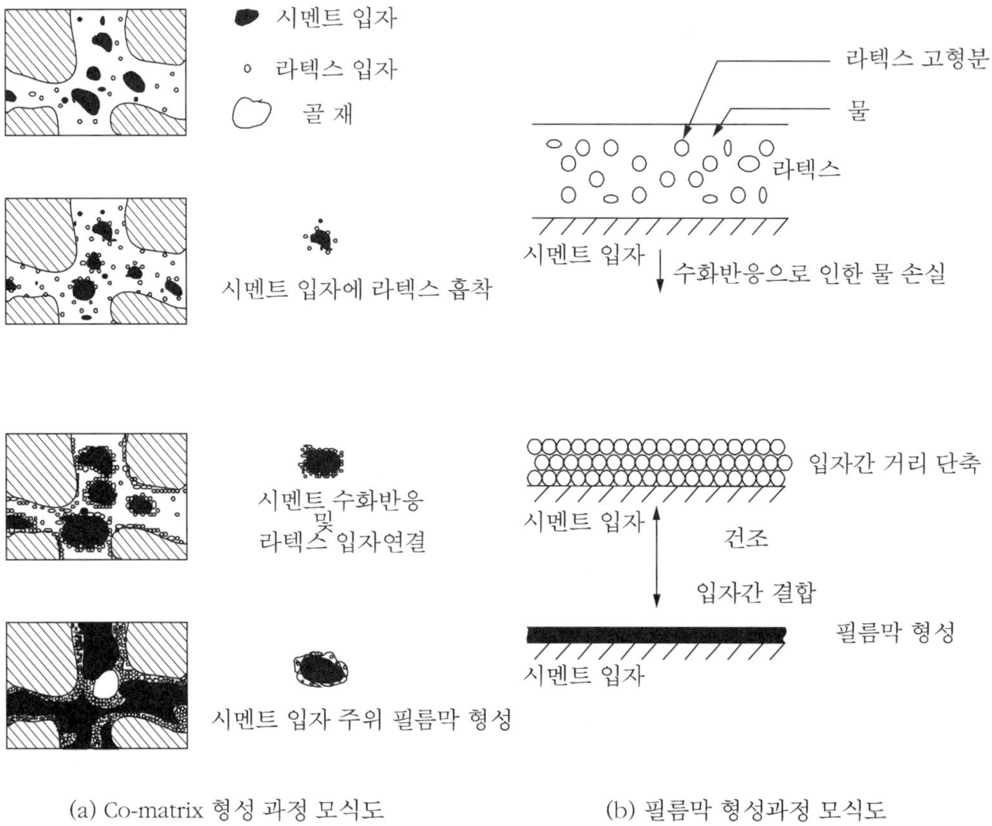

그림 2.2 시멘트의 수화 반응과 라텍스의 폴리머화 과정

■ 제 1단계(LMC 믹싱 직후)

LMC의 굵은 골재, 잔 골재, 시멘트, 물 등 혼합 재료는 독립적으로 활동하게 되고, 라텍스 입자들은 시멘트 페이스트 사이에 균일하게 분포한다.

■ 제 2단계(초기 응결 단계)

골재 입자 또는 시멘트 겔에 부분적으로 라텍스 입자가 흡착하는 단계로 시멘트의 수화 반응이 진행됨에 따라 더 많은 입자가 흡착되게 된다.

■ 제 3단계(수화 종결 단계)

시멘트 겔 주변에 라텍스 입자 막을 형성하는 단계로 시멘트 수화 반응이 진전됨에 따라 물은 증발하고 라텍스 입자는 연속적인 필름 막을 형성하기 위하여 응집하고 동시에 혼합물과 골재 위의 실리케이트 층에 부착하게 된다.

■ 제 4단계(경화 단계)

콘크리트 내 미세 공극에 라텍스 고형분이 충진되고 시멘트 수화물과 골재를 연결하는 라텍스 입자는 연속적인 필름 막을 형성하게 된다. 이때 시멘트 수화물 사이에 충진된 라텍스 고형분과 필름 막은 콘크리트를 매우 조밀한 단일구조로 형성하게 하고 보통 콘크리트의 취약한 제 성질을 개선한다.

2.2 LMC 품질기준

2.2.1 라텍스

라텍스는 우유빛을 가지며, 독성 및 인화성이 없어야 하고, 라텍스의 품질에 영향을 미치는 주요 인자 및 품질 기준은 〈표 2.1〉과 같다.

표 2.1 라텍스의 품질 기준

스틸렌 함유량(%)	고형분 함유량(%)	pH	응고량 (%)	표면장력 (dyne/cm)	입자크기 (Å)	동결융해 안정성
66±1.5	46～53	9.5～11	0.1 이하	30～35	1,800 ～2,100	응고량 0.1% 이하

고형분 함유량은 라텍스 총 중량에 대한 고형분의 중량 비로써 라텍스의 점도에 영향을 미치고, 라텍스 혼합 개질 콘크리트의 부착력, 휨·인장강도 및 투수성 등에 영향을 미치는 주요 인자이다. 고형분 함유량이 많을수록 라텍스의 점도는 증가하게 되고, 허용 고분자 함유량 보다 적을 경우 라텍스 혼합 개질 콘크리트의 성능이 급격히 저하된다.

라텍스의 관리는 직사광선, 대기온도, 저장기간, 공기유입 등에 따라 품질변화가 심한 재료이므로 저장 시 다음 사항을 준수하여야 한다.

- 저장 용기의 재질은 스테인레스 스틸(Stainless Steel) 또는 유리섬유 보강 폴리에스테르(Glass Fiber-reinforced Polyester)이어야 한다.
- 라텍스는 결빙되어서는 안되며, 저장 온도는 5℃～29℃ 범위 이내이어야 한다.
- 장기 저장 시 굳어짐 현상(Creaming), 층리현상, pH 저하 등이 생길 수 있으므로 6개월 이상 저장해서는 안된다.
- 저장 용기의 뚜껑은 항상 닫혀 있어야 하고, 라텍스 사용 시 공기가 유입되지 않도록 주의하여야 한다.
- 장기간 직사광선에 노출되어서는 안되고 비, 스팀 등으로부터 보호·저장되어야 한다.
- 라텍스는 환경오염에 영향을 줄 수 있으므로 누수되거나 하수구, 지표면 등지에 유입시켜서는 안되고 폐드럼은 제조 회사에 반품하거나 승인된 위탁 처리업자에 위탁 처리해야 한다.

2.2.2 골재

잔 골재의 품질기준은 〈표 2.2〉와 같다.

표 2.2 잔 골재의 품질 기준

구 분	시험 방법	기 준
안정성 시험(황산나트륨사용), (%)	KS F 2507	10 이하
골재씻기 시험 손실률(No.200체 통과량), (%)	KS F 2511	3 이하
점토덩어리 함유량(%)	KS F 2512	1 이하
비중 2.0의 액체에 뜨는 것(%)	KS F 2513	0.5 이하
염화물 이온량(%)	KS F 2515	0.022 이하

굵은 골재의 품질기준은 〈표 2.3〉과 같다.

표 2.3 굵은 골재 품질기준

구 분	시험 방법	기 준
점토덩어리 함유량(%)	KS F 2512	0.25 이하
연한 석편(%)	KS F 2516	5.0 이하
골재 씻기시험 손실율(No.200번체 통과량), (%)	KS F 2511	1.0 이하
비중 2.0의 액체에 뜨는 것(%)	KS F 2513	0.5 이하
흡수량(%)	KS F 2503	3.0 이하
비 중	KS F 2503	2.5 이상
안정성 시험(황산나트륨사용), (%)	KS F 2507	12.0 이하
마모감량(%)	KS F 2508	25 이하

2.2.3 배합기준

라텍스 혼합 개질 콘크리트의 배합기준은 〈표 2.4〉와 같다.

표 2.4 교면포장용 라텍스 혼합 개질 콘크리트의 배합기준

항 목	시험방법	단 위	기 준
휨강도(f_{28})	KS F 2407 KS F 2408	kg/cm^2	45 이상
압축강도(f_{28})	KS F 2405	kg/cm^2	270 이상
라텍스 고형분 함량		단위시멘트 중량의 %	15
단위수량		kg/cm^3	150 이하
굵은 골재 최대치수		mm	13
슬럼프 범위	KS F 2403	cm	19±3
공기량 범위	KS F 2409	%	3~6

2.2 LMC 생산 및 시공

LMC 교면포장의 생산 및 시공 순서는 〈그림 2.3〉과 같다.

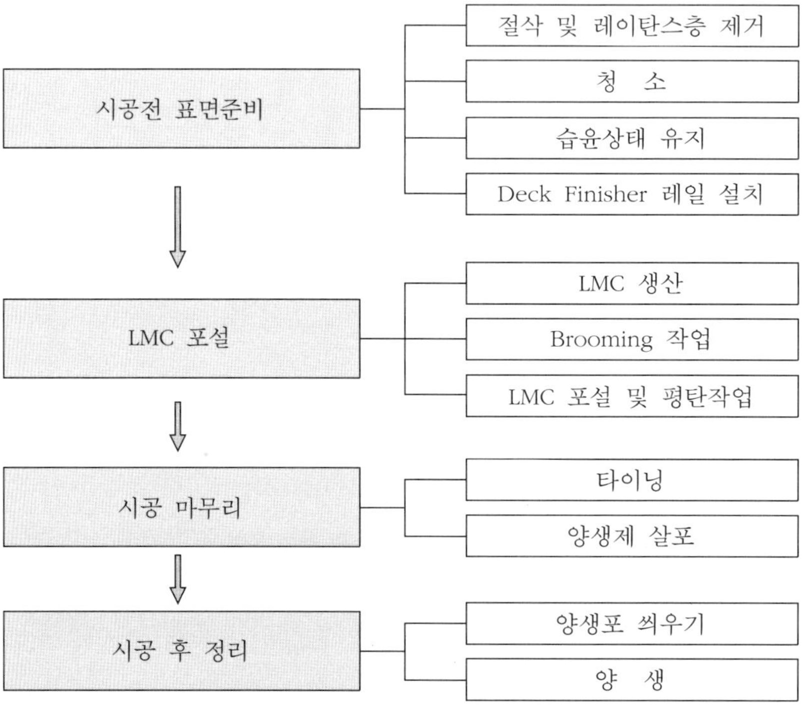

그림 2.3 LMC 교면포장 시공순서

2.2.1 교면 준비

(1) 교면 절삭

① LMC의 부착 성능에 크게 영향을 미치는 작업 단계로서 아래 〈그림 2.4〉와 같이 기존 교면의 레이턴스, 들뜬 돌, 약한 강도 층 등을 Grinding 및 평삭(2회) → Shot Blast(1회)의 순으로 교면 절삭 작업을 실시한다.

② 라텍스 혼합 개질 콘크리트와 접하는 방호벽이나 중분대 기초 등과 같은 측벽은 치핑(Chipping)하여 거친 면으로 만든다.

(a) 교면 절삭

(b) 숏블라스팅

그림 2.4 교면 절삭

(2) 습윤상태 유지

① 건조된 기존 교면에 의한 LMC 배합수 흡수를 방지하기 위하여 교면 절삭 후 비닐을 덮고 12시간 이상 습윤상태를 유지한다.

② 이러한 교면 습윤상태는 라텍스 혼합 개질 콘크리트가 포설되기 전 최소 12시간 이상 유지되어야 한다.

그림 2.5 물청소 후 비닐덮기(습윤상태 유지)

(3) Rail 받침대 및 Rail 설치

① LMC 포장 장비인 Concrete Roller Paver, Tining대, 양생 작업대 등의 통로를 확보하기 위하여 아래 〈그림 2.6〉과 같이 방호벽 및 난간대에 Rail 받침대를

설치하여 Rail을 깐다. Rail 받침대는 장비의 이동 중 변형이 생기지 않도록 견고히 설치하여야 한다.

② 레일 이음부 간격은 2m 이상이어야 하며, 레일 받침대 간격은 1m 이내로 하여야 한다. 다만, 레일 이음부 전·후에는 40cm 이내로 하여야 한다.

③ Rail은 소요의 평탄성을 확보하는데 매우 중요한 영향을 미치므로 사전에 측량을 실시하여 확인하여야 한다.

(a) 거치식 레일

(b) 지지식 레일

그림 2.6 레일설치

(3) 기존 교면 표면건조 포화상태 유지

기존 교면 습윤상태 유지에 의한 표면의 과잉수를 제거하고 〈그림 2.7〉과 같이 기존 교면을 포설 전 기상조건에 따라 비닐을 걸어서 표면건조 포화상태로 유지한다.

(a) 표면 과잉수 제거

(b) 블로잉 작업

그림 2.7 표면건조 포화상태 유지

2.2.2 LMC 생산 및 시공

(1) 생 산

① 원 재료의 보관 및 공급

- 라텍스는 직사광선에 노출되지 않고 공기의 유입이 방지되어 있는 탱크에 보관하여야 하며, 압축공기 펌프를 이용하여 저장탱크에서 모빌믹서 라텍스 적재함에 공급한다.
- 시멘트는 운송차를 현장에 대기시켜 보관하며, 시멘트 운송차로부터 시멘트를 압송하여 모빌믹서 시멘트 적재함에 공급한다.
- 물은 물차를 이용하여 양수펌프로 모빌믹서의 물 적재함에 공급한다.
- 골재는 이물질이 혼입되지 않도록 바닥을 깨끗이 청소하거나, 천막을 깔고 골재를 야적하고 천막을 덮어 보관하며, 백호우를 이용하여 모빌믹서 골재 적재함에 투입한다.

② 생산

- LMC가 소요의 배합에 의거하여 생산될 수 있도록 Mobile Mixer를 Calibration한 후 LMC를 생산한다.
  - Mobile Mixer의 계량방법은 각 재료 별 일정시간 동안 Mobile Mixer 차량의 재료 적재함에서 토출되는 재료의 무게를 측정한 후 이를 현장배합의 재료별 단위중량으로 계산하여 토출량을 조절한다.
  - Mobile Mixer의 계량 및 생산 기준은 ASTM C 685에 준하며, Mobile Mixer의 검정은 소정의 시멘트 배출량을 기준으로 시간 및 Counter를 측정하고, 시멘트량에 준한 각 재료량을 결정한 상태에서 잔 골재 및 굵은 골재는 시멘트 배출 Counter를 기준으로 Gate를 조정하여 검정을 실시하고, 라텍스 및 물은 시멘트 배출시간을 기준으로 압력계를 조정하여 검정을 실시한다. 각 재료 별로 검정을 실시한 후 중앙 Control Value를 작동시킨다.
- 재료 별 토출량에 대한 허용오차는 시멘트, 물, 라텍스의 경우 ±1%이내, 골재 ±3%이다.
- 믹서에 재료투입 순서는 골재, 시멘트, 물, 라텍스 순으로 연속하여 투입하여야 한다.
- 믹싱 시간은 소요의 공기량과 슬럼프를 확보할 수 있는 시간 이상이어야 한다.

- 믹서로부터 배출된 라텍스 혼합 개질 콘크리트는 구성 성분과 반죽질기는 포장이 종료될 때까지 균등하여야 한다.

(a) 골재 투입

(b) 모래 투입

(c) 물 투입

(d) 라텍스 투입

(e) LMC 생산

그림 2.8 LMC 생산과정

③ 유의 사항

- 라텍스는 대기에 노출되면 막이 형성되거나 라텍스 입자가 결합되므로 보관 시 주의한다.
- 생산 후 모빌믹서에 남은 폐 라텍스는 별도 정화처리 과정을 거쳐 폐기한다.
- 모빌믹서에 골재 공급 시 잔 골재와 굵은 골재가 혼입되지 않도록 한다.
- LMC의 슬럼프는 기상 상태를 고려하여 책임 기술자의 지시에 따라 16～21cm의 범위에서 조정하여 생산한다.
- 생산된 LMC의 급속한 응결은 수분증발에 의한 라텍스 솔리드의 농도증가로 LMC의 점착력이 증가하는 것이 원인이므로, LMC의 응결 속도를 지연시키기 위해 지연제, 유동화제, AE 감수제 등의 혼화제를 사용하더라도 점착력에 영향을 미치지 못한다. 오히려 LMC의 제 성질을 저해할 우려가 있으므로 혼화제의 사용은 금해야 한다.

(2) 포 설

모빌믹서로부터 생산된 LMC를 콘크리트 로울러 페이버 전방에 포장 계획고에 일치하도록 포설·다짐을 하고 콘크리트 로울러 페이버로 마무리 작업을 한다. 로울러 페이버가 미치지 못하는 양측 노견부는 특수 제작된 신발을 신고 인력으로 마무리 한다.

① 브루밍(Brooming) 작업

- 부착력을 증진시키고 신·구 경계면의 결합을 없애기 위하여 타설 직전에 소량의 라텍스 혼합 개질 콘크리트를 데크 브러쉬로 쓸어 교면에 모르타르로 얇게 도포하는 작업이다.

그림 2.9 Brooming 작업

- 유의 사항
  - 수분증발로 블루밍 몰탈이 건조될 수 있으므로 블루밍 폭이 데크피니셔 포설 부위보다 2m 이상 떨어져서는 안된다.
  - 과잉 표면수에 의해 재료분리가 발생되지 않도록 주의한다.
  - 교면 뿐만아니라 라텍스 혼합 개질 콘크리트가 접촉되는 방호벽, 중분대 및 측벽에도 포장두께 높이까지 브루밍을 실시한다.
  - 브루밍한 표면은 라텍스 혼합 개질 콘크리트가 포설되기 전에 건조되어서는 안된다.
  - 브루밍 후 남은 모르타르가 빠진 LMC는 포장재료에 혼합 사용되어서는 안 된다.

② 포설 및 마무리

- 포설하기전 교면이 깨끗하고 표면건조 포화상태로 되어 있는지 확인한다.
- 예상치 못한 기상변화에 대비하여 굳지 않은 콘크리트를 보호하기 위해 사전에 충분한 준비를 하여야 한다. 포설 중 비가 내리면 감독원은 모든 작업을 중단시키고, 이로 인해 손상된 부분은 제거하여야 한다.
- 포설 두께는 최소 3cm 이상이어야 한다.
- 포설 양쪽단부, 국부적인 보수 등은 흙손으로 인력 마무리하여야 한다. 이때 마무리 면을 직선자로 평탄성을 점검하고 필요에 따라 요철 부분을 정정하여야 한다.

(a) 데크피니셔 마무리　　(b) 인력 마무리

그림 2.10 마무리 전경

- 유의 사항
  - LMC가 공기 중에 노출되면 표면 수분 증발로 라텍스 필름 막이 형성되어 일반 콘크리트보다 작업성이 현저하게 저하되므로 생산된 재료는 신속하게 타설, 마무리한다.
  - 기상조건(풍속, 대기온도, 상대습도 등)과 LMC 온도 등을 측정하여 수분 증발량이 과다(0.75kg/m^2/hr)하다고 판단되는 경우 작업을 중단한다.
  - 타설 현장이 직사광선에 노출된 상태로 대기온도가 30℃ 이상이거나, 그 이상으로 예상되면 LMC 교면포장 공사 시공계획을 변경하여야 한다.
  - 타설 중 강우 시는 즉시 작업을 중단하고 타설 부위가 강우에 노출되지 않도록 조치해야 하며 작업 지연이 1시간 이상 지속될 경우 시공 이음 처리를 한다.
  - 교량 슬라브 콘크리트의 신축팽창에 의해 균열이 발생될 수 있으므로 신축이음부는 간격재를 삽입한다.
  - 타설 작업은 연속적으로 이루어져야 하며, 수분 증발이 많은 기간에는 일출 전 작업을 시작하여 오전 중에 작업을 종료하는 것이 바람직하다.
  - 곡선교 및 편경사 변화 구간은 평탄성 확보에 세심한 주의를 기울여야한다.

(3) 시공 마무리

① 거친 면 마무리(타이닝 작업)

- 교면의 마찰저 항력을 크게하고 우천시 배수 역할을 하여 수막현상을 방지하기 위한 공정으로 〈그림 2.11〉과 같이 타이닝을 실시한다. 경사식 타이닝 장비를 사용하며 평탄 마무리 작업 후에 홈의 간격이 3.5~4cm, 홈의 깊이가 3mm 이내가 되도록 거친 면 마무리 작업을 한다.

그림 2.11 타이닝 작업 전경

- 특별히 마찰계수를 증진시킬 필요가 있을 경우에는 감독원의 지시에 따라 홈의

깊이 및 간격을 조절할 수 있다.

- 유의 사항
  - 거친 면 마무리 시기가 너무 이르면 홈이 함몰 될 수 있고, 너무 늦으면 라텍스 필름 막이 형성되어 소요 홈 깊이를 확보할 수 없다.
  - 거친 면 마무리로 인한 굵은 골재의 노출정도는 타이닝 속도, 깊이, 타이닝 강선의 경사도 등에 영향을 받으므로 최초 타이닝 작업 시 굵은 골재의 노출이 최소화될 수 있도록 조정해야 한다.

(4) 양 생

① 피막 양생제 살포

- 균열 발생을 억제하고 안정적으로 강도를 발현시키기 위하여 분사식 양생제 살포기를 이용하여 거친 면 마무리 작업 직후에 포장 전면에 고르게 양생제를 살포하여 피막 양생을 한다.
- 피막 양생제는 유성 제품을 사용하여야 하며 사용량은 $1.5\ell/m^2$(원액농도 $0.105kg/m^2$) 이상으로 한다.

그림 2.12 양생제 살포 전경

② 습윤양생

- 표면 마무리가 끝난후 교통이 개방될 때까지 건조, 온도변화, 하중, 충격 등의 나쁜 영향을 받지 않도록 보호하여야 한다.
- 콘크리트 표면이 변형되지 않을 정도로 성형되면 즉시 깨끗하고, 고르게 물로 축인 양생포를 덮고, 비닐을 깔아 48시간 동안 습윤양생을 하여야 한다. 다만,

대기온도가 13℃ 이하일 경우는 양생기간을 더 연장할 수 있다.

- 습윤양생이 끝나면 양생포를 걷어내고 72시간 이상 기건양생을 하여야 한다.

(a) 양생포 (b) 비닐

그림 2.13 양생포 및 비닐 덮기 전경

- 유의 사항
  - 양생포는 흡수력이 좋고 가벼운 재질을 사용한다.
  - 양생포가 바람에 날리지 않도록 주의한다.
  - 양생기간 중 작업자 또는 차량의 진입을 방지하기 위하여 시・종점부에 진입 차단 장치를 설치한다.

(5) 시공시 주의 사항

① 타설 시점에서 라텍스 혼합 개질 콘크리트의 온도는 21±11℃ 범위에 있어야 한다.

② 타설 부위가 직사광선에 노출된 상태로 대기온도가 30℃ 이상이거나, 그 이상으로 예상되면 교면포장 공사의 시공계획을 변경하여야 한다.

③ 강우, 강한 바람, 낮은 상대습도(0.75kg/m^2/hr 이상) 등이 예상되면 포설하여서는 안된다.

④ 1시간 이상 포설이 중단될 경우 시공 조인트를 설치하여야 하며, 포설 지연이 1시간 이내일 경우 몇 겹의 젖은 버랩(Burlap)을 덮어 포설 단부가 건조되지 않도록 보호하여야 한다.

⑤ 포설 후 15일 이내에는 어떠한 차량도 통행하여서는 안된다.

제 3 장

고성능 콘크리트(HPC) 교면 포장

3.1 고성능 콘크리트(HPC) 교면포장의 특징

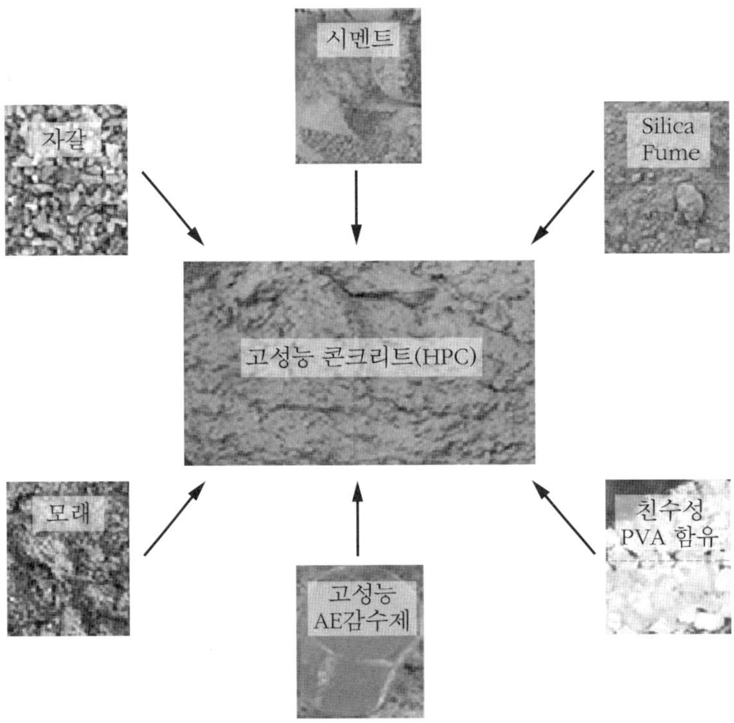

그림 3.1 고성능 콘크리트 재료의 구성

고성능 콘크리트(HPC : High Performance Concrete) 교면포장은 무기계 혼화재료인 실리카 퓸, 플라이 애쉬, 고로슬래그 등과 친수성 마이크로 폴리비닐알코올(PVA) 섬유를 혼입하여 제조한 고성능 콘크리트를 의미한다.
고성능 콘크리트 교면포장 공법에 사용되는 콘크리트는 저가의 무기계 혼화재료인 실리카 퓸과 소성 수축균열 억제를 위한 친수성 폴리비닐알콜(PVA: Poly Vinyl Alchole)섬유를 첨가하여 혼입한 콘크리트 포장재료이다. 〈그림 3.1〉은 고성능 콘크리트 재료의 구성을 나타낸 그림이다.

(1) 실리카 퓸

실리카 퓸은 전기 아크 용광로를 사용하는 제련소에서 실리콘(Si) 금속이나 규소철 합금의 제조 과정에서 생성되는 초미립자의 산업 부산물이다. 실리카 퓸의 입자크기는 시멘트 입자의 1/25 정도로 〈그림 3.2〉와 같이 시멘트 입자의 공극을 충전하는 마이크로 필러 효과로 수밀성 및 염소이온에 대한 저항성을 증가시키고, 포졸란 반응에 의해서 콘크리트의 강도를 크게 증가시킨다. 국내에서는 주로 콘크리트 성능 개선을 위한 혼화재료로 적용하고 있으며, 고층 빌딩 및 아파트 공사 등에서 주로 사용되고 있다.

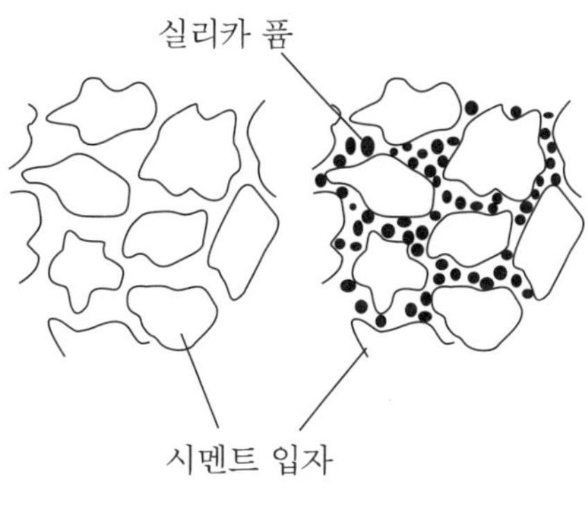

그림 3.2 시멘트의 세공 구조

(2) 친수성 PVA(Poly Vinyl Alcohol) 섬유

PVA 섬유는 범용 합성섬유 중에서 강도와 탄성률이 가장 높고 친수성, 내후성, 내열성, 내약품성 등이 가장 높기 때문에 소성 수축균열 저감 효과가 우수하다. 또한 알콜기를 가지고 있는 특성으로 인하여 타 섬유와는 달리 콘크리트 내에서 분산성이 우수하고 잘 혼합되는 특성을 가지고 있으며 주로 콘크리트 보강재료 및 건축재료로 많이 사용되고 있다. 〈그림 3.3〉은 PVA 섬유가 분산된 콘크리트의 모습을 나타낸 그림이며, 〈그림 3.4〉는 사방이 구속된 콘크리트에서 PVA 섬유 첨가로 소성 수축균열이 저감되는 모습을 나타낸 그림이다.

그림 3.3 PVA 섬유가 잘 분산된 콘크리트

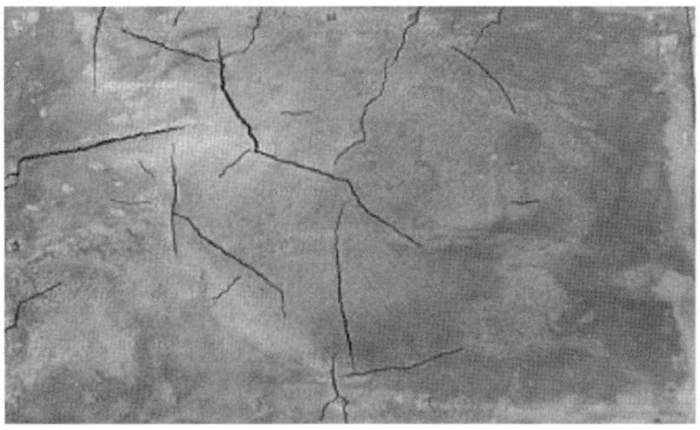

(a) PVA 섬유제외

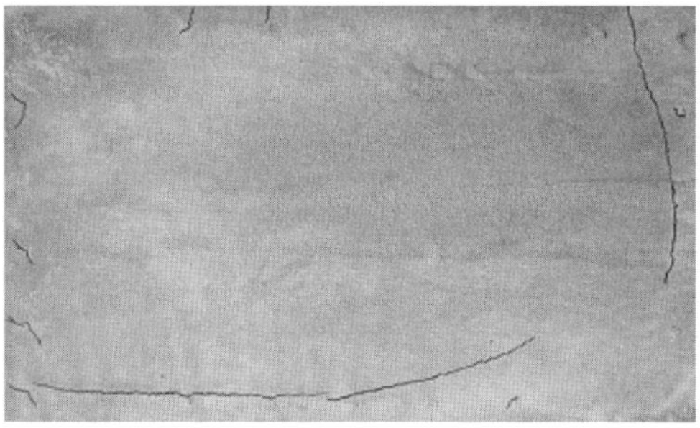

(b) PVA 섬유첨가

그림 3.4 PVA 섬유 유무에 따른 구속 시편의 균열 발생 정도

3.2 품질기준

3.2.1 혼화재료

혼화재료는 콘크리트를 만들 때에 필요에 따라 첨가하는 재료이며, 시멘트와 물 및 골재 이외의 것을 말하며, 사용량의 다소에 따라 혼화재와 혼화제로 분류한다. 혼화재료는 품질이 확인된 것을 사용한다.
교면포장용 고성능 콘크리트에 사용하는 무기계 혼화재료는 다음과 같다.

(1) 혼화재

혼화재의 일반사항은 다음과 같다.

① 혼화재로 사용할 무기계 혼화재는 콘크리트의 유동성과 강도 증진을 위해 사용한다.

② 교면포장용 고성능 콘크리트에 사용하는 혼화재료로는 실리카 퓸, 플라이 애쉬, 고로슬래그이며 각각의 세부내용은 다음과 같다.

㉮ 실리카 퓸(Silica Fume)

실리카 퓸은 실리콘이나 페로실리콘 등의 규소합금을 전기로에서 제조할 때 배출가스에 섞여 부유하여 발생하는 초미립자 부산물을 말하며, 규소합금 제조를 위한 원료로 규석, 석탄, 목편, 철가구 등과 환원제인 코크스를 전기로에 투입하여 약 2,000℃의 고온으로 페로실리콘을 제조하는 도중에 중간 생성물인 SiO가 가스화하여 이것이 공기에 의해 산화하여 SiO_2로 되고 다시 응축하여 초미립자로 생성되는 것을 말한다.
실리카 퓸의 품질은 〈표 3.1〉의 규정을 만족해야 하며, KS F 2567의 시험기준을 만족하는 것이어야 한다.

표 3.1 실리카 퓸의 품질기준

항 목	기준치
비표면적(BET), (m^2/g)	15 이상
활성도 지수(재령 7일)	95 이상
이산화규소(SiO_2), (%)	85 이상
산화마그네슘(MgO), (%)	5.0 이하
강열 감량(%)	5.0 이하

㉯ 플라이 애쉬(Fly ash)

플라이 애쉬는 석탄 화력발전소에서 석탄 연소 후 발생되는 발전소 부산물로 집진기에서 포진되는 미분말 형태로서 알루미노 실리카 계열의 구형 입자 형태로 포졸란성(Pozzolan)을 지니고 있을 뿐만 아니라 여러 측면에서 시멘트 대체재로 우수한 특성을 지니고 있으며 전체 석탄회 중 약 75~80%를 차지한다. 플라이 애쉬의 품질기준은 KS L 5405를 따르며, 물리적, 화학적 품질기준은 다음의 〈표 3.2〉와 같다.

표 3.2 플라이 애쉬의 물리적, 화학적 품질기준

구 분	항 목	규정치
화학성분	이산화규소(%)	45 이상
	습분(%)	1 이하
	강열감량(%)	5 이하
물리적 성질	비중	1.95 이상
	분말도 비표면적(브레인방법), (cm^2/g)	2,400 이상
	단위수량비(%)	102 이하
	압축강도비(28일), (%)	60 이상

㉰ 고로슬래그(Blast furnace slag)

고로슬래그는 선철(銑鐵)의 제조과정에서 발생되는 산업부산물로, 철광석으로부터 선철을 제조할 때 용액상태의 선철과 함께 슬래그가 생성되는데 이 용융

상태의 슬래그를 물로 급랭하면 모래입자 모양의 수쇄슬래그가 되며, 볼밀이나 로울러밀에 의해 분쇄하면 비표면적 4,000cm^2/g(평균입경 약 10μm) 정도의 슬래그 미분말이 얻어지며 이를 건조시킨 것을 사용한다.

품질기준은 KS F 2563을 따르며, 물리적, 화학적인 품질기준은 다음의 〈표 3.3〉과 같다.

표 3.3 고로슬래그 미분말의 품질기준

품질 \ 종류		고로슬래그 미분말		
		1종	2종	3종
밀도(g/cm^3)		2.80 이상	2.80 이상	2.80 이상
비표면적(cm^2/g)		8,000~10,000	6,000~8,000	4,000~6,000
활성도지수 (%)	재령 7일	95 이상	75 이상	55 이상
	재령 28일	105 이상	95 이상	75 이상
	재령 91일	105 이상	105 이상	95 이상
플로값 비(%)		95 이상	95 이상	95 이상
산화마그네슘(MgO)(%)		10.0 이하	10.0 이하	10.0 이하
삼산화황(SO_3)(%)		4.0 이하	4.0 이하	4.0 이하
강열 감량(%)		3.0 이하	3.0 이하	3.0 이하
염화물 이온(%)		0.02 이하	0.02 이하	0.02 이하

(2) 친수성 마이크로 PVA(Poly Vinyl Alcohol) 섬유

① 고성능 콘크리트에 적용할 섬유는 친수성 PVA 섬유로서 본 섬유는 합성섬유이면서도 섬유 표면에 수산기(OH−)를 가지고 있는 친수성 섬유로서 콘크리트 내에서 분산이 잘되고 높은 탄성계수를 가지며 시멘트 페이스트와의 우수한 부착성능을 가진 재질로 적용 범위를 설정한다.

② 콘크리트 보강섬유로 개발된 PVA섬유는 섬유 표면이 수산기를 가지고 있는 친수성 구조로서 콘크리트 내에서 분산이 잘되고 높은 탄성계수와 시멘트 페이스트와의 높은 부착성능을 가지고 있다. 또한 비교적 작은 직경과 높은 형상비를 갖추고 있어 시멘트 복합체 내에서 미소균열을 억제하고 안정화하며 섬유의 가교작용을 통하여 시멘트 복합체의 역학적 성질을 증대시키는데 매우 효과적인

작용을 한다.

③ PVA 섬유 보강재의 표준 길이는 6~12mm 내 이어야 하고, 아래 〈표 3.4〉에 나타난 물리적 품질기준의 범위에 포함되어야 한다.

표 3.4 친수성 PVA 섬유 품질기준

항 목	특 성
비중(g/cm^3)	1.2 이상
직경(μm)	8~16
탄성계수(kgf/cm^2)	150,000 이상
인장강도(kgf/cm^2)	9,000 이상
인장신도(%)	4~10
용융점(℃)	220 이상

④ 투입 방법은 배치플랜트에 해당량의 PVA섬유를 직접 투입하여 혼합 시간은 콘크리트 비빔 시간에 따른다. 타설은 일반 콘크리트와 동일하게 한다.

(3) 혼화제

① 교면포장용 고성능 콘크리트에 사용되는 고성능 감수제는 콘크리트 혼합 시 물의 양을 줄이면서 워커빌리티를 향상시킬 수 있는 재료를 사용한다.

② 공기연행제 및 고성능 감수제는 KS F 2560에 적합한 것을 사용하고, 사용 전에 시험배합을 통해 그 품질을 확인하고, 사용방법을 충분히 검토해야 한다.

③ 〈표 3.5〉는 고성능 콘크리트에 사용되는 고성능 감수제의 품질기준을 나타낸 것이다.

표 3.5 화학 혼화제 품질기준

품질 \ 종류		고성능 AE 감수제	
		표준형	지연형
감수율(%)		18 이상	18 이상
블리딩 양의 비(%)		60 이하	70 이하
응결시간의 차(min)	초결	-30~+120	+90~+240
	종결	-30~+120	+240 이하
압축강도의 비(%)	재령 3일	135 이상	135 이상
	재령 7일	125 이상	125 이상
	재령 28일	115 이상	115 이상
길이 변화비(%)		110 이하	110 이하
동결융해에 대한 저항성(상대 동탄성계수)(%)		80 이상	80 이상
경시 변화량	슬럼프(cm)	6.0 이하	6.0 이하
	공기량(%)	±1.5 이내	±1.5 이내

3.3 배합 및 생산

교면포장용 고성능 콘크리트의 휨 전단성능, 부착성능, 방수 및 관련 내구성능을 충분히 발휘하기 위해서는 시험을 통하여 시방배합이 결정되어야 하고, 배합은 소요품질과 작업에 적합한 워커빌리티 및 피니셔빌리티를 갖는 범위 내에서 이루어져야 한다.

3.3.1 배합

교면포장용 고성능 콘크리트의 배합기준은 〈표 3.6〉과 같다. 배합 기준을 참고하여 현장 조건에 따라서 혼입할 혼화재를 결정한다. 교면포장용 고성능 콘크리트의 추천배합은 다음의 〈표 3.7〉과 같다.

표 3.6 교면포장용 고성능 콘크리트 배합기준

항 목	시험방법	단 위	기 준
휨강도	KS F 2407 KS F 2408	kgf/cm^2	45
압축강도	KS F 2405	kgf/cm^2	350
단위 실리카 퓸량		단위 시멘트의 중량(%)	6~10
단위 플라이 애쉬량		단위 시멘트의 중량(%)	15~25
단위 고로슬래그량		단위 시멘트의 중량(%)	20~40
단위 수량		kg/cm^3	180 미만
굵은 골재 최대치수		mm	13
슬럼프 범위	KS F 2403	cm	14~20
공기량 범위	KS F 2409	%	5~7
최소포설두께		mm	30

표 3.7 교면포장용 고성능 콘크리트 추천 배합비(kg/m^3)

G_{max} (mm)	Slump (cm)	Air (%)	W/B	S/a (%)	W	Binder($425kg/m^3$)				S	G	SP	비 고
						C	Silica fume	fly ash	slag				
13	17±3	6±1	0.4	55	170	399	26	-	-	908	757	4.1	SF
					170	340	21.25	63.75	-	908	757	4.1	SF+FA
					170	280.5	21.25	-	123.25	908	757	4.1	SF+Slag
					170	136	8.5	110.5	170	908	757	4.1	SF+FA+Slag

* G_{max} : 최대입경, Slump : 슬럼프, Air : 공기량, W : 물, C : 시멘트, S : 잔 골재
G : 굵은 골재, SF : 실리카 퓸(Silica Fume), FA : 플라이애쉬, Slag : 고로 슬래그

재료의 계량은 현장배합에 의한 배합비에 따라 실시하며, 각 재료는 1회분의 비비기양(각 배치)을 중량으로 계량하여야 하며, 물이나 혼화제는 용적으로 계량할 수도 있다. 계량의 허용오차는 다음의 〈표 3.8〉의 범위 이내이어야 한다.

표 3.8 교면포장용 고성능 콘크리트 재료의 계량 허용오차

재료의 종류	허용오차 (%)
물, 시멘트	±1
혼화재	±2
골재, 혼화제 및 용액	±3

3.3.2 생산

생산 방법은 현장에서 배합하는 방법보다는 배치플랜트를 사용한 콘크리트의 생산과 믹서트럭을 사용한 운반 방법이 〈그림 3.5〉와 같이 가장 일반적인 콘크리트의 생산 및 운반 방법으로서 품질관리를 용이하게 해주는 장점이 있다. 또한 대량 생산 및 운반이 가능하므로 대규모 시공이 필요한 장대 해상교량 등에서는 공기를 단축할 수 있다는 장점이 있다.

[모바일 믹서 사용(대당 7.0~7.5m^3/hr)]　　[현장 B/P 사용(생산효율 70m^3/hr)]

그림 3.5 배치플랜트 생산에 따른 생산효율 비교

고성능 콘크리트는 실리카 퓸과 PVA 섬유를 첨가하는 점 이외에는 일반 콘크리트와 배합이 유사하다. 그리고 배합 이후에 초결이 발생하기까지 약 1.5시간의 여유가 있다. 그러므로 일반 배치플랜트에서 생산하고 레미콘을 통해 반입하더라도 충분한 작업시간의 확보가 가능하여 타 콘크리트 계열 교면포장에서 필요로 하는 모바일 믹서 등 특수한 장비 없이 시공이 가능하다. 이와 같은 개선점은 품질관리에 필요한 노력을 일반 콘크리트 수준으로 낮춰주며, 배치플랜트를 통하여 콘크리트를 생산하므로 재료의 균질성이 향상되고 낮은 슬럼프의 콘크리트도 생산이 가능하다. 시험시공 과정에서 슬럼프를 14cm까지 낮춰도 생산 및 시공에 전혀 문제가 발생하지 않으므로 합성경사 5%~7% 사이의 교량에도 적용이 가능하다.

고성능 콘크리트의 생산시 유의 사항은 다음과 같다.

(1) 교면포장용 고성능 콘크리트의 생산은 원칙적으로 현장 배치플랜트 또는 현장 주변의 레미콘 공장에서 생산하도록 한다.

(2) 고품질의 교면포장용 고성능 콘크리트 생산을 위해서는 배합에 사용되는 재료에 대한 흡수율 등 사전 물성실험을 통해 분석한다.

(3) 생산된 굳지 않은 고성능 콘크리트에 대해서는 슬럼프, 공기량, 염화물 함유량, 온도 등에 대한 영향을 평가하며, 이에 적합하지 않을 경우에는 재생산을 원칙으로 한다.

(4) 계약 상대자는 시험배합 결과보고서를 작성하여 제출하고, 감독자가 콘크리트 비비기 시간을 결정할 수 있도록 하여야 하며, 시험이 불가능할 경우에는 믹서안에 재료를 전부 투입한 후 강제식 믹서에서 최소 90초 이상, 120초를 표준으로 혼합한다. 다만, 어떠한 경우라도 위의 시간을 3배 이상 초과해서는 안된다.

(5) 1배치의 콘크리트를 비빈 후 다음 배치의 콘크리트를 비빌 때에는 믹서 내의 모든 재료를 완전히 배출한 후 혼입하여야 한다.

3.4 시 공

3.4.1 포설 및 마무리

(1) 부착력 향상을 위한 워터젯 적용

콘크리트 계열 교면포장의 품질에 가장 큰 영향을 미치는 요소는 교면포장체와 콘크리트 바닥판 사이의 부착이다. 부착이 완벽하여 교면포장과 바닥판이 일체화 거동을 할 경우 고성능 콘크리트 교면포장을 포함한 모든 콘크리트 계열의 교면포장은 우수한 공용수명과 높은 구조적 안정성을 발현한다.

기존 바닥판 콘크리트와 교면포장 사이의 부착력을 향상하기 위해 절삭형 워터젯을 사용하여 표면처리를 실시한다. 워터젯은 신설 콘크리트 바닥판 표면의 레이턴스를 약 2~3mm 두께로 얇게 벗겨내고 거친 면을 만들어 주어 부착면적을 증대시키는 효과가 있다. 이와 같은 표면 조직은 기존 숏블라스팅이 형성하는 표면에 비하여 높은 부착강도를 발휘한다.

그림 3.6 워터젯 공법 시공 광경

워터젯 공법은 콘크리트 바닥판 표면의 레이턴스 제거에 고압의 물을 사용하고, 제거된 레이턴스와 물을 진공 펌프를 통하여 회수하므로 현장에서 분진의 발생이 없다. 또한, 슬러지와 회수된 물은 슬러지 정화장치에서 침전된 후 물은 필터를 거쳐 정화되어 재사용이 가능하다. 〈그림 3.7〉과 같이 슬러지 및 배출수를 회수해서 진공펌프가 부착된 침전조 정화장치를 통해 침전된 슬러지의 높이를 확인하고 폐기처리 할 수 있도록 하여야 한다. 침전조에서 회수된 슬러지는 슬러지 압착장비를 통하여 물을 짜내고 시멘트 찌꺼기만 회수하여 폐기처분 할 수 있다. 여기서 발생하는 물은 깨끗한 물로서 워터젯에 재활용이 가능하다.

그림 3.7 슬러지 정화장치 및 정화된 배출수

(2) 브루밍(Brooming) 작업

바닥판과의 부착력을 증진시키고 인접 경계면과의 부착력 향상을 위해 타설 직전에 골재를 제외한 상태에서 생산된 모르타르 또는 교면포장용 고성능 콘크리트에서 굵은 골재를 제외한 모르타르를 데크 브러쉬(Deck brush)로 쓸어 교면에 엷게 도포하는 작업으로써 다음 사항을 준수하여야 한다.

① 브루밍은 교면 뿐만아니라 고성능 콘크리트가 접촉되는 방호벽, 중분대, 측벽에도 실시한다.
② 브루밍을 실시한 표면은 고성능 콘크리트가 포설되기 전에 건조되어서는 안되며, 1회 포설 길이는 기상을 고려하여 약 5m 전후로 분할하여 포설하도록 한다.
③ 분할 포설 등 원활한 브루밍 작업을 위해 교면포장용 고성능 콘크리트를 운반하는 믹서트럭과 별도로 모르타르 믹서 트럭을 운용할 수도 있다.

(3) 데크피니셔를 이용한 포설

① 포설하기 전에 교면이 깨끗하고, 표면건조 포화상태로 되었는지 확인하여야 한다.

② 예상치 못한 기상변화에 대비하여 굳지 않은 콘크리트를 보호하기 위해 사전에 충분한 준비를 하여야 한다.

③ 교면포장용 고성능 콘크리트의 포설 두께는 최소 30mm 이상이어야 하고, 포설 높이는 계획고보다 5~10mm 높게 포설한 다음 데크피니셔에 의한 진동다짐으로 마무리하여야 한다.

④ 측벽부 등 기계 포설이 힘든 부분에 대해서는 별도의 콘크리트 진동기로 다짐을 실시하여야 한다.

⑤ 포설 양쪽 단부, 국부적인 보수 등은 흙손에 의해 인력 마무리하여야 하며, 바닥판과의 부착을 위해 면밀히 실시하여야 한다.

⑥ 교면포장용 고성능 콘크리트 마무리면은 소요의 평탄성과 내구적인 표면을 유지할 수 있어야 한다.

⑦ 종단 선형 또는 편경사 때문에 교면포장의 두께가 얇아져야할 경우에도 최소 포장 두께는 모든 교면에서 30mm 이상이 유지되도록 해야한다. 필요할 경우 계획고를 국부적으로 변경할 수 있다.

(a) 현장 전경

(b) 레벨 측량

(c) 워터젯(표면처리)

(d) 습윤상태 유지

(e) 장비/레벨 설치

(f) HPC 생산

(g) HPC 반입

(h) 브루밍 작업

(i) HPC 포설

(j) 타이닝

(k) 양생제 살포

(l) 습윤 양생

그림 3.19 고성능 콘크리트 교면포장공법 시공과정

3.4.2 타이닝(Tining)

(1) 평탄 마무리가 끝나고 표면에 성형성이 유지되면 별도의 타이닝 장비를 사용하여 타이닝을 실시한다. 타이닝 홈의 깊이는 최대 3mm를 넘지 않도록 하며, 홈의 간격은 충분한 마찰계수를 갖도록 고려하여 시공하여야 한다.

(2) 타이닝의 종류

① 횡방향 타이닝은 장비 후미에 갈고리를 장착하여 도로 중심선과 수직으로 시공한다. 횡방향 타이닝은 20~30mm의 일정한 폭과 2~3mm의 깊이로 시공한다.
② 종방향 타이닝은 장비 후미에 갈고리를 장착하여 도로 중심선과 평행하게 시공한다. 종방향 타이닝은 20mm 이내의 일정한 폭과 2~3mm의 깊이로 시공한다.
③ 임의 간격 횡방향 타이닝은 장비 후미에 임의의 간격으로 갈고리를 장착하여 도로 중심선과 수직으로 시공한다. 일정 간격을 두지 않고 10~40mm 혹은 그 이상의 간격으로 다양하게 시공한다. 임의 간격 횡방향 타이닝의 깊이는 2~3mm로 시공한다.
④ 거친 천(마대) 끌기는 장비 후미에 장착하여 시공한다. 장비는 도로폭에 맞게 제작해야 한다.

(3) 시공 또는 양생 과정 등에서 특수한 상황이 발생하여 타이닝이 불가능할 경우 양생 종료 이후에 동일 깊이에 동일 간격을 유지하는 종방향 또는 횡방향 그루빙으로 대체가 가능하다.

3.4.3 양생

(1) 피막 양생제 살포

① 포설 마무리 후 즉시 또는 타이닝이 끝나면 바로 양생제를 살포하여야 한다.
② 피막 양생제는 유성 제품을 사용하여야 하며, 사용량은 0.4ℓ/m^2 이상으로 한다(육안으로 확인 시, 흰색의 피막 양생제가 포장층 전체를 덮을 수 있도록 한다).

③ 양생제는 전 면적에 고르게 살포되도록 포장 면에서 1~1.5m 정도 이격된 거리로 살포해야 하며, 어떠한 경우에서든 양생제가 살포되지 않은 부분이 있어서는 안 된다.
④ 양생제가 주변 구조물, 아스팔트 등에 스며들지 않도록 주의해서 살포해야 한다.

(2) 양생포 설치

① 표면 마무리가 끝난 후 교통이 개방될 때까지 건조, 온도변화, 하중, 충격 등의 나쁜 영향을 받지 않도록 보호하여야 한다.
② 콘크리트 표면이 변형되지 않을 정도로 성형되는 시점에서 깨끗한 물로 축인 양생포를 덮고, 이어 비닐을 덮은 후 최소 7일 동안 습윤 양생을 하여야 한다.
③ 습윤 양생이 끝나면 양생포를 걷어 내고 72시간 이상 기건 양생을 하여야 한다.

3.4.4 시공의 연속성

광폭 및 장대 교량의 경우는 일일 시공 물량 및 시공 폭을 제한할 수 있으므로, 종방향 및 횡방향의 시공 줄눈이 생길 수 있다. 시공 줄눈은 교통 개방 후 응력 집중 등의 문제로 국부적인 파손을 야기할 수 있는 원인이 되므로, 시공 중에 보강 작업을 실시하여 파손을 최소화하여야 한다.

(1) 종방향 시공 줄눈의 처리

① 시공 폭은 포설 장비의 여건에 맞도록 정하며, 부득이한 경우 나누어 시공하게 될 경우에는 종방향 시공 줄눈의 측면에 워터젯을 이용하여 표면처리를 실시한 후 나머지 구간을 타설하도록 한다.
② 시공 시간을 고려하여 양생도에 따라 워터젯의 압력을 조절하여 측면 처리 시 파손이 생기지 않도록 하며, 감독관의 승인 하에 압력을 조절한다.
③ 시공 후 균열이 발생할 경우에는 균열보수를 실시한다.

(2) 횡방향 시공 줄눈의 처리

① 횡방향 시공 줄눈이 생겼을 경우에도 종방향 시공 줄눈의 처리방법과 동일하게 워터젯을 이용하여 접합면의 표면처리를 실시한 후 연속해서 시공한다.

② 단부 파손이 발생하지 않도록 주의해서 시공하며, 시공 후 부득이하게 균열이 발생할 경우에는 균열보수를 실시한다.

3.4.5 시공의 제한

(1) 1시간 이상 포설이 중단될 경우 시공 조인트를 설치하는 등 현장 여건에 맞게 별도의 대책을 강구한다. 만일 포설 지연이 1시간 이내일 경우 몇 겹의 젖은 넝마를 덮어 포설 단부가 건조되지 않도록 보호하여야 한다.

(2) 서중 및 한중 콘크리트의 경우, 콘크리트 시방서 기준에 의거 별도의 품질관리를 해야 한다. 특히, 서중에서는 슬럼프 손실에 따른 시공성 평가, 소성 수축균열 등 HPC 품질확보에 영향을 미칠 수 있으므로 사전 충분히 검토 후 시공하여야 한다.

(3) 어떠한 차량도 포설 후 14일 이내에 통행되어서는 안 된다.

PART 5

포장의 유지관리

1. 다이아몬드 그라인딩 공법
2. 그루빙
3. 화이트탑핑
4. 도로 시설물의 자산관리

제1장

다이아몬드 그라인딩 공법

1.1 개 요

1.1.1 공법 개요

다이아몬드 그라인딩 공법은 포장의 승차감과 표면 특성을 개선하거나 회복시키기 위해서 사용되는 공법이다. 미국의 캘리포니아에서 1960년대 중반 최초 적용된 이후 지속적인 기술 발전과 축적된 경험으로 콘크리트 포장의 기능성 개선을 위한 효과적인 공법으로 자리매김하고 있다.

〈그림 1.1〉과 같이 다이아몬드 팁이 부착된 블레이드를 일정한 간격으로 그라인딩 헤드에 부착하여 고속 회전시키면서 포장 면을 갈아 내게 된다.

그림 1.1 그라인딩 헤드

그림 1.2 그라인딩 후 절삭면의 형상

시공 후의 포장 면은 〈그림 1.2〉와 같이 기존 포장 면의 상부 2~5mm 정도가 절삭되고 종방향으로 텍스쳐가 형성된다.

1.1.2 공법의 효과

(1) 평탄성개선 효과

다이아몬드 그라인딩을 시공한 구간은 평탄성이 개선된다. 중차량이 요철구간을 통과할 때 상하 방향으로 진동하게 되면 이로 인해 동하중 및 충격하중이 포장체에 가해지게 되며, 포장의 수명을 단축하게 된다. 평탄성이 불량한 구간을 다이아몬드 그라인딩에 의해 평탄성을 확보함으로써 포장 수명 연장을 기대할 수 있다.

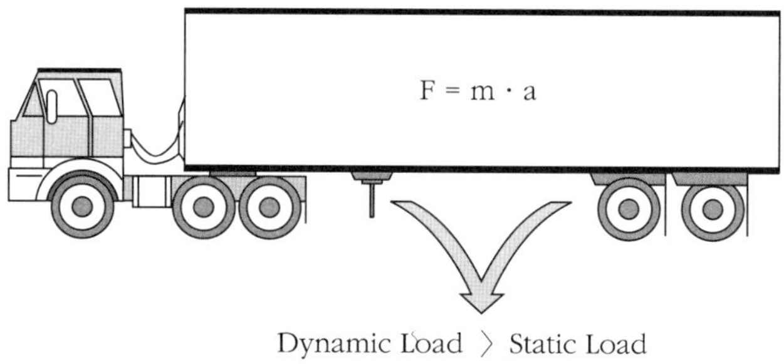

그림 1.3 진동으로 인한 충격하중 최소화

그라인딩 작업 시 골(Groove)과 산(Land)이 형성되는데, 이 때 산(Land)의 윗부분 2~5mm는 주위 블레이드의 진동에 의해 꺽여서 제거되고 뿌리 부분만 남게 된다. 이것은 기존의 그루빙과 가장 구별되는 그라인딩 공법의 특징이며, 이와 같은 형태로 절삭될 때 평탄성 개선 효과를 거둘 수 있다.

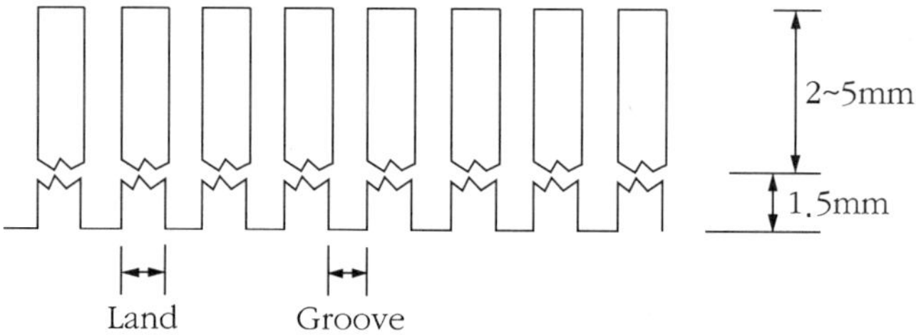

그림 1.4 그라인딩 후 표면조직 형성

〈그림 1.5〉는 캘리포니아 주에서 시공된 그라인딩 공법 적용구간에 대해 시공전후 평탄성을 비교한 것이다. 시공 전후 평탄성(IRI)은 작게는 약 25%부터 크게는 150%까지 개선효과를 나타낸 것으로 보고되고 있다.

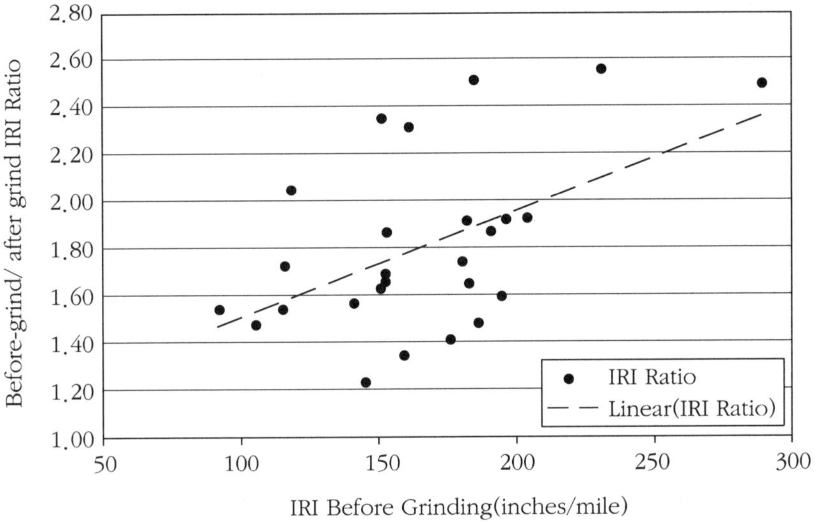

그림 1.5 시공 전후 평탄성개선(캘리포니아 주)

(2) 소음저감 효과

다이아몬드 그라인딩 공법을 적용함으로써 도로 교통 소음을 감소시키는 효과를 얻을 수 있다. 포장 면과 자동차 타이어가 접촉함으로써 발생하는 소음은 크게 4가지로 분류할 수 있는데, 1) 노면과 타이어의 충격음, 2) 타이어 측벽부의 진동음, 3) 타이어와 노면사이의 압축공기로 인한 펌핑음, 4) 타이닝과 같이 일정 주파수 대역의 피치음 등이다.

그림 1.6 타이어와 노면사이의 소음 발생 원인

그라인딩 공법 적용을 통해 확보된 평탄성이 노면과 타이어의 충격 음을 줄여주고 종방향으로 형성된 텍스처는 에어펌핑 음을 감소시키며, 타이닝 깊이까지 그라인딩하게 되면 특정 고주파수 대역에서의 소음을 줄일 수 있다.

〈그림 1.7〉과 〈그림 1.8〉은 오하이오주 175번 고속도로에서의 그라인딩 시공 전후 소음측정 결과인데, 평균적으로 3dB 정도의 소음저감 효과를 보이고 있고, 고주파수 영역대에서는 5dB 이상의 차이를 나타내고 있다.

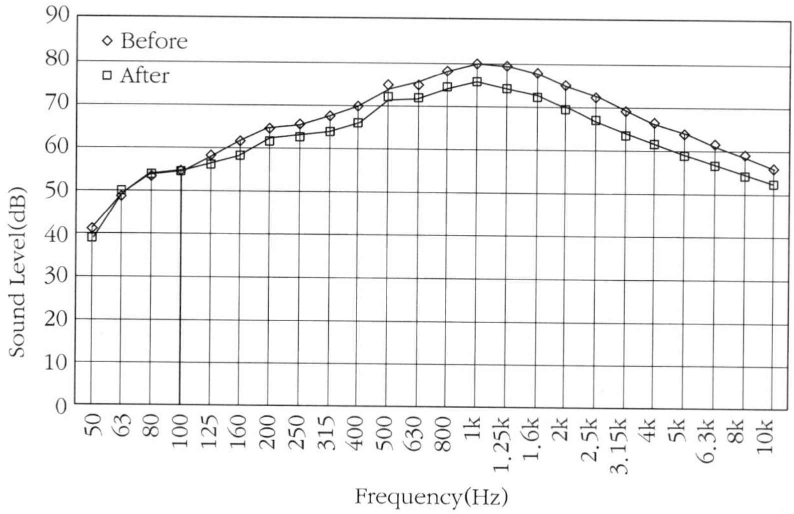

그림 1.7 시공 전후 주파수별 음압레벨

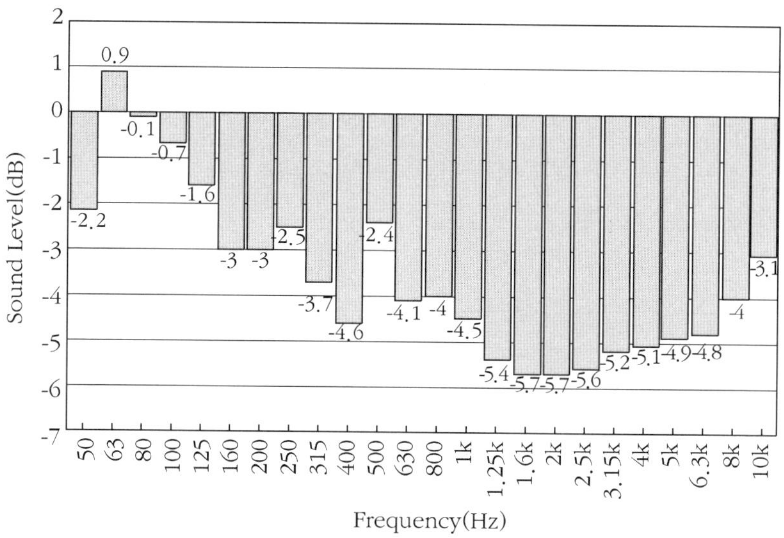

그림 1.8 시공 전후 주파수별 음압레벨 차이

(3) 미끄럼저항 증진효과

종방향으로 일정하게 형성된 매크로 조직으로 자동차 타이어와 포장 면 사이에 물이 흐를 수 있는 통로를 제공함으로써 수막현상 발생 가능성을 저하시킨다. 또한 곡선 구간에서의 횡방향 마찰력을 증대시키고, 타이어 트레드와 그루브 사이의 인터록킹에 의해 진행방향 안정성을 향상시킨다.

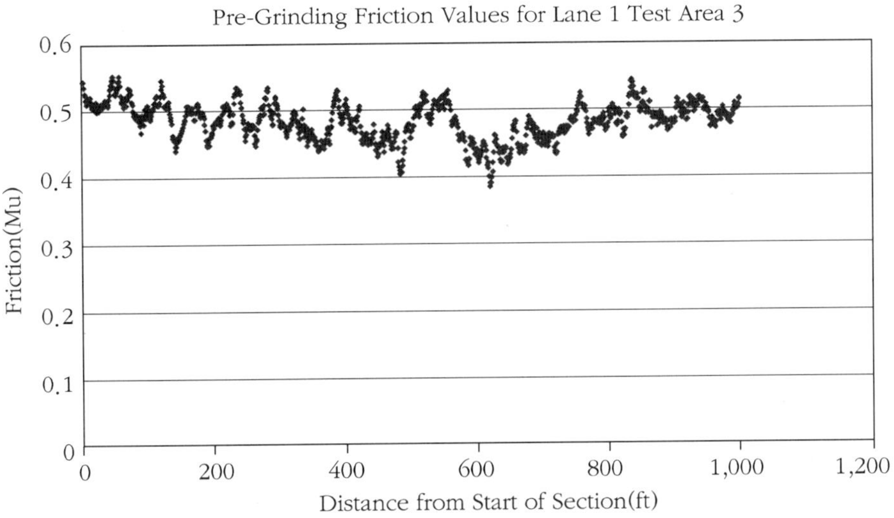

(a) 그라인딩 시공 전

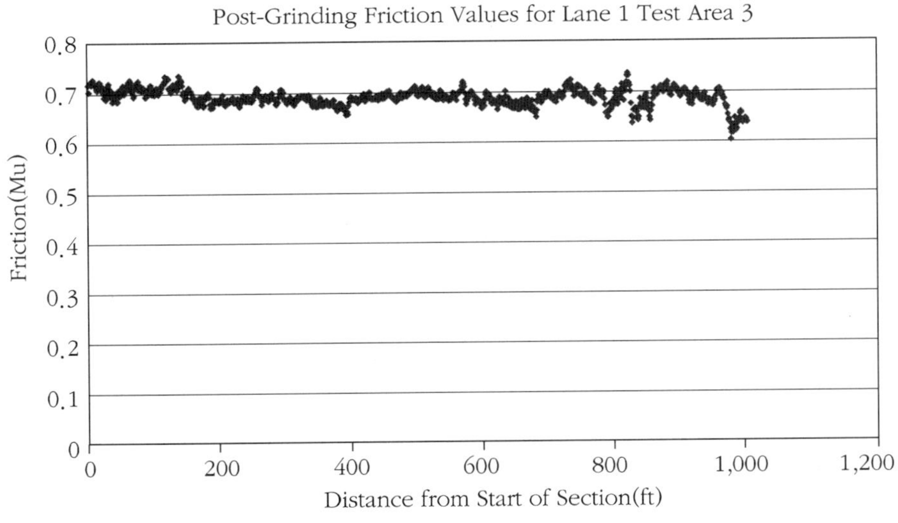

(b) 그라인딩 시공 후

그림 1.9 그라인딩 시공 전과 후의 마찰계수 비교

〈그림 1.9〉는 아리조나 주의 10번 고속도로에서 그라인딩 공법 적용 전후의 미끄럼저항 계수 측정 결과인데, 시공 전 약 0.5 정도의 마찰계수가 시공 후 약 0.7로 상승하고 있다.

1.1.3 공법 적용 장소

(1) 줄눈부나 균열부의 단차 제거

지속적인 차량하중의 통과로 인하여 줄눈부에 단차가 발생하게 되는데, 특히 하중전달장치에 문제가 있거나 중차량 통과가 빈번한 경우 그 정도가 심해지게 된다. 또한 배수가 원활하지 않은 지반이나 물고임이 발생하기 쉬운 기하구조, 부적절한 기층 재료의 선정 등이 단차의 원인이 된다. 과도하게 발생한 단차의 제거는 포장의 기능성 회복을 위한 효과적인 방법이다.

그림 1.10 줄눈부 단차 제거

(2) 시공 직후나 보수작업 후의 평탄성 불량

콘크리트포장의 초기 평탄성은 콘크리트 재료, 운송의 적정성, 하부층의 평탄성, 시공줄눈의 존재, 작업자의 숙련도, 표면 마무리 작업 등의 많은 요인들에 의해 영향을 받게 된다. 만약 시공 직후의 포장 면이 평탄성 기준을 만족하지 못하면 다이아몬드 그라인딩을 적용하여 평탄성을 확보할 수 있다. 부분단면 보수나 전단면 보수 등의 보수공법 적용 후에도 표면 마무리가 부적절하여 평탄성이 저하될 수 있다. 일반적으로 이러한 구간은 기존의 포장 면과 보수부위의 포장 면의 레벨 차이에 의해 발생하게 되며, 그라인딩 공법을 적용함으로써 평탄성을 확보할 수 있다.

그림 1.11 보수후 평탄성확보

(3) 스노우체인 등에 의한 차륜부의 패임

추운지역이나 산악지역의 경우 스터드 타이어나 스노우체인 등의 장착은 아스팔트 포장 뿐만아니라 콘크리트 포장의 표면에도 차바퀴 패임을 발생시킨다. 차륜통과 부위의 패임은 우천시 물고임으로 인한 시인성 저하와 수막현상을 일으켜서 교통 안전에 위협요소가 된다. 다이아몬드 그라인딩은 이와 같은 차바퀴 패임을 제거함으로써 우천시의 배수성능을 개선하고 수막현상이 발생할 가능성을 감소시킨다.

그림 1.12 차륜부 바퀴패임제거

(4) 마모된 콘크리트 면으로 인한 부적적할 표면조직

다이아몬드 그라인딩은 표면이 마모된 콘크리트 포장의 미끄럼 저항성을 증진시킨다. 표면마모는 드물게 발생하는 현상이기는 하지만 특히 중차량 비율이 과도하게 높은 구간에서 종종 나타나게 된다. 다이아몬드 그라인딩은 포장 면에 마이크로 텍스쳐와 매크로 텍스쳐를 새롭게 형성함으로써 미끄럼 저항성을 증진시키며, 타이어 트레드와 포장 면 조직간의 인터록킹에 의해 안전성을 증진시킨다.

그림 1.13 마모된 포장 면의 미끄럼증진

(5) 소음저감 필요 구간

포장의 소음은 평탄성이 저하되게 되면 타이어와 포장 면의 충격음에 의해 증진되게 된다. 또한 횡방향 타이닝은 이산 주파수 소음을 발생시키는데 운전자와 도로 주변 거주자에게 귀에 거슬리는 소음을 일으킨다. 다이아몬드 그라인딩은 포장 면의 평탄성을 개선함으로써 포장 면과 차바퀴가 부딪치면서 발생하는 소음을 저감시킬 수 있다.

1.2 기술적 고려사항

1.2.1 CPR과 다이아몬드 그라인딩 공법

콘크리트포장에 대한 보수공법의 선정은 손상의 정도나 종류에 따라 적절하게 적용되어야 한다. 미국의 콘크리트 포장 협회에서는 〈그림 1.14〉와 같이 포장 상태

별로 개략적인 포장 보수 공법을 구분하고 있다. 크게 CPR(Concrete Pavement Restoration), 덧씌우기, 재시공 등으로 나뉘어 진다. 콘크리트 포장에 대한 CPR의 적용 시에는 개별적으로 발생한 손상형태를 감안하여 적정한 공법의 조합 후 순차적으로 적용하게 된다. 그림에서 볼 수 있듯이 CPR의 최종 단계에서 다이아몬드 그라인딩을 적용함으로써 단면 보수부에서의 평탄성 확보와 더불어 전반적인 기능성 회복을 도모하고 있다.

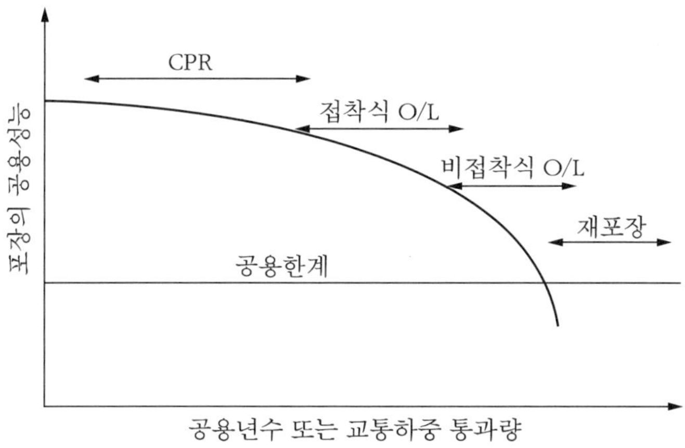

그림 1.14 공용경과에 따른 포장의 공용성능

1.2.2 그라인딩 장비

〈그림 1.15〉는 다이아몬드 그라인딩 장비의 기본적인 개념도를 나타낸 것이다. 메인 프레임에 구동바퀴가 달려있고 유압실린더에 의해 그라인딩 헤드가 노면에 밀착되어 그라인딩 작업을 수행하게 된다. 시공효율 및 적용효과를 높이기 위해서는 절삭 부하를 충분히 감당할 수 있는 엔진의 출력, 장비의 중량 등이 중요한 요소이며, 가능한 평탄한 면을 얻기 위해서는 앞바퀴로부터 그라인딩 헤드 사이의 유효 축거 길이가 중요한 고려 요소가 된다.

그라인딩 장비는 미국, 독일, 남아프리카 공화국 등에서 제작되고 있는데 최근 국내에서도 시제품 형태의 장비가 제작된 사례가 있다. 〈그림 1.16〉에는 여러 가지 장비의 예가 나타나 있다.

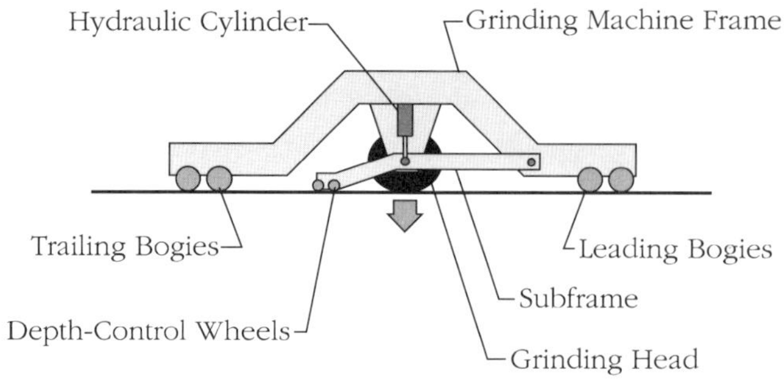

그림 1.15 그라인딩 장비 기본 개념도

(a) PC-6000(미국 Diamond Products)

(b) CBC-1200(독일 Cedima)

(c) PC-390(남아공 Boart Longyear, 국내도입)

(d) PC-3800(미국 Target, 국내도입)

(e) RK-4000(국내개발 및 제작)

그림 1.16 그라인딩 장비

1.3 시공절차 및 유의 사항

1.3.1 시공절차

그라인딩 공법의 시공은 장비의 현장투입 후 절삭깊이 조절 등을 위한 셋팅과정을 거쳐 그라인딩 작업을 수행하게 되며, 장비 1대의 투입 시에는 3~4회의 왕복 작업을 통해 1개 차로 시공을 마무리 하게 된다. 작업연장이 길어서 시공효율을 고려할 필요가 있을 때에는 여러 대의 장비를 동시 투입하여 연속적으로 작업을 진행하게 된다. 〈그림 1.18〉부터 〈그림 1.23〉까지에는 시공 사례가 나타나 있다.

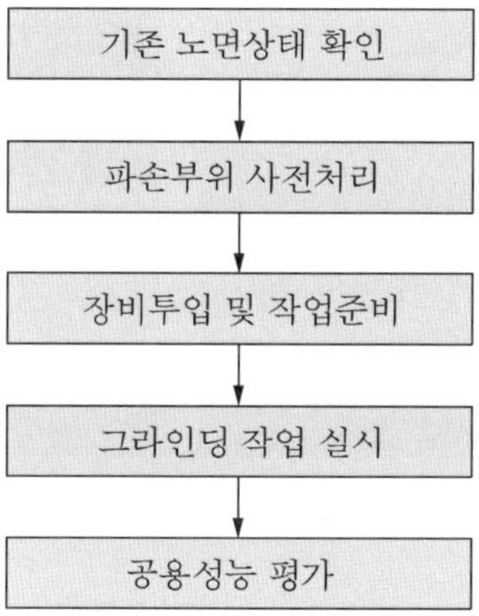

그림 1.17 시공 절차

그림 1.18 장비 현장 투입

그림 1.19 작업준비

그림 1.20 그라인딩 작업 실시

그림 1.21 그라인딩 후 전경

그림 1.22 그라인딩 후 노면 텍스쳐

그림 1.23 포장성능 개선정도 평가

1.3.3 시공 시 유의 사항

(1) 도그테일(Dog Tail)

도그테일은 인접 시공면과 충분히 겹쳐지지 않음으로 인해 그라인딩되지 않은 부분이 나타나는 것이다. 도그테일이 발생하는 가장 큰 원인은 장비가 좌우로 움직이면서 진행할 때이다. 장비조종원은 충분한 연습을 통해 좌우 유동없이 안정적으로 장비를 조종할 수 있도록 하여야 한다.

(2) 헐리데이(Holiday)

국부적으로 그라인딩되지 않은 낮은 구간을 헐리데이라고 부른다. 미국의 대부분의 시방서에는 전체 면적의 95% 이상이 그라인딩되어야 하며, 부분적으로 낮아서 그라인딩되지 않는 구간은 5% 이내로 제한하고 있다. 일반적으로 0.25m^2 이하 면적의 국부적인 구간을 그라인딩하기 위해 그라인딩헤드를 더 낮게 조정하는 것은 비효율적이다. 만약 그라인딩 작업 후 허용되지 않는 헐리데이가 나타나면 그라인딩 헤드를 좀 더 낮춰서 한번 더 작업할 필요성이 있다.

그림 1.24 미 절삭 부위 발생

(3) 팽창줄눈이나 펀치아웃 부위

포장의 팽창줄눈이나 슬래브 사이의 간격이 넓은 곳에서는 절삭헤드가 포장 면 밑으로 파고 들 수 있다. 이러한 부분은 장비 조종원이 주의 깊게 살펴서 작업하거나 그라인딩 작업 전 그라우팅 작업을 통해 메워 주어야 한다.

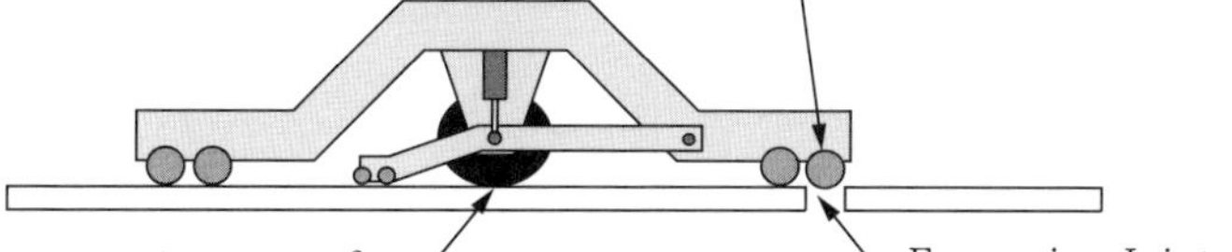

그림 1.25 바퀴 빠짐으로 인한 과다 절삭

제2장

그루빙

2.1 그루빙 공법의 정의

그루빙 공법은 다이아몬드 블레이드를 이용하여 도로 포장 면에 홈(Grooving)을 형성함으로써 우천 시 노면배수를 촉진하고 노면과 타이어의 마찰 저항을 개선하여 미끄럼 저항성을 증대시키는 공법이다. 그루빙 공법의 종류 및 효과는 〈표 2.1〉과 같다. 그루빙의 적용 대상은 도로 및 교통 조건과 위험도에 따른 마찰계수가 기준에 미달되는 구간, 도로의 전·후 선형의 연속성이 이루어지지 않아

표 2.1 그루빙의 종류 및 효과

종 류	종방향 그루빙	횡방향 그루빙
설치 구간	• 커브구간 • 교량 • 횡풍을 받는 직선도로	• 감속유도 필요구간 • 톨게이트 전방
설치 효과	• 그루빙 홈에 접촉되는 타이어가 갖는 기계적 작용에 의해 코너링 시 조향성 향상 및 횡풍에 의한 영향 방지 • 타이어와 노면사이 수막을 제거하고 빗길 미끄러짐 현상 방지 • 급제동시 직진성 향상 • 노면의 배수를 촉진하여 조기 건조 • 동결노면의 수막을 분리하고 노면상의 빙설을 빠르게 배제	• 높은 미끄럼 저항성 • 급제동 시 타이어의 접지력 강화 • 졸음방지 • 노면의 배수를 촉진하여 조기 건조 • 동결노면의 수막을 분리하고 노면상의 빙설을 빠르게 배제

주행속도차이가 20km/hr 이상인 변화구간, 기타 다음과 같이 사고발생 위험이 높아 설치 효과가 있는 구간에 적용한다.

- 노면결빙 발생 우려구간 : 터널 입·출구부, 음지 곡선부 등
- 차로이탈 사고 예상구간 : IC램프, 내리막 곡선부, 횡풍구간 등
- 영업소 통과구간 : 전폭 또는 차륜 접지부(B=50cm)에 설치
- 기타 노면 물고임 구간, 소음저감을 필요로 하는 구간 등

2.2 그루빙의 품질기준

그루빙의 표준규격은 〈그림 2.1〉과 같다.

종방향 A형

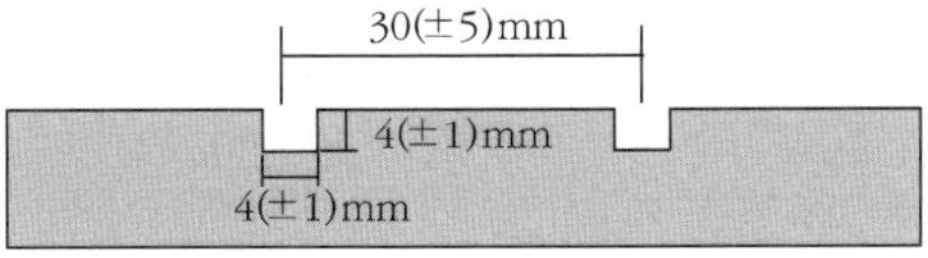

- 건물광장, 주차장, 주요소 등에 적용

종방향 B형

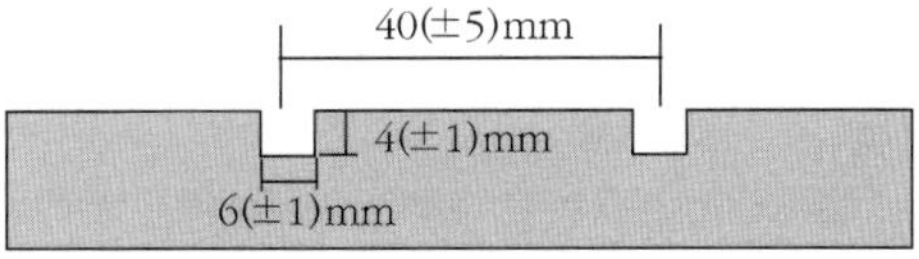

- 저소음이 요구되는 구간
- 교통량이 적은 구간

종방향 C형

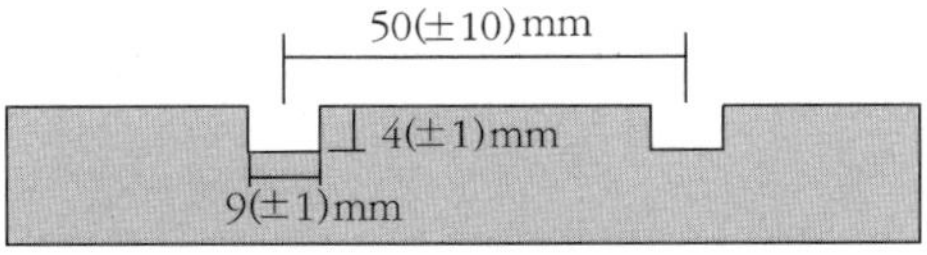

- 미끄럼 저항이 요구되는 곡선구간
- 노면결빙이 예상되는 구간
- 현재, 가장 많이 적용(기본형식)

횡방향 D형

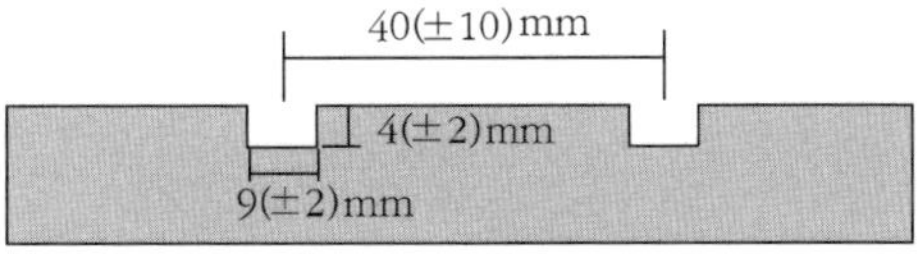

- 제동효과가 요구되는 구간
  (제동효과를 위한 최소폭 9mm)
- 소음,진동 발생

횡방향 E형

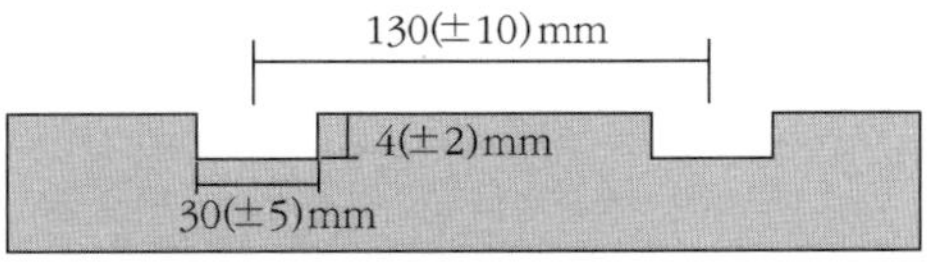

- 횡방향 배수를 처리하는 구간
- 제동효과 및 졸음방지 효과 우수

횡방향 F형

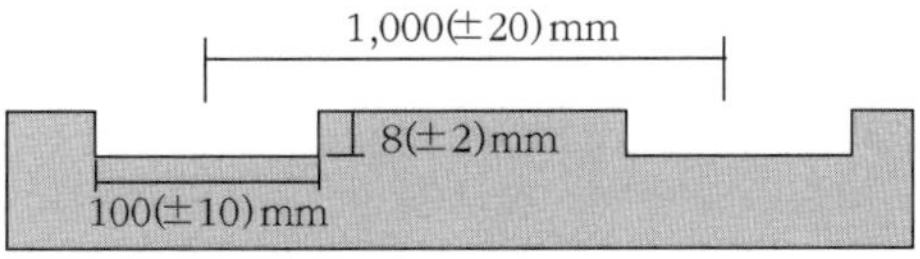

- 속도 규제구간
- 졸음방지 효과 우수
- 영업소 감속시설(Rumble Strip) 규격

그림 2.1 그루빙의 표준규격

(1) 그루빙의 종류

① 횡방향 그루빙, 배수홈 그루빙

제동거리 단축, 운전자 예고, 횡단방향 배수(배수홈) 등을 목적으로 시행한다. 배수홈은 차량 진행방향에 45~90°, 20~40m 간격으로 설치한다.

② 종방향 그루빙

직선 또는 곡선구간에서 운전자 시선유도 및 조향성 향상, 배수성 증대, 수막현상 저감, 소음감소 등을 목적으로 시행한다.

③ 특수 그루빙

전체 차로 폭(차선부는 제외)에 걸쳐 시행하는 종, 횡방향 그루빙 외의 부분 그루빙, 십자형 그루빙, 다이아몬드형(Diamond Cut) 그루빙 등에 대해서는 사전에 기능성, 안전성, 경제성, 포장파손 정도 등을 면밀히 검토하여 설치 목적에 부합하도록 시행한다.

표 2.2 종방향 그루빙과 횡방향 그루빙의 비교

구 분	종방향 그루빙 (Longitudinal Grooving)	횡방향 그루빙 (Transverse Grooving)
개 요	차량 진행 방향으로 시공	차량 진행 직각방향으로 시공
효 과	• 급제동시 제동거리 단축 • 시선유도, 조향성 증대 • 곡선구간 횡방향 미끄럼방지 • 우천시 배수촉진 • 타이어 소음 진동억제 • 동결노면의 수막분리로 노면빙설 현상 억제	• 미끄럼저항성 증대로 제동거리 단축 • 우천시 배수촉진 • 소음, 진동발생으로 운전자 경고효과 있음. • 동결노면의 수막분리로 노면빙설 현상 억제
장 · 단점	• 한 차로씩 시공하므로 교통차단 최소화 • 연속작업으로 시공성이 우수 • 홈을 따라 진행하려는 특성으로 불쾌감 유발	• 마모된 타이닝 대안으로 종방향 마찰 저항 우수 • 전 차로 폭을 대상으로 시공하므로 일시 교통차단 • 단속작업으로 시공성이 불량
적 용	곡선부, 교량, 내리막, 횡풍이 심한 구간	영업소 전방 경고구간, 과속방지구간, 졸음방지 구간 등

(2) 절단홈의 규격선정

① 그루빙 규격은 절단 홈의 폭(Width), 깊이(Depth) 및 간격(Space)으로 표시하며, 표준규격(Typical Types)을 참고로 배수조건, 포장 강도 및 상태, 통과차량의 하중 등을 충분히 고려하여 선정한다.

② 절단 홈은 그루빙 기능을 발휘할 수 있도록 최소 3mm 깊이로 하고, 6mm 이상은 절단 홈 사이에서 스폴링(Spalling)이 발생할 수 있으므로 적용에 주의하여야 한다.

③ 절단 홈 중심 간(Center to center) 간격은 15mm 이상으로 한다.

(3) 시공제한 구간

포장 면에 미치는 영향을 고려하여 포장시공 후 일정기간(아스팔트 포장 30일, 콘크리트포장 14일) 경과 후 그루빙을 시행하되, 다음의 시공제한 구간에 대해서는 그루빙 공법을 시행하지 않는 것을 원칙으로 한다. 다만, 해당 구간에서 다음과 같이 제한된 목적으로 일정기간 동안만 그루빙 효과를 필요로 하는 경우 실효성, 경제성, 시공범위 등을 면밀히 검토하여 시행한다.

① 급출발, 급제동 등으로 소성변형이 이미 발생했거나, 예상되는 구간
② 거북등 균열 등 포장 구조상 문제가 발생했거나, 예상되는 구간
③ 노면절삭, 덧씌우기 등 전면 도로보수 대상 구간이거나, 예상되는 구간
④) 안전성 향상이 검증되지 않거나 포장 노후화 등으로 문제가 예상되는 구간

(4) 시공순서

① 시공개소, 시공방법, 그루빙 종류, 수량 등을 파악하며 공사착수 전에 현장조사를 실시한다.

② 교통통제를 위하여 신호수와 안전원을 배치하고, 안전시설을 설치한다.

③ 작업위치와 선형을 확인하고 시공위치 설정 및 표식을 한 후, 노면청소

그림 2.2 교통차단

를 실시한다.

④ 설계도면, 시방서, 감독원 지시에 따라 그루빙을 시공한다.

⑤ 슬러지, 오물 등 잔재물을 청소한 후, 노면청소를 실시한다.

⑥ 전체 시공구간에 대해 그루빙 결과를 확인 후 수정할 부분에 대하여 수정보완 한다.

⑦ 시공폭, 연장 규격 등을 확인하고 교통개방을 실시한다.

그림 2.3 종방향그루빙

그림 2.4 배수홈 설치

그림 2.5 노면청소

그림 2.6 시공완료

그림 2.7 그루빙 장비(습식)

그림 2.8 그루빙 장비(건식)

제 3 장

화이트탑핑

3.1 화이트탑핑의 특징

화이트탑핑(Whitetopping) 공법이란 넓은 의미로는 기존의 아스팔트 포장(검은색) 위에 콘크리트(흰색)를 덧씌우기 하는 공법이며, 이를 화이트탑핑 공법이라 칭한다. 화이트탑핑 공법에는 아래 〈표 3.1〉과 같이 크게 두 가지로 분류되고 있으나 최근 포장 선진국에서 주목을 받고 있는 공법은 포설두께가 얇아 노면 높이를 올릴 필요가 없고, 내구성을 가진 콘크리트로 보수할 수 있는 Thin Whitetopping을 화이트탑핑이라 정의한다.

표 3.1 화이트탑핑 분류

분 류	구 조 개 념	콘크리트 슬래브두께
Whitetopping	기존 아스팔트 콘크리트층을 기층으로 보고, 그 위에 콘크리트포장으로 시공	10～30cm
Thin-Whitetopping	기존 아스팔트 콘크리트층을 위에 놓는 콘크리트 슬래브와 일체로하여 거동시킨다	5～15cm

역학적으로 기본적인 원리는 콘크리트 포장 슬래브만이 휨응력을 받게 한 것이 아니라, 아스팔트 층과 콘크리트 슬래브를 부착, 일체화시켜 복합구조로 거동시키는

것이다. 구조적 거동 측면에서 화이트탑핑은 〈그림 3.1〉과 같이 콘크리트와 아스팔트의 부착에 따라 중립 축이 하향하며 이에 따라 콘크리트에 인장 응력이 감소하고, 콘크리트 슬래브 두께에 12~15배 정도의 짧은 줄눈에 따른 curling 응력이 감소하며, 일반적인 지지층에 비해 강한 아스팔트층을 사용함에 따라 두께를 감소시킬 수 있는 특징을 가지고 있다.

화이트탑핑의 시공은 콘크리트와 아스팔트 층의 복합 거동으로 이루어짐에 따라 아스팔트 층과의 부착 상태가 매우 중요하며 짧은 양생기간을 가지므로 품질관리에 많은 노력을 기울여야 한다.

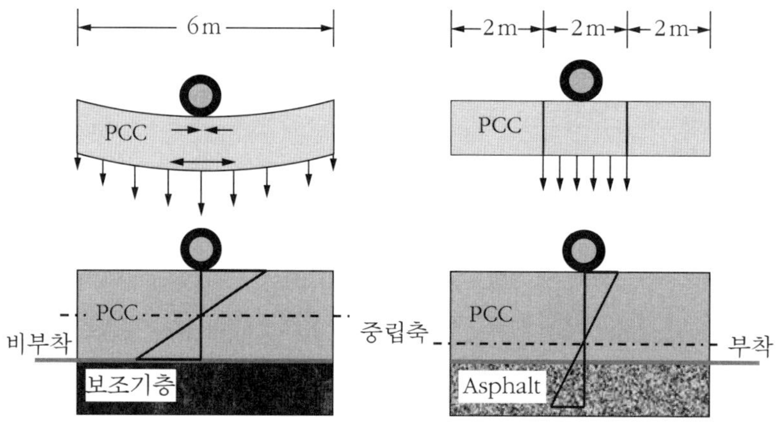

그림 3.1 화이트탑핑 기본원리

3.2 화이트탑핑의 품질기준

화이트탑핑은 표층으로서 큰 윤하중을 받으며, 기상작용, 마모작용과 같은 엄한 환경조건에 노출되는 것이므로 사용재료는 충분한 조사·시험을 시행하여 그 사용 가부를 결정하는 것으로 한다.

3.2.1 시멘트

(1) 화이트탑핑에 사용하는 시멘트는 원칙으로 KS L 5201(포틀랜드시멘트)의 규정에 적합한 조강 포틀랜드 시멘트를 사용하는 것으로 한다.

(2) (1) 이외의 특수 시멘트를 사용하는 경우는 사전에 KS L 5103(길모어 침에 의한 시멘트의 응결 시간 시험 방법), KS L 5105(수경성 시멘트 모르타르의 압축강도 시험 방법), KS L 5106(공기 투과 장치에 의한 포틀랜드 시멘트의 분말도 시험 방법), KS L 5107(시멘트의 오토클레이브 팽창도 시험 방법) 등에 의해 시험을 실시하고, 시험비빔을 통해 그 사용방법을 충분히 검토해야 한다.

3.2.2 잔 골재

잔 골재는 "콘크리트 표준 시방서"에 적합한 것을 사용하는 것으로 하고, 깨끗하고, 강하고, 내구적이고, 알맞은 입도를 가지며 먼지, 흙, 유기불순물, 염화물 등의 유해량을 함유해서는 안된다.

(1) 입 도

잔 골재는 대소의 알이 알맞게 혼합되어 있는 것으로서, 그 입도는 <표 3.2>의 범위를 표준으로 한다. 체가름 시험은 KS F 2502에 따른다.

표 3.2 잔 골재의 표준입도범위

체크기(mm)	통과질량백분율(%)
10	100
5	90~100
2.5	80~100
1.2	50~85
0.6	25~60
0.3	10~30
0.15	2~10

(2) 유해물의 함유량 및 내구성

잔 골재는 점토 덩어리 등을 유해량 함유하지 않은 것으로 기상작용에 대하여 내구성이 있는 것을 사용하는 것으로 한다.

3.2.3 굵은 골재

굵은 골재는 “콘크리트 표준 시방서”에 적합한 것을 사용하는 것으로 하고, 깨끗하고, 강하고, 내구적이고, 알맞은 입도를 가지며, 얇은 석편, 가느다란 석편, 유기불순물, 염화물 등의 유해량을 함유해서는 안된다. 또한, 굵은 골재의 최대치수는 19mm, 마모감량은 25% 이하로 하며, 포장의 두께가 100mm 이상인 경우 최대치수를 25mm로 할 수 있다.

(1) 입 도

굵은 골재는 골재의 크기가 알맞게 혼합되어 있는 것으로, 그 입도는 다음의 〈표 3.3〉의 표준 입도범위와 같다.

표 3.3 굵은 골재의 표준입도범위

체크기(mm) / 골재크기(mm)	체를 통과하는 것의 중량 백분율(%)						
	40	25	20	15	10	5	2.5
20~5	100	100	90~100	-	20~55	0~10	0~5
25~5	100	95~100	-	25~60	-	0~10	0~5

(2) 유해물 함유량·내구성 및 마모에 대한 저항성

굵은 골재는 점토덩어리, 연한 석편 등을 유해량 함유하지 않은 것으로 기상작용에 대하여 내구성이 있고, 통행차량에 의한 마모작용에 대한 저항성이 큰 것을 사용하는 것으로 한다.

3.2.4 혼화재료

혼화재료는 콘크리트를 만들 때에 필요에 따라 첨가하는 재료이며, 시멘트와 물 및 골재 이외의 것을 말하며, 사용량의 다소에 따라 혼화재와 혼화제로 분류한다. 혼화재료는 품질이 확인된 것을 사용한다. 화이트탑핑에 사용하는 혼화재료는 다음과 같다.

(1) 혼화재

혼화재로 사용할 광물질 혼화재는 콘크리트의 유동성과 강도 증진을 위해 사용하며, 품질은 KS F 2560에 적합한 것으로 한다.

(2) 혼화제

① 혼화제로 사용할 촉진제는 콘크리트의 강도발현을 촉진하기 위해서 사용하는 것으로 사용 전에 시험배합을 통해 그 품질을 확인하고, 사용방법을 충분히 검토해야 한다.

② 혼화제로 사용할 AE제, 감수제 및 고성능 AE감수제는 KS F 2560에 적합한 것을 사용하고, 사용 전에 시험배합을 통해 그 품질을 확인하고, 사용방법을 충분히 검토해야 한다.

3.3 화이트탑핑의 배합

콘크리트의 배합은 소요의 강도, 내구성, 수밀성, 균열저항성, 마모 저항성 및 적합한 워커빌리티를 갖는 범위에서 단위수량을 될 수 있는 대로 적게 되도록 해야 한다. 작업에 적합한 워커빌리티를 갖기 위해 슬래브의 크기와 형상, 콘크리트의 다지기 방법 등에 따라서 콘크리트가 충분히 채워지도록 작업이 용이함과 동시에 재료분리가 거의 생기지 않는 콘크리트이어야 한다.

(1) 배합강도

① 콘크리트의 배합설계에 사용하는 화이트탑핑용 콘크리트의 1일 설계기준 휨강도(σ_{bk})는 3.5N/mm^2 이상이며, 압축강도 21N/mm^2 이상으로 한다.

② 콘크리트의 1일 휨강도 및 압축강도는 굳지 않은 콘크리트에서 채취하여 제작한 공시체를 표준양생하여 얻은 강도의 평균값을 말한다.

(2) 워커빌리티

① 콘크리트의 슬럼프는 포설 위치에서 6~15cm를 원칙으로 하며, 운반, 치기, 다짐 등의 작업에 알맞은 범위 내에서 될 수 있는 대로 작은 값으로 정해야 한다.

② 콘크리트 슬럼프 시험은 KS F 2402에 따른다.

(3) 잔 골재율

잔 골재율은 무근 콘크리트에서 48% 이하를 원칙으로 하며, 소요의 워커빌리티와 아울러 피니셔빌리티가 얻어지는 범위에서 될 수 있는 한 작게 되도록 한다.

(4) 공기량

콘크리트의 공기량은 화이트탑핑용 콘크리트가 고강도 콘크리트임을 고려하여 4.0±1.5%를 원칙으로 한다.

(5) 단위 수량

① 단위수량은 작업이 가능한 범위내에서 될 수 있는대로 적게 되도록 정해야 하며, 강도와 내구성을 고려하여 180kg/m^3 이하를 원칙으로 한다.

② 단위수량은 굵은 골재의 최대치수, 골재의 입도와 입형, 혼화재료의 종류, 콘크리트의 공기량 등에 따라 다르므로 사전에 시험배합을 통해 결정한다.

③ 컨시스텐시는 콘크리트의 운반시간, 기온 등에 의해 변하므로 포설시에 소요의 컨시스텐시가 얻어지도록 단위수량을 정한다.

(6) 단위 시멘트량

단위 시멘트량은 강도시험에 의해 소요의 강도가 얻어지도록 정한다.

(7) 배합조건

① 화이트탑핑의 사용 시멘트는 조기강도의 발현을 위하여 3종 시멘트 사용을 원칙으로 하며 조강제 등의 혼화제를 사용할 수 있다.
② 1시간 이상의 작업시간 확보와 공장 레미콘화가 가능한 1일 개통 콘크리트의 배합은 다음 〈표 3.4〉와 같다.

표 3.4 1일 공용 콘크리트 추천배합 및 물성(Agitator 트럭)

배합조건		단위 재료량(kg/m³)					
W/C (%)	S/a (%)	조강 시멘트	광물질 혼화재	물	고성능 AE감수제	촉진제	지연제
35～40%	45±3	450±20	10±2	160±20	8±2	8±2	0～5

㉮ 단위수량과 고성능 AE 감수제의 사용량은 현장 굵은 골재 및 잔 골재의 조립율, 입경에 따라 가감한다.
㉯ 조강시멘트와 광물질 혼화재의 사용량은 요구 슬럼프에 맞는 단위수량 조건에서 목표강도를 만족하는 물-시멘트비가 되도록 가감한다.
㉰ 지연제는 콘크리트의 운반거리, 온도에 따라 사용 유무와 사용량을 결정한다.
㉱ 광물질 혼화재, 고성능 AE 감수제, 촉진제 및 지연제는 혼합 제조된 액상, 분말 형태의 제품으로 사용해도 좋다.

(8) 배합의 결정

① 시험실에서 시험비빔에 의해 시방배합을 결정하고, 배치플랜트에서 시험비빔에 의해 현장배합을 결정한다.
② 표준적인 배합조건은 〈표 3.5〉와 같다.

표 3.5 표준적인 배합조건

항 목	특 성
시멘트의 종류	조강 포틀랜드 시멘트
콘크리트의 배합기준	1. 1일 설계기준 휨강도, 3.5N/mm^2 이상
	2. 1일 설계기준 압축강도, 21N/mm^2 이상
	3. 7일 설계기준 휨강도, 4.5N/mm^2 이상
	4. 7일 설계기준 압축강도, 40N/mm^2 이상
	3. 굵은 골재 최대치수, 19mm 또는 25mm
	4. 굵은 골재 마모감량, 25% 이하
	5. 타설 슬럼프, 6~15cm
	6. 공기량, 4.0±1.5%
	7. 물시멘트비(W/C), 45% 이하
	8. 잔 골재율(s/a), 48% 이하

3.4 화이트탑핑의 시공

화이트탑핑 시공은 〈그림 3.2〉, 〈그림 3.3〉와 같은 일련의 공정으로 이루어지는 작업이고, 소요의 품질과 규격의 콘크리트 덧씌우기를 시공하기 위해서는 각 작업이 전체적으로 균형을 이룬 상태에서 연속적으로 시공이 되도록 여러 가지 준비를 해두어야 한다. 이를 위해서는 기존 아스팔트 포장의 밀링 후 청소, 포장기계·기구의 점검, 레미콘 공장에의 연락 등, 콘크리트 타설에서부터 양생까지, 원활하게 진행되는 것이 필요하다.

그림 3.2 화이트탑핑 시공순서

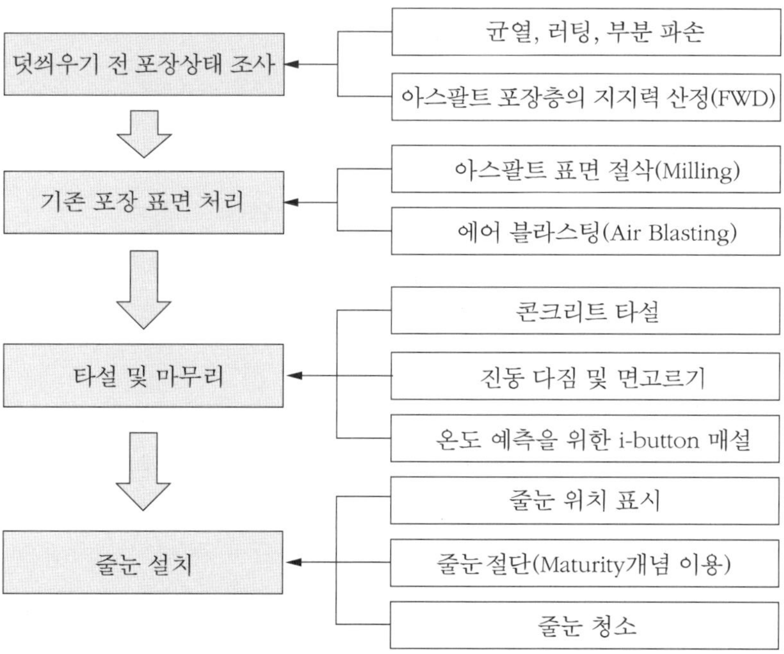

그림 3.3 화이트탑핑 시공순서도

3.4.1 기존 포장 표면처리

(1) 밀링

① 밀링의 적용

㉮ 기존 아스팔트 콘크리트 포장 면에 발생한 러팅 및 포장 파손의 제거가 필요하다고 판단시 충분한 깊이까지 밀링을 실시한다.

㉯ 밀링은 코아링, FWD 비파괴 검사 등의 공학적 판단을 거쳐 실시할 수도 있다.

㉰ 러팅에 의한 파손의 경우 러팅이 관측되지 않는 깊이까지 절삭한다.

㉱ 일반적인 화이트탑핑은 밀링 후 시공장비를 제외한 절삭면의 교통개방은 피해야 한다.

② 밀링 깊이

㉮ 일반적 밀링 깊이는 화이트탑핑 두께를 고려한 포장파손 정도에 따라 적용한다.

㉯ 밀링 후 아스팔트 층 두께가 150mm 이하일 경우는 전문가의 판단에 따라 콘크리트 두께가 조정되어야 한다.

(2) 밀링 후 표면처리

① 표면청소

㉮ 밀링작업 후 포장 면에 남아있는 먼지, 이물질, 아스팔트 콘크리트 잔해물은 완전히 제거되어야 하며 주로 공기나 물을 이용한 블라스팅 장비를 사용한다.

㉯ 에어블레스팅 실시 후 30분 이내에 덧씌우기 층을 타설한다.

㉰ 콤프레서 사용 전 아스팔트 바닥에 붙어있는 잔해물을 1차적으로 제거하기 위하여 대형 집진장치를 갖춘 청소차량으로 시공구간 청소를 실시해야 한다.

㉱ 잔해물이 남아있으면 기존 아스팔트 콘크리트 층과 화이트탑핑 층의 접착력을 감소시키므로 주의해야 한다.

3.4.2 타설 및 마무리

(1) 운반

① 콘크리트의 운반은 재료분리와 함수비 변화가 최소화 될 수 있도록 해야 하며, 이미 타설한 콘크리트에 영향을 주지 않도록 주의해야 한다.

② 콘크리트는 트럭으로 운반할 경우 비벼진 후부터 끝날 때까지의 시간은 1시간을 넘어서는 안되며, 아지데이터 트럭으로 운반하는 경우는 90분 이상 경과해서는 안된다. 그러나 기온이 매우 높거나, 콘크리트가 빨리 응결할 경우는 시간을 감소시켜야 한다.

③ 콘크리트를 운반차에 싣거나 내릴 때는 그 높이를 되도록 낮게 하여, 재료분리가 일어나지 않도록 하여야 하며, 운반차는 사용 전후 적재함내부를 깨끗이 청소하고 물기를 제거해야한다.

④ 덤프트럭으로 운반할 경우 적재함의 틈을 없애고 적재함 상단보다 낮고 편편하게 적재하고 수분증발 및 이물질 혼합을 막기위해 덮개를 설치해야 한다.

⑤ 운반차량은 포장장비의 작업능력에 맞는 종류와 소요 대수를 결정해야 한다.

⑥ 중앙 혼합장치에서 혼합하고 트럭믹서로 운반하는 경우는 KS F 4009의 운반규정에 따른다.

⑦ 믹서트럭 후미에는 호퍼를 장착하여 화이트탑핑 타설 시 작업 효율성을 높여야 한다.

(2) 타설

① 화이트탑핑 콘크리트 타설 시 기존 층의 수분흡수로 층 간의 접착력이 줄어들 수 있으므로 아스팔트 포장 층 위에 약간의 수분을 살포함으로써 수분흡수를 방지하도록 해야한다.

② 콘크리트 타설은 가능한 연속으로 타설하고, 공사 진행 중 추가 타설을 최소한으로 줄여야 한다.

③ 타설시 무작위 샘플링을 통해 공시체를 제작하여 품질 검증을 실시하고 이를 이용하여 교통개방 시기를 결정하여야 한다.

(3) 타이닝

타설된 콘크리트 포장 층의 양생시 소음저감 효과와 표면 마찰계수를 높이기 위해 포장 면에 타이닝을 시공한다.

① 시공시기

시공하는 시점은 콘크리트 표면 수분에 의한 윤기가 사라진 후에 시공하고, 콘크리트가 경화되기 전에 작업을 완료해야 한다.

② 시공방법

㉮ 타이닝 장비는 설계속도, 예상되는 작업속도, 장비 사양에 따라 타이닝에 영향을 주므로 주의해야 한다.

㉯ 포장도로가 불규칙한 형상일 경우, 인력을 이용하여 부직포나 면이 거친 천, 갈고리 등을 이용하여 텍스처를 준다.

㉰ 타이닝의 깊이는 최대 15mm를 넘지 않도록 제한해야 한다.

㉱ 시내도로, 주거지역, 그 밖의 도시 도로에서는 타이닝을 줄인다.

㉲ 교차로에 시공 시 횡방향 타이닝을 줌으로써 미끄럼 저항성을 증대시킨다. 여기에는 거친 천, 인공잔디 모양 떼 끌기, 타이닝 비질 등이 사용된다.

(4) 양생

① 일반사항

㉮ 양생은 양생제를 통하여 실시하는 것을 기준으로 한다.

㉯ 교통개방 압축강도인 21N/mm^2(약 210kg/cm^2) 되기 이전 동해를 받아서는 안 된다. 동해를 받았을 경우 강도실험을 실시하여야 하며, 문제가 있는 경우 보강공법을 실시하거나 포장을 제거한다.

㉰ 콘크리트 표면의 수분이 증발하기 시작하면서 양생이 시작되므로 타이닝은 마무리된 상태여야 한다.

㉱ 우천시에는 공사를 중단하고 아직 굳지 않은 콘크리트를 비닐, 방수지 등으로 덮어 콘크리트의 손상을 막아야 한다.

㉲ 양생제 사용 시 표면에 양생막을 형성하므로 살포 후에는 양생제가 교란되지 않도록 한다.

② 양생법

㉮ 양생제 살포량은 0.3 ℓ/m^2～0.7 ℓ/m^{2}을 기본으로 하나, 기후조건이나 포장 상태에 따라 감독관 승인하에 변경이 가능하다.

㉯ 지나친 태양열을 흡수하지 않기 위해 양생제의 색깔은 흰색을 사용한다.

㉰ 양생제를 살포하는 동안 일률적으로 교란시켜서 살포하면 고르게 혼합된 양생제를 적용할 수 있다.

㉱ 양생제를 살포하는 동안 바람의 영향은 피해야 한다.

㉲ 슬래브 단부를 포함하여 전단면에 걸쳐 골고루 양생제를 살포해야 하지만 조인트 부분에 양생제가 들어가서는 안된다.

㉳ UTW(Ultra Thin Whitetopping)에서는 건조수축에 민감하므로 양생제를 골고루 충분히 살포한다.

3.4.3 줄눈 절삭

(1) 시기결정

① 줄눈 절삭은 포설 후 성숙도 개념을 이용하여 성숙도 지수가 135～185이고, 이때의 강도는 100kg/cm^2 이상이 될 때 절삭 시기로 한다.

② 충분한 강도를 발현하지 못한 상태에서 절삭할 경우 라벨링이 발생할 수 있으므로 주의해야 한다.

③ 강도가 낮은 골재는 절삭 전에 충분한 강도를 얻지 못하기 때문에 동일조건의 배합 하에서는 강도가 높은 굵은 골재보다 빠른 시간 내에 절삭해야 한다.

(2) 절삭 깊이 및 폭

① 일반적인 절삭깊이는 콘크리트 슬래브 두께의 1/3로 하며, 줄눈유도를 위해 1/2까지 적용할 수 있다.

② 줄눈폭은 줄눈실링이나 줄눈재를 사용하지 않음으로 최소폭을 유지하기 위하여 컷터날은 2.5mm 이내로 사용하여야 한다.

③ 슬래부 단부, 경사지역 곡선부, 단면 변화구간 등 두께 차이가 있는 곳의 절삭깊이는 콘크리트 슬래브 두께의 가장 두꺼운 부분을 기준으로 결정한다.

(3) 줄눈 간격

줄눈 간격은 화이트탑핑 포장두께가 50~150mm인 경우 1.6~2.4m까지 다양하게 적용할 수 있으나 감독관의 승인을 받아 조정할 수도 있다.

(4) 줄눈 절삭기

본 공법 적용에 있어 줄눈을 절삭할 경우 살수로 인한 포장 면의 악화와 골재의 떨어짐을 최소화하기 위하여 컷터기와 흡착기를 동시에 사용하여 슬러지 및 분진 발생을 억제시킨다. 단, 현장 조건상 시공추진 과정에 이상이 있을 경우에는 감독관의 승인하에 대체 장비 사용이 가능하다.

3.4.5 교통개방

(1) 절삭 시공이 완료되고 화이트탑핑에서의 콘크리트 강도가 일정 기준에 도달하면 특이사항이 없는 한 교통개방을 실시한다.

(2) 교통개방은 압축강도 21N/mm^2(약 210kg/cm^2)을 기준으로 한다. 현장 제작 공시체를 기준으로 공시체의 강도검증을 통해 교통개방 시기를 결정한다.

(3) 교통개방 실시 이전 길어깨나 곡선부의 높이가 맞지 않으면 일시적으로 안내판이나 경고판을 설치하여 안전사고에 대비한 후 보강 공사를 실시한다.

제4장

도로 시설물의 자산관리

4.1 개 요

도로교통 분야에서 자산관리는 각 도로관리 기관에서 국가의 도로교통시스템을 유지하고 관리하는 일체의 과정을 의미한다. 이러한 과정은 사회시설물을 유지관리하면서 시간경과에 따른 시설물의 공용성을 모니터링하여 보다 효율적인 자산관리를 통해 공공의 경제적 이익을 창출한다.

미국 연방도로청(FHWA)에서는 자산관리(Asset Management)를 도로자산을 효율적으로 유지, 향상, 그리고 경영하기 위한 계획적인 과정으로 정의하였다. 이는 경제적 논리와 공학적 개념을 접목하여 의사 결정을 위한 보다 논리적이고 분석적인 수단으로 사용할 수 있다.

4.2 자산관리의 필요성

미국에서는 1976년에 기간 고속도로망의 신규시공은 마무리되었고, 1930년대부터 건설된 기존 고속도로의 포장이 수명을 다하고 있음을 인식하며, 고속도로 포장의 원활한 유지보수를 위하여 1976년에 고속도로법을 제정하였다. 〈그림 4.1〉과 같이 미국의 고속도로 관리연장은 더 이상 증가하지 않고 있는 반면에 유지관리 예산은 〈그림 4.2〉와 같이 해마다 증가하고 있는 실정이다.
따라서 1,290억 달러의 예산이 투입되어 만들어진 69,000km의 기간 고속도로망에 대하여 유지관리를 통해 보호해야 한다는 개념에서 자산관리가 시작되었다.

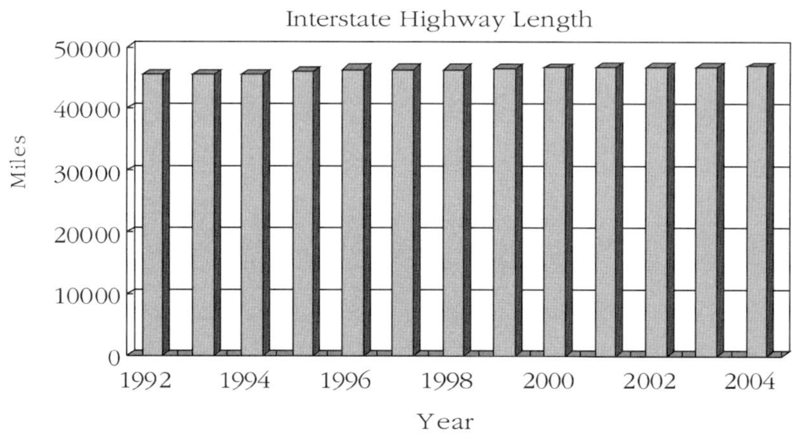

그림 4.1 미국 도로 관리연장의 추이

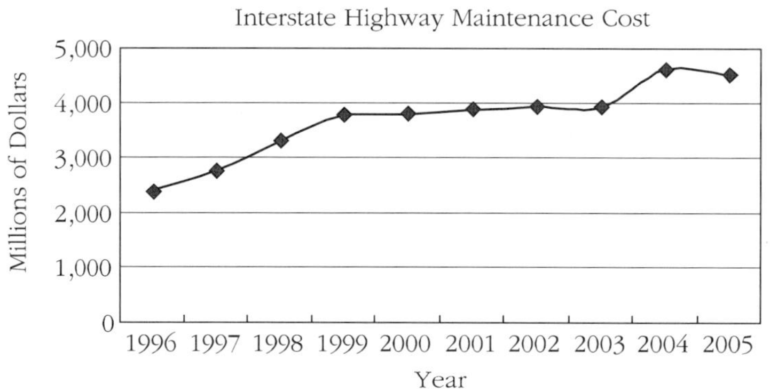

그림 4.2 미국의 유지보수 예산

미국에서 자산관리 개념을 도입한 이유는 기간 고속도로망의 완성과 더불어 도로 예산의 지속적인 확보가 어려워지며, 경제발전과 국민생활수준 향상으로 사용자 증가에 따른 민원해결 및 예산배정에 필요한 명분을 확보할 필요가 생겼기 때문이다. 따라서, 예산의 안정적인 확보와 도로망의 수준높은 관리를 실현하기 위하여 새로운 패러다임의 필요성이 제기되었다.

4.3 자산관리의 개념

자산관리란 합리적인 예산배정을 통하여 전략적인 관점에서 도로의 모든 시설물을 효율적으로 유지관리하여 최상의 공용성을 보증하고 자산가치를 유지하는 행위를 말한다.

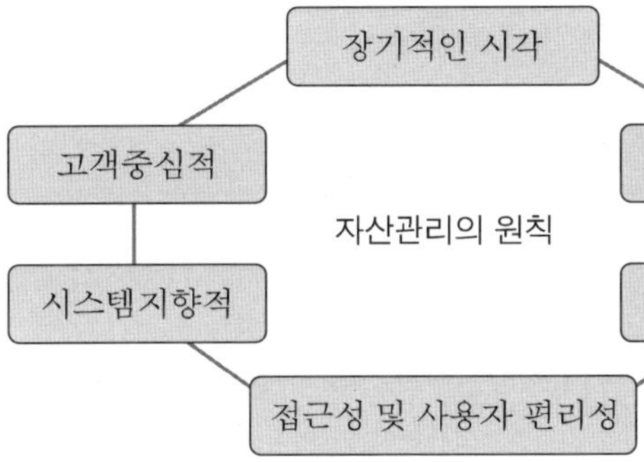

그림 4.3 자산관리의 정의

자산관리의 흐름은 〈그림 4.4〉와 같이 정책의 결정 및 목표를 설정하고, 자산관리 계획을 수립한다. 그리고, 프로그램 수행 및 평가기법을 적용하고 이를 모니터링하여 기준수립을 위한 정보와 평가를 위한 정보를 제공한다. 프로그램 수행에 의하여 자산관리 결과를 도출하고 이를 다시 정책 결정과정에 반영하는 피드백 시스템을 갖춘다.

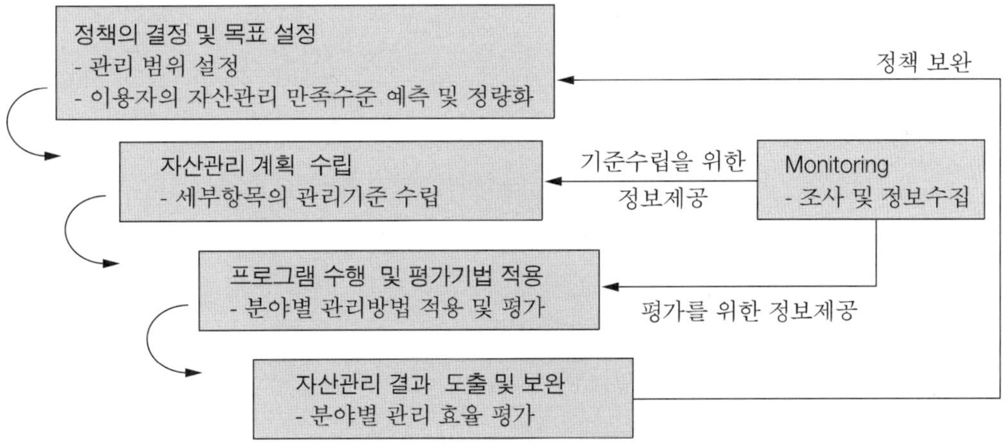

그림 4.4 자산관리 흐름

자산관리의 필수요소 및 업무진행과정은 〈그림 4.5〉와 같다.

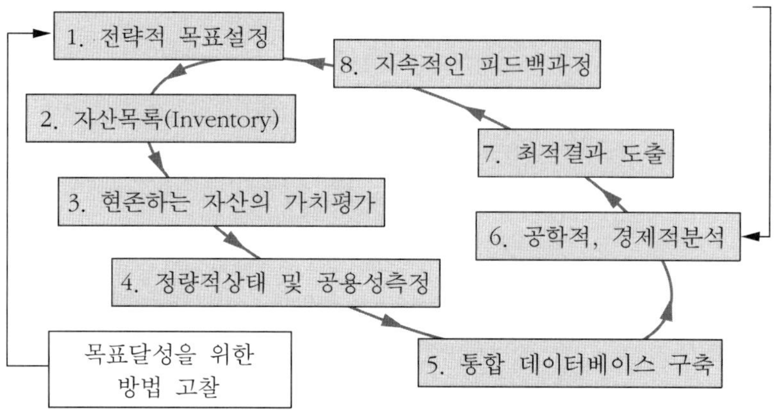

그림 4.5 자산관리 필수요소 및 업무진행과정

자산관리를 하기 위해서는 다음과 같은 사항을 고려하여야 한다.

첫째는 도로, 교량, 터널과 같은 도로교통 시설물에 대한 논리적이고 효율적인 투자를 하여 도로관리 기관에서 경제적으로 자산들을 관리할 수 있도록 해야 한다.

둘째는 자산관리를 시행함에 있어 효율적으로 공학, 경제, 경영과 같은 여러 전문분야의 의견을 종합하고 적용해야 한다.

효과적인 자산관리를 위해서는 다음과 같은 기본적인 활동이 필요하다.

① 자산의 목록을 구체적으로 작성하고 상태와 공용성을 주기적으로 갱신하여야 한다.

② 사용자의 비용과 편익을 표현할 수 있는 자산가치 책정방법을 개발하여야 한다.

③ 도로관리 기관의 예산 사용결정 내역을 공개하여야 한다.

④ 사용자 비용과 편익에 대한 평가, 투자의 효율성, 그리고 시스템의 공용성 유지를 고려한 관리체계 및 자산가치 향상을 위한 체계적인 전략이 필요하다.

4.4 자산관리 프로그램

4.4.1 프로그램 개요

최근 미국 연방도로청(Federal Highway Administration)에서는 HERS-ST 라는 자산관리 프로그램을 개발하여 주 정부 등에 보급하고 있다.
자산관리 프로그램 HERS-ST(Highway Economic Requirements System-State Version)는 미국의 20개 주에서 사용을 하고 있으며, 9개 주에서 적용을 검토 중이고, 캐나다에서도 도입 가능성을 검토하고 있다.
HERS-ST는 자산관리 개념을 도입한 유지관리 프로그램으로 비용-편익 분석으로 투자비용과 도로공용성(포장, 교통량, 도로선형)의 상관관계를 파악하며, 유지관리 시나리오 개념을 도입하여 사용자 목적에 적합한 효율적 자산관리 체계를 구축한다.

4.4.2 프로그램의 특징

HERS-ST의 특징은 축적된 Highway Performance Monitoring System(이하, HPMS) 자료를 이용하며, 포장, 교통량, 도로선형에 대한 개선방향을 제시하고, 경제성 분석기법의 강화로 다양한 유지관리 비용을 고려할 수 있다.
이 프로그램은 기존의 도로나 포장 유지관리 공법 위주의 프로그램과는 달리 도로의 설계수명 동안 도로 시설물에 대한 전반적인 가치 비용을 고려하여 최적의 도로 관리 방법을 제시하는 프로그램이다. 또한, 도로 공용성과 투자비용과의 관계를 편익과 비용(Benefit-Cost)의 관계를 토대로 한 경제성 분석을 통해 최적 대안을 제시하도록 구성되어 있다.
특히, 분석 초기에 사용자 목적에 타당한 방법을 직접 선택할 수 있는 시나리오 개념을 도입함으로써 단순한 공학적 접근방법 뿐만 아니라 제한된 비용이나 도로 공용성 내에서 최적 대안을 찾을 수 있도록 되어 있다. HERS-ST에서 제안하는 최적 대안은 포장 유지보수 공법 뿐만 아니라 장래 수요 교통량을 고려한 차로 폭 개선이나 차로 수의 확충, 도로선형 개선 등을 복합적으로 분석하여 제시한다.

그리고 최적 대안의 적용시점을 결정함에 있어 사용자가 분석기간을 임의로 세분화 할 수 있기 때문에 도로 관리자가 보다 효율적으로 도로 유지관리 시점이나 정책을 결정할 수 있는 공학적 근거를 마련할 수 있다.

4.4.3 분석방법

HERS-ST는 기본적으로 도로등급을 9가지로 분류하였고, 차종은 HPMS에서 제시한 3가지 종류를 세분화하여 7가지로 정의하였다. 입력 요소는 HPMS 데이터를 근간으로 도로시설물, 포장, 교통량, 도로 선형 등을 포함한 70여종으로 나누어져 있으며, 추가적으로 미국 각 주의 GIS 데이터를 불러 올 수 있다.

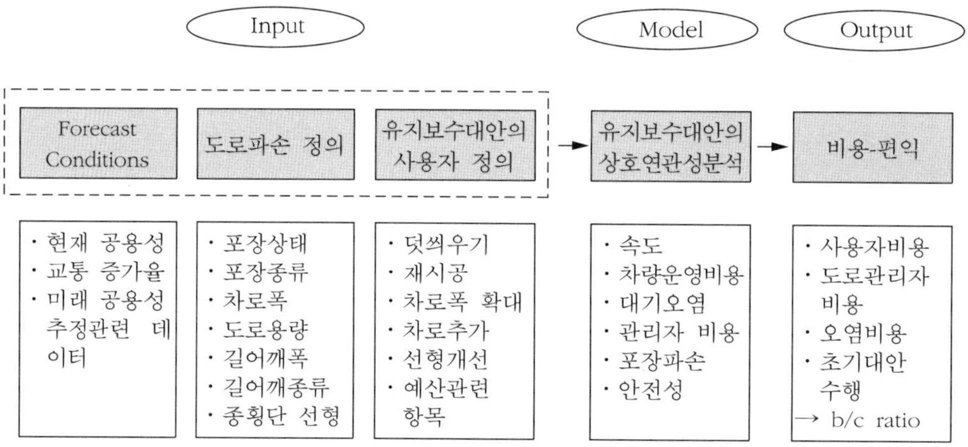

그림 4.6 HERS-ST 분석과정

또한, 포장 파손기준, 초기 대안 비용, 장래 교통 증가율 등 컨트롤 데이터와 파라메타 데이터를 사용자가 직접 입력할 수 있다. 데이터 입력이 끝나면 사용자의 분석 목적에 적합한 시나리오 타입을 결정하게 되고 비용과 편익에 관계된 내부 공용성 모델을 통하여 각 구간별, 분석 기간별 편익비용 비(Benefit-Cost Ratio, 이하 BCR)가 산출된다.

비용에 관련한 내부 모델은 초기 대안 수행 비용을 뜻하며, 편익에 관한 비용은 사용자 비용, 관리자 비용, 대기 오염 비용 등으로 각각 정의하고 있다.

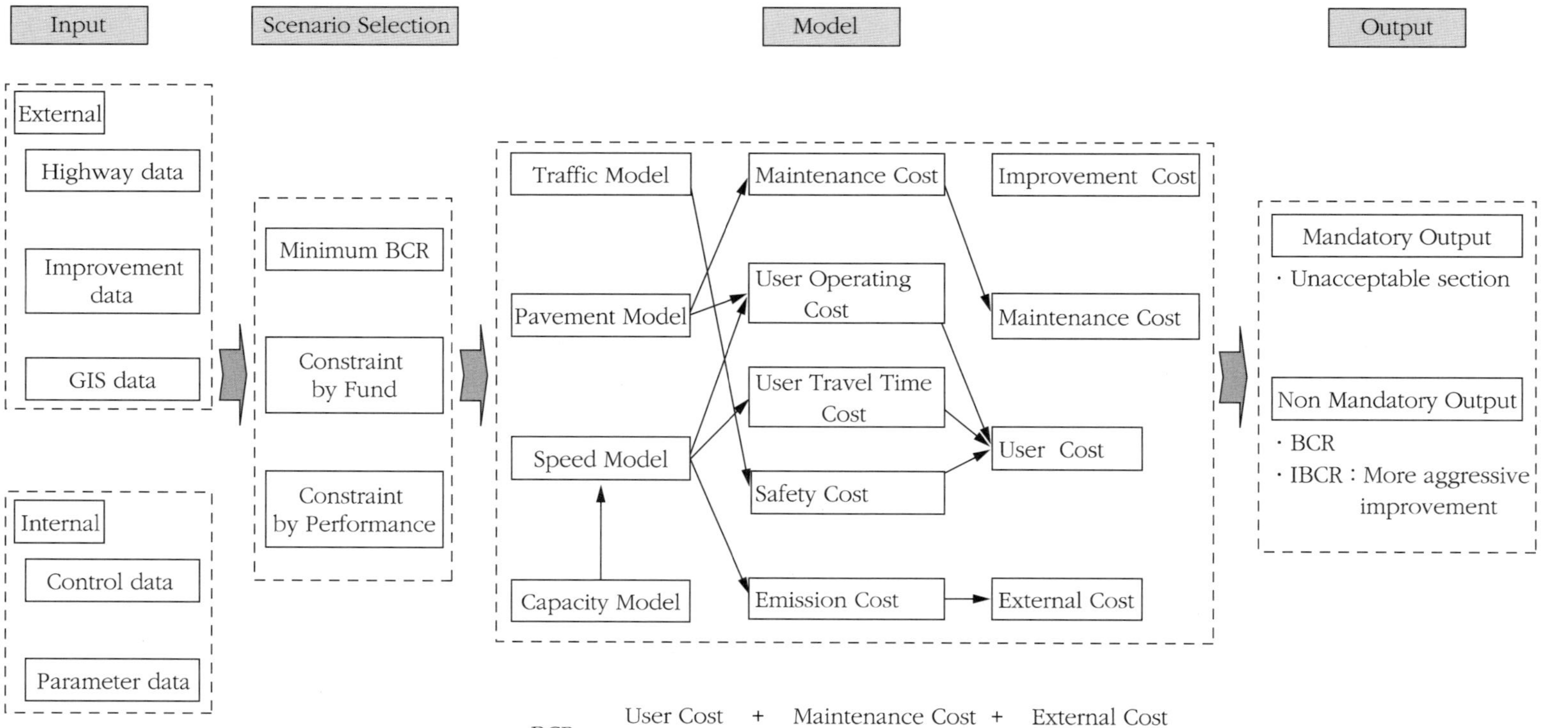

$$BCR = \frac{\text{User Cost} + \text{Maintenance Cost} + \text{External Cost}}{\text{Improvement Cost}}$$

그림 4.7 HERS-ST 논리구조

* 포장상태, 도로선형 도로구조 등 70가지 요소입력
* 본 예제에서 신설고속도로로 가정

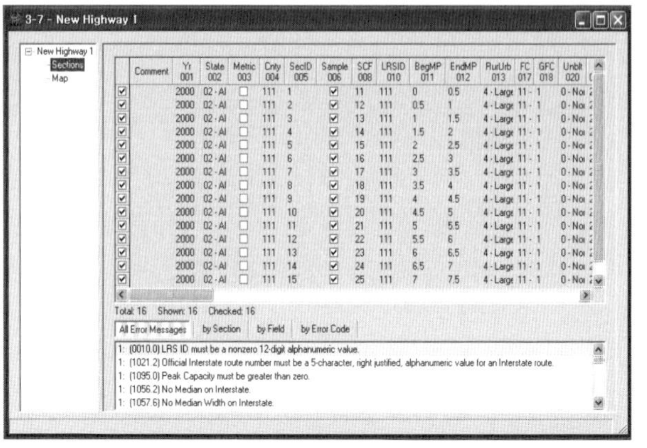

시나리오1(Minimum BCR)
1. 교통량 추정 요소
2. 포장파손 기준
3. 대안 수행 비용
4. 분석 기간 및 설계수명
5. 도로시설물 기준

시나리오2(Constraint by Fund)
1. 시나리오1과 입력동일
2. 추가요소 - 분석기간 마다 제한된 대안 실행비용 제시

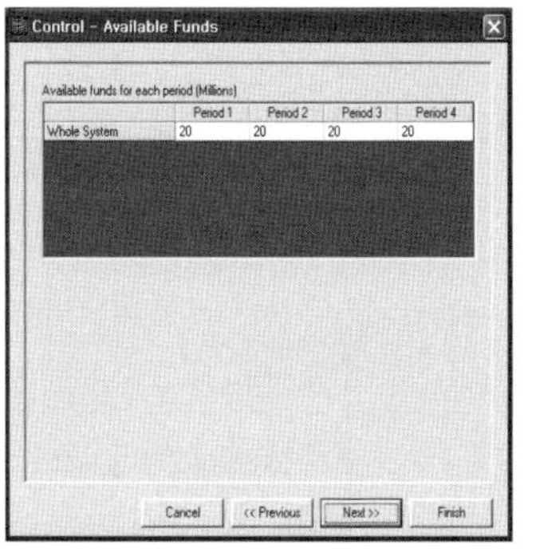

결과 분석
* 분석기간에 비용을 제한한 경우(시나리오2) 제한된 비용 내에서 최대 BCR이 산출되는 구간에 대해 우선적으로 대안 제시

대안유형 대안비용

ITYPE	LADD	CAPINC	TYPSEL	BCR	IMPC
4 - RSNC	2	2033	1 - HERS Selected	2.9	3543.9
4 - RSNC	2	2033	1 - HERS Selected	2.85	3543.9
4 - RSNC	2	2033	1 - HERS Selected	2.9	3543.9
4 - RSNC	2	2033	1 - HERS Selected	2.89	3543.9
4 - RSNC	2	2033	1 - HERS Selected	2.82	3543.9
4 - RSNC	2	2033	1 - HERS Selected	2.9	3543.9
4 - RSNC	2	2033	1 - HERS Selected	2.9	3543.9
4 - RSNC	2	2033	1 - HERS Selected	2.89	3543.9
4 - RSNC	2	2033	1 - HERS Selected	2.9	3543.9
4 - RSNC	2	2033	1 - HERS Selected	2.81	3543.9
4 - RSNC	2	2033	1 - HERS Selected	2.9	3543.9
4 - RSNC	2	2033	1 - HERS Selected	2.85	3543.9
4 - RSNC	2	2033	1 - HERS Selected	3.13	3543.9
4 - RSNC	2	2033	1 - HERS Selected	3.08	3543.9
4 - RSNC	2	2033	1 - HERS Selected	2.89	3543.9
4 - RSNC	2	2033	1 - HERS Selected	2.95	3543.9

시나리오1 결과

ITYPE	LADD	CAPINC	TYPSEL	BCR	IMPC
4 - RSNC	2	2033	1 - HERS Sel	2.9	3543.9
4 - RSNC	2	2033	0 - Not Selec	2.85	
4 - RSNC	2	2033	0 - Not Selec	2.9	
4 - RSNC	2	2033	0 - Not Selec	2.89	
4 - RSNC	2	2033	0 - Not Selec	2.82	
4 - RSNC	2	2033	1 - HERS Sel	2.9	3543.9
4 - RSNC	2	2033	0 - Not Selec	2.9	
4 - RSNC	2	2033	0 - Not Selec	2.89	
4 - RSNC	2	2033	1 - HERS Sel	2.9	3543.9
4 - RSNC	2	2033	0 - Not Selec	2.81	
4 - RSNC	2	2033	0 - Not Selec	2.9	
4 - RSNC	2	2033	0 - Not Selec	2.85	
4 - RSNC	2	2033	1 - HERS Sel	3.13	3543.9
4 - RSNC	2	2033	1 - HERS Sel	3.08	3543.9
4 - RSNC	2	2033	0 - Not Selec	2.89	
4 - RSNC	2	2033	1 - HERS Sel	2.95	3543.9

시나리오2 결과

그림 4.8 HERS-ST 적용 예

본 프로그램에서 사용하고 있는 경제성 분석 방법은 크게 BCR과 Incremental Benefit-Cost Ratio(이하 IBCR)로 나눌 수 있다. BCR 분석 방법은 대안이 수행 되지 않은 상태를 기본 조건(Base Case)으로 하여 대안이 수행되었을 때 발생하는 비용과 편익의 관계를 이용하여 각 구간별 최대 BCR 값을 산출하는 대안을 최적 대안으로 결정하는 우선 순위 선택 방식을 채택하고 있다.

반면에 IBCR은 초기 최적 대안을 기준으로 보다 적극적인 대안, 즉 복합적인 개선 방법이 필요로 할 때 분석하는 방법으로 추가되는 대안에 대해 증가하는 비용과 편익의 비를 비교하여 최적 안을 제시하는 방법이다.

PART 6

예방적 유지보수

제1장

예방적 유지보수의 개요

예방적 유지보수의 정의는 파손이 발생하기 전에 미리 저 비용의 표면처리 공법 등을 적용하여 파손 발생시기를 늦추고 우수한 공용성을 유지하는 공법을 말한다. 이는 전통적 유지보수가 현재 수행하는 일반적인 보수방법으로 파손이 발생한 후에 보수를 하는 방법에 비하여 보다 합리적인 방법이라고 할 수 있다.

예방적 유지보수는 계획된 정책과 비용의 효율적인 처리로 도로포장의 공용성을 증가시킬 수 있다. 예방적 유지보수의 시점은 〈그림 1.1〉과 같이 포장 또는 표면의 재령, 포장의 상태, 다음에 계획된 유지보수 등을 고려하여 결정할 수 있다.

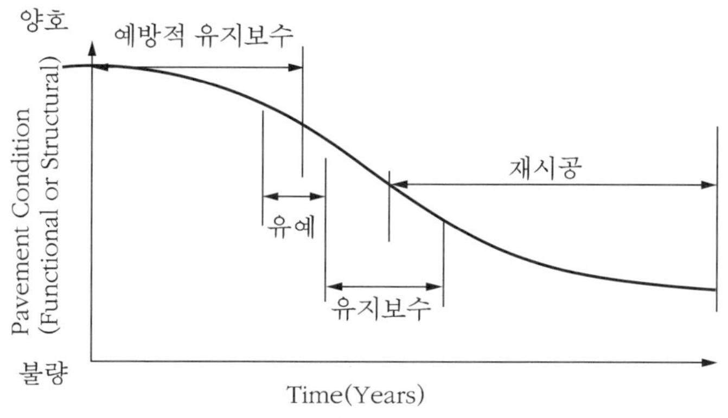

그림 1.1 예방적 유지보수의 시점

〈그림 1.2〉에서 예방적 유지보수를 하면 전통적 유지보수를 한 것에 비하여 훨씬 우수한 공용성을 유지할 수 있다.

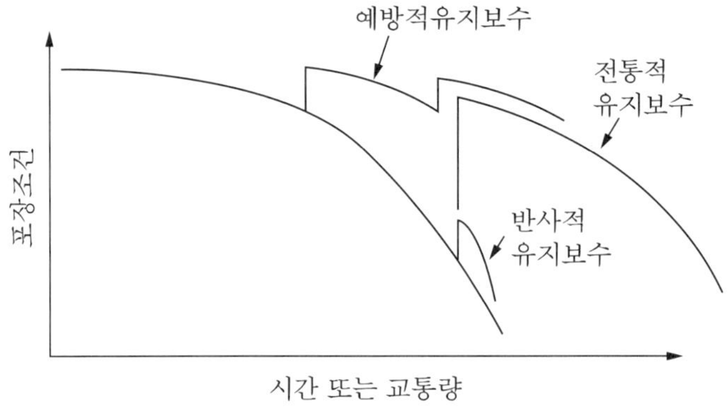

그림 1.2 예방적 유지보수의 중요성

예방적 유지보수의 기대효과로는 포장공용성의 증가, 장기비용의 절약, 감소, 안전성 증가, 소비자 만족도 증가를 기대할 수 있다. 예방적 유지보수는 양호한 승차감을 제공하고, 우수한 미끄럼 저항성을 유지하며, 표면특성에 따른 잠재적인 위험성을 최소화할 수 있다.

예방적 유지보수가 늦었을 때는 아스팔트 포장의 경우 포트홀, 심각한 균열, 밀림, 러팅 등이 발생될 수 있으며, 콘크리트 포장의 경우 부풀음, 코너 균열, 심각한 균열 등이 발생할 수 있다. 예방적 유지보수를 하기 위한 조건은 다음과 같다.

- 구조적인 파손이 없어야 한다.
- 손상이 심각하지 않아야 한다.
- 공용개시 후 시간이 많이 경과하지 않아야 한다.
- 기능적인 문제가 경미하여야 한다.

제2장

균열보수 공법

2.1 균열보수의 개요

균열보수 공법은 예방적 유지보수 공법의 하나로써 균열이 발생된 곳에 균열을 충전시키므로써 균열이 더 이상 확대되지 않도록 보수하는 공법이다. 균열은 초기에 보수할수록 그 효과가 크며, 균열을 방치할 경우에는 균열 틈으로 우수 등이 침투하여 포장 하부층까지 파손이 진전될 수 있다. 균열보수 공법에는 균열충전(Crack Filling)과 균열실링(Crack sealing)이 있다.

균열이 발생되면 균열 틈으로 우수 등이 침투하므로, 균열보수를 함으로써 박리, 2차 균열, 균열진전, 거북등 균열, 소성변형, 포트홀 등을 저감할 수 있다. 균열보수의 효과는 포장상태, 실런트 종류, 적용상태, 품질관리에 따라 다르다고 할 수 있다.

균열보수를 하기 위한 양호한 조건은 다음과 같다.

- 최근에 시공되거나 유지보수된 포장
- 균열이 적거나 2차균열이 없음
- 균열이 적거나 균열 표면에 라벨링이 없음
- 기층 지지력이 양호한 경우

실런트의 종류로써 열가소성계는 보편적으로 아스팔트 포장에 사용되며 역청계 재료를 사용하고, 열을 가할 때는 연성을 띄고 저온에서는 강성을 띈다. 열경화성계는 일반적으로 아스팔트 포장에 사용되지는 않으며 하나 또는 그 이상의 재료의 복합적인 재료로 이루어지고, 화학적인 공정을 거친다.
균열보수용 실런트가 갖추어야 할 조건은 다음과 같다.

- 내구성 : 교통, 습도, 햇빛, 환경적 변화에 대한 저항성
- 신축성 : 수축 팽창에 적응할 수 있어야 함.
- 회복성 : 변형으로부터 회복할 수 있어야 함.
- 접착성 : 기존 포장 면과 부착성이 양호

균열충전용 실런트는 열가소성 재료를 사용하며 일반적으로 아스팔트 시멘트, 유화 아스팔트, 고무 아스팔트, 섬유보강 아스팔트를 사용한다. 균열실링용 실런트는 열가소성 또는 열경화성 재료를 사용하며 일반적으로 고무 아스팔트, 저탄성 고무 아스팔트, 폴리머 개질 유화 아스팔트, 섬유보강 아스팔트를 사용한다.

2.2 균열보수 공법의 종류

2.2.1 균열충전(Crack Filling) 공법

균열충전(Crack Filling)은 낮은 수준의 시공기술로써 저급 품질의 충전재를 사용하며, 사전 시공준비가 불필요하다. 균열충전은 비활동성 균열(종방향 균열)에 적용하며, 균열폭은 5～25mm까지 가능하다. 균열충전의 근본적인 목적은 물의 침입을 방지하고, 포장의 구조를 보강하는 것이다. 균열충전은 공기로 먼지를 제거하고 충전을 한다. 균열충전의 공용수명은 대략 2년을 목표로 한다. 균열충전의 보수시점은 외부 온도에 상관없이 시공하며 표면 보수가 필요한 최초 시점에 시공하면 된다.

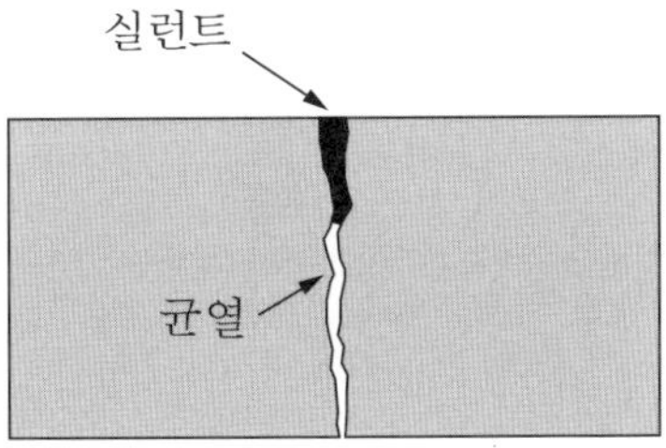

▶ 그림 2.1 균열충전(단순균열 채움)

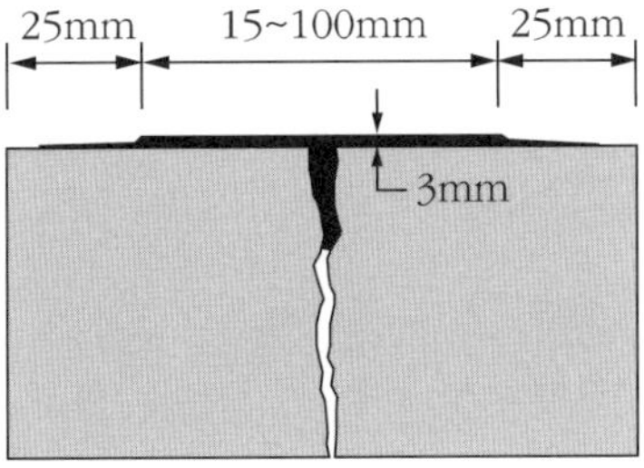

▶ 그림 2.2 균열충전(밴드 형상)

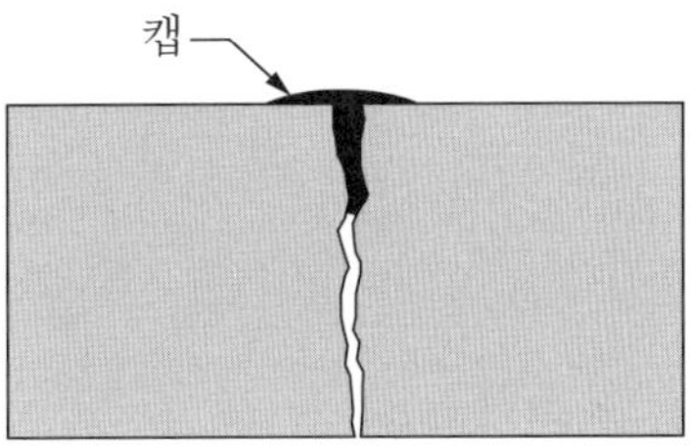

▶ 그림 2.3 균열충전(캡 형상)

2.2.2 균열실링(Crack Sealing) 공법

균열실링(Crack Sealing)은 활동성 균열에 적합하며 높은 수준의 시공기술로써 균열폭은 5~20mm까지 가능하다. 균열부의 사전작업이 필요하며, 균열충전에 비하여 높은 품질의 재료를 사용한다.

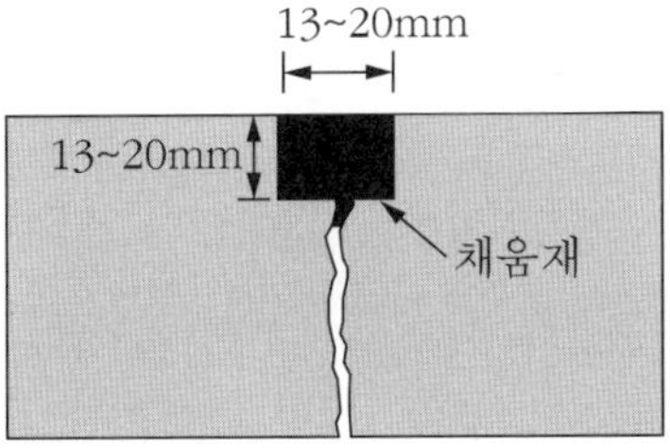

▶ 그림 2.4 균열실링(단순 형상)

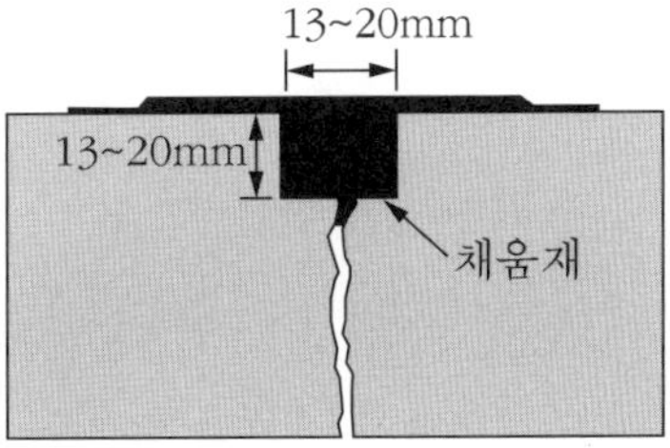

▶ 그림 2.5 균열실링(밴드 형상)

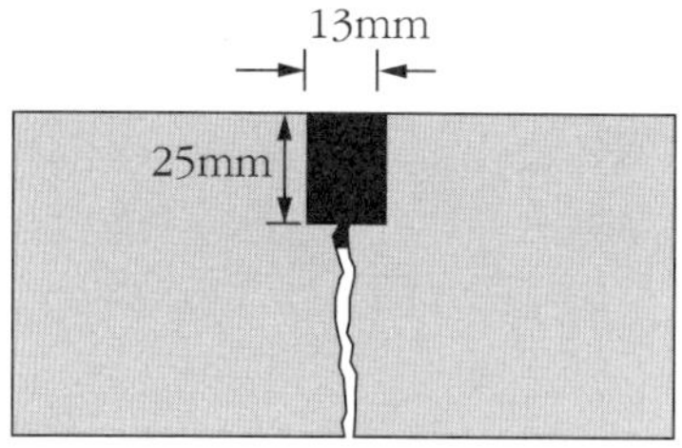

그림 2.6 균열실링(깊은 심도)

균열실링의 평균 수명은 3~5년이며, 보수시점은 중간 기상온도(봄 또는 가을)에 시공하는 것이 좋으며, 균열이 발생된 직후에 하는 것이 가장 효과적이다.

2.3 균열보수 방법

균열을 보수하기 위해서는 먼저 균열폭의 확폭이 필요하다. 균열폭을 확폭하기 위해서는 로우터(Router)로 균열부분을 컷팅하여야 한다.
균열폭을 확폭 후 Air Blasting으로 잡물을 제거한다. Air Blasting은 균열 확폭 시 사용된 물에 의하여 젖은 부분을 말리는 경우에도 도움이 된다. 이 외에도 샌드블라스팅이나 와이어 브러싱으로 균열 청소를 할 수 있다.

그림 2.7 균열확폭

그림 2.8 균열 확폭용 커터날

균열부에 남아있는 먼지를 확실하게 제거하기 위하여 진공으로 먼지를 흡수할 수도 있다.

균열 부위는 실런트를 설치하기 전에 반드시 건조되어야 한다. 건조하기 위하여 가열된 압축공기로 균열부를 건조시킨다. 압축공기로 가열시키면 실런트의 부착력 증진에도 도움이 된다. 그러나 가열을 너무 지나치게 하면 주위의 아스팔트 혼합물이 녹아 변형을 일으킬 수 있다.

균열 부위를 실런트로 주입하기 위해서 고체상태의 실런트를 가열 용해기에서 용해시킨다. 이 때 실런트를 주입하는 호스는 깨끗한 상태로 유지되어야 한다.

가열된 실런트는 일정한 형태로 주입될 수 있도록 스퀴즈(Squeegee)를 이용하여 실런트를 주입한다. 실런트를 주입한 후 실런트가 뜨거운 상태이므로 타이어에 달라붙을 수 있다. 그러므로, 타이어 접착방지를 위하여 모래를 뿌리기도 한다.

그림 2.9 Air Blasting

그림 2.10 진공청소

그림 2.11 가열공기 건조

그림 2.12 실런트 가열용해기

그림 2.13 실런트 주입

그림 2.14 타이어 접착방지를 위한 Sand Blotting

그림 2.15 실링된 모습(Simple Band-Aid)

제 3 장

에멀전 특성의 표면처리 공법

표면처리는 아스팔트 포장의 표면에 부분적인 균열, 변형, 마모 및 붕괴와 같은 파손이 발생한 경우에 기존 포장에 2.5cm 이하의 얇은 층을 시공하는 보수공법으로 더 이상의 포장파손을 방지하고 일정 수준 이상의 평탄성을 확보하기 위하여 실시한다. 우기 또는 한냉기 전에 실시하면 노면을 양호한 상태로 유지할 수 있어 예방적인 조치로써 매우 유효하다. 그러나 대형차 교통량이 많은 구간에서는 이의 사용이 제한되기도 한다.

표면처리 공법에는 포그실, 샌드실, 스크럽실 등이 있다. 이와 같은 공법들은 디스트리뷰터 장비와 유화 아스팔트를 사용하는데는 공통점이 있다. 다만, 유화 아스팔트의 종류와 표면에 살포하는 방법, 그리고 세골재의 사용 유무 등에서 차이가 있다. 표면처리 공법은 유화 아스팔트의 살포량, 포설시간 등이 매우 중요한 역할을 하고 있다.

3.1 표면처리용 유화 아스팔트

유화 아스팔트는 아스팔트와 물, 유화제로 구성되며 이 중에서 순수한 아스팔트는 50~75%로 구성된다. 유화 아스팔트는 상온에서 액상의 아스팔트로서 포장 면에 시공한 뒤 건조하게 되면 고체상태가 되는 성질을 가진 물질로써 이는 아스팔트와 물을 혼합하여 안정한 유액상을 유지토록 하기 위해 적당한 유제를 첨가한 아스팔트를 말한다.

유화 아스팔트는 물을 분산매체로 하고 있을 뿐만 아니라 유제를 첨가한 아스팔트는 다시 물 가운데에서 미세입자로 현탁되어 유화 아스팔트를 형성하게 된다. 따라서, 유화 아스팔트에서는 유화를 촉진시키고 아스팔트 자체가 미립자로 현탁하여 안정한 구조를 유지하게 되는데 이의 작용은 유화제라는 첨가제가 가교역할을 담당하게 된다.

유화 아스팔트는 경화속도에 따라 급속경화성(Rapid Setting), 중속경화성(Medium Setting), 완속경화성(Slow Setting)으로 구분되며, 급속경화성은 주로 택코팅이나 표면처리용으로 사용되며 중속경화성은 주로 골재 혼합용으로 사용된다. 유화 아스팔트는 친수기와 친유기를 동시에 가지고 있는데, 표면전하에 따라 양이온(Cation)과 음이온(Anion)으로 구분되며, 양이온계에서는 친수기가 양전하를 띄게 되어 경계면에서 음전화를 끌어들이려는 성질이 있으므로, 골재 중에서 표면이 음전화를 띄고 있는 규산질 계열의 골재와 부착이 잘된다.

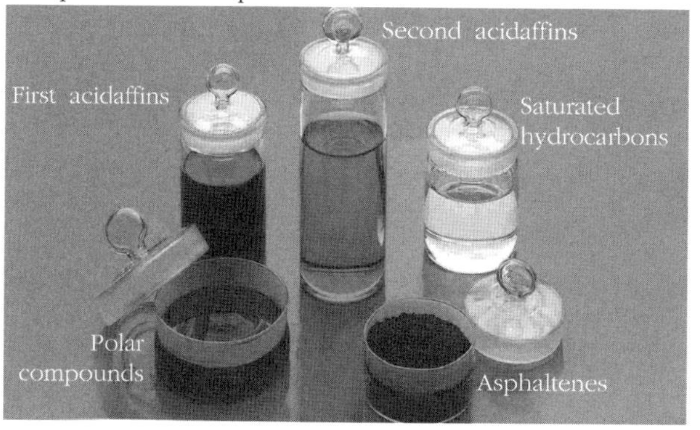

그림 3.1 아스팔트의 성분

유화 아스팔트를 이용한 표면처리의 장점은 기존 포장 면의 노화가 지연되며, 포장표면 방수, 골재탈리 방지, 노면마찰력 증가 등이 있다. 포그실이나, 샌드실, 스크럽실 등은 기존 포장 표면에 아스팔트를 추가하여 실링, 방수 골재탈리 등을 방지하는 역할을 한다. 이러한 표면처리는 궁극적으로 포장수명의 연장과 공용성 증대를 가져온다.

아스팔트의 화학적 특징 중에서 아스팔트의 산화는 아스팔트 속에 들어있는 아스팔텐의 양에 의해 결정된다. 공용기간이 경과하면서 산화반응에 의하여 아스팔텐의 비율이 증가한다. 아스팔텐이 증가하면 아스팔트는 딱딱해져서 균열이 발생된다. 예방적 유지보수의 목적은 산화반응을 지연시키는 것이다.

아스팔트가 공기 중에 오래 노출되면 산화반응이 발생된다. 아스팔트에 산화가 발생되면 아스팔트는 경화되어 침입도가 감소하는데 이를 아스팔트의 노화라고 부르기도 하며 아스팔트의 노화는 도로포장에서 피로균열로 이어진다.

아래의 그림은 두께 50mm의 아스팔트 층을 나타낸 것이다. 여기서 하얀 부분은 아스팔트 혼합물의 공극을 나타낸 것이고, 푸른 색 수평선은 포장 표면에서 깊이 13mm의 깊이를 나타낸 것이다. 아스팔트 포장은 공극이 7~8% 이하가 되도록 하여야 하며 공극률이 이보다 클 경우 물과 공기 등이 침투할 수 있다. 대부분의 산화반응은 포장깊이 13mm 이내에서 발생한다. 깊이 13mm 이내의 아스팔트는 산화반응으로 침입도 100인 아스팔트가 10년 후에는 침입도가 70으로 감소될 수 있다.

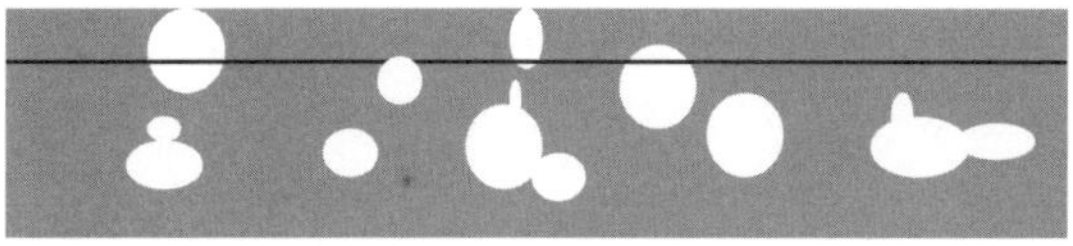

공극률 ≤ 7 or 8%

그림 3.2 아스팔트 혼합물의 공극

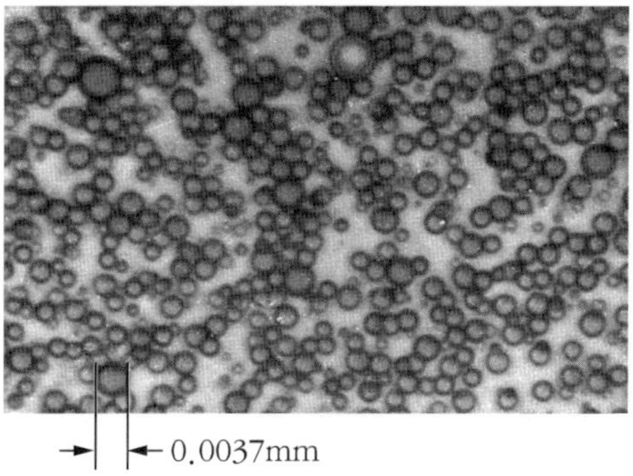

그림 3.3 아스팔트입자의 분포

공극률의 증가는 연결된 공극의 수를 증가시키며, 공극이 연결되면 공기가 침투하여 포장의 깊은 곳까지도 산화반응이 일어날 수 있다. 표면처리의 목적은 공기가 침투되지 못하도록 하여 산화반응에 의한 아스팔트의 노화를 감소시키는 것이다. 유화 아스팔트는 아스팔트와 물과 유화제로 구성되어 있으며 완속경화의 경우에는 물이 43%까지 함유되어 있고, 급속경화의 경우에는 물이 35%까지 함유되어 있다. 유화제는 아스팔트가 물과 안정적인 상태로 결합될 수 있도록 하는 역할을 한다. 일반적인 유화 아스팔트는 아스팔트와 물 유화제로 구성되어 있으며, 희석된 유화 아스팔트는 일반적인 유화 아스팔트에 2배까지 물을 추가한 것이며, 잔류아스팔트량은 물이 증발된 후 남아있는 아스팔트의 양을 말한다.

3.2 포그실

포그실은 유화 아스팔트를 물로 희석시킨 역청재료를 포장노면에 0.5～0.8 ℓ/m^2 정도로 살포하여 작은 균열이나 표면의 공극을 채워 포장노면을 희석시키는 공법이다. 포그실은 포장표면이 노화되었거나 공극이 많은 경우에 적용한다. 포그실을 하기 위해서는 포장의 공극과 시공당시의 환경조건이 중요하며, 양생이 완료되기 전에 교통개방을 하면 미끄럼에 의한 교통사고의 위험이 있다.

포그실을 하기 위한 포장조건으로는 작은 균열이 발생되었거나 공극이 있을 때 가능하며, 표면이 치밀한 경우에는 부적합하다. 포그실을 이용하여 표면에 코팅된 아스팔트는 물의 침투와 바인더의 노화를 방지하고 라벨링으로 인한 골재의 탈리를 방지한다.

포그실을 시공하기 위해서는 양생을 위한 현장여건이 중요하며, 강우를 피하여야 한다. 포설온도는 대기온도가 5℃이고, 포장온도는 15℃가 적당하다. 이와같이 온도와 습도는 양생과정에서 중요한 역할을 한다. 포그실을 시공하기 전에 포장 면은 스위핑(sweeping)을 실시하여 노면을 깨끗이 하고, 필요할 경우 살수를 통하여 먼지와 이물질을 제거한다.

그림 3.4 포그실

그림 3.5 스위핑

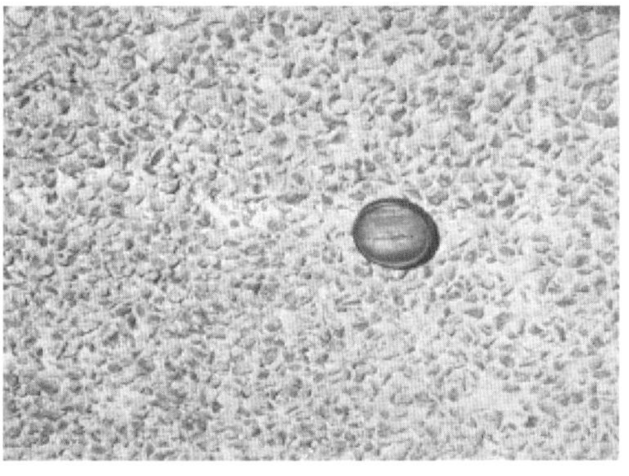

그림 3.6 포그실 전

그림 3.7 포그실 후

포그실용 유화 아스팔트는 깊은 침투와 희석의 용이성을 위하여 완속경화용 아스팔트를 사용한다. 디스트리뷰터의 노즐막힘을 피하기 위하여 유화 아스팔트용으로 사용되는 물의 적합성을 확인한다. 희석은 살포하기 24시간 이전에 실시하여야 한다.

디스트리뷰터의 캘리브래이션은 살포량을 조절하는데 매우 중요하다. 디스트리뷰터의 살포량은 장비의 노후, 재료의 종류와 점성에 따라 다르게 나타날 수 있다. 그러므로 시공 전에 캘리브래이션을 하는 것이 매우 중요하다. 포그실의 대표적인 살포량은 0.45～0.7 ℓ/m^2이고, 살포온도는 20～70℃이며, 유화 아스팔트의 종류와 현장조건에 따라 살포량이 조절된다.

노즐에서 분사되는 형태는 삼각형의 모양을 이루며 오버랩되므로 균등한 살포를 위해서는 분사노즐의 높이가 적정하게 셋팅되어야 한다. 적당한 양의 피복과 바람의 불규칙한 영향을 피하기 위하여 2중 오버랩이 추천된다.

포그실은 모래를 뿌리지는 않지만 양생이 지연되거나 교통을 조기에 개방하여야 하는 등의 필요한 경우에는 sand blotter를 사용하여 모래를 살포할 수 있다. 포그실에서 모래의 평균적인 살포량은 1kg/m^{2}이며, 적정한 마찰력이 형성되기 전에는 교통개방을 해서는 안된다.

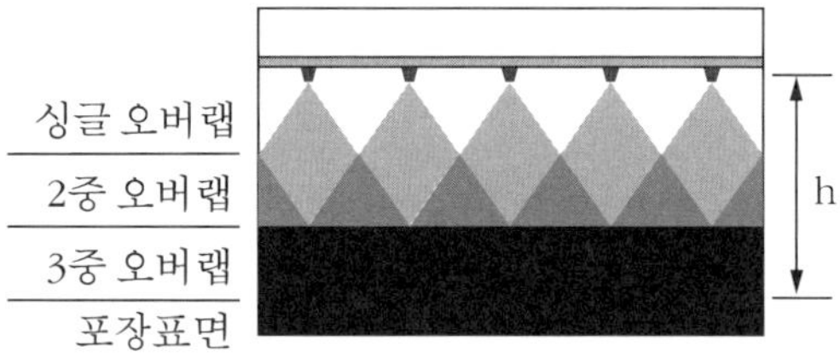

그림 3.8 노즐분사

그림 3.9 유화 아스팔트 살포

그림 3.10 디스트리뷰터

3.3 샌드실

샌드실이 포그실과 다른 점은 유화 아스팔트 위에 모래를 얇게 살포하는 것이며, 포그실처럼 물을 희석하는 것은 아니다. 샌드실의 근본 목적은 표면 마찰력을 증가시키며 골재의 맞물림을 증가하는데 사용한다. 샌드실은 희석하지 않은 급속양생 유화 아스팔트를 사용한다. 샌드실은 저속, 저교통량의 도로에 주로 사용하며 두께는 2~5mm를 사용한다.
샌드실의 시공순서는 포그실의 경우와 비슷하고 유화 아스팔트의 형태와 모래를 살포하는 것만이 다르다. 샌드실의 유화 아스팔트가 포그실과 다른 점은 급속경화형을 사용하고 물을 희석하지 않으며, 살포량은 포그실에 비하여 두 배정도의 양을 살포한다. 유화 아스팔트의 대표적인 살포량은 0.7~1.25 ℓ/m^{2}이고, 살포온도는 20~60℃ 정도이다.
모래의 최대치수는 2mm 이하이고 살포량은 5.5~12kg/m^{2}이며, 표면온도는 15℃ 이상이어야 한다. 유화 아스팔트를 뿌린 후에는 즉시 모래를 살포하고, 타이어 로울러로 다짐을 하여야 하며, 2시간 후에 교통개방을 한다.

3.4 스크럽실(Scrub seals)

스크럽실은 유화 아스팔트 살포와 1차 브루밍(broomming)을 한 후에 모래를 얇게 살포하고 나서 2차 브루밍을 한다. 여기서 브루밍의 역할은 유화 아스팔트가 포장 표면으로 침투하는 역할을 하여 공용성을 증진시킨다. 스크럽실은 표면공극과 균열을 채우는 역할을 하며, 평균수명은 3~6년 정도이며 저 또는 중(重)교통량의 도로에 적용한다. 스크럽실은 폴리머로 개질된 유화 아스팔트를 사용하고, 다층에 적용할 수 있으며 두께는 평균 10~40mm 정도를 적용한다.
스크럽실 시공 시 유화 아스팔트의 살포량은 0.63~0.82 ℓ/m^{2}이며 유화 아스팔트의 온도는 44~71℃이고, 포장온도는 21~32℃이어야 한다. 바인더 살포 후 1차 브루밍을 실시한다. 1차 브루밍을 한 후에 모래를 살포하며 모래의 살포량은 6.5~8.1kg/m^{2}이다. 모래를 살포한 후에 2차 부루밍과 최종 다짐을 실시한다. 교통개방은 2시간 후에 실시한다.

▶ 그림 3.11 스크럽실

▶ 그림 3.12 2차 브루밍과 다짐

제4장 골재 특성의 표면처리 공법

4.1 슬러리실과 마이크로서피싱(Microsurfacing)

슬러리실(Slurry Seal)은 바인더, 골재, 첨가재의 혼합물이며 일반적으로 13mm 이하의 두께로 시공한다. 슬러리실은 구조적 향상을 목적으로 하지는 않으며 신속히 시공이 가능하고, 표층면을 보다 강하게 형성한다.

슬러리실의 장점은 표면의 방수, 표면 공극 채움, 마찰력 증가, 채색가능 등이 있다. 슬러리실은 세골재, 채움재, 유화 아스팔트, 물의 혼합물이며, 공정에 의하여 경화조절이 가능하다. 일반적인 슬러리실의 수명은 5~7년이다.

슬러리실은 불안정한 러팅이 없는 곳, 피로균열이 없는 곳, 심각한 블리딩이 없는 곳, 약간의 균열이 있는 곳 등에 적용할 수 있다. 마이크로서피싱(Microsurfacing)이 슬러리실과 차이점은 폴리머로 개질하며, 화학적으로 세팅되므로 야간 시공이 가능하다는 것이다. 마이크로서피싱은 러팅 채움, 교통량이 많은 구간, 야간 작업 구간에 적용할 수 있다.

슬러리실 재료 중에서 유화 아스팔트는 전하에 따라 양이온(Cationic)과 음이온(Anionic)으로 구분되며, 경화속도에 따라 SS(완속경화), MS(중속경화), RS(급속경화)로 구분된다. 골재는 최대치수가 3mm, 5~6mm, 9mm의 세 가지로 구분되며, 골재 최대치수는 슬러리 두께를 결정하고, 골재는 내구성, 미끄럼저항성, 평탄성에 큰 영향을 미친다.

채움재는 혼합물을 안정화시키며 혼합시간을 빨리할 수 있고, 재료분리를 감소시킨다. 일반적인 채움재로는 포틀랜드 시멘트, 소석회, 석회석분, 플라이애쉬 등이 있다. 첨가재로는 폴리머 등이 있으며 그 외에 물이 필요하다.
마이크로서피싱 재료로는 폴리머 개질 유화 아스팔트, 잔 골재, 채움재, 첨가재, 물이 있다.
슬러리실의 시공순서는 다음과 같다.

- 손상된 포장의 보수
- 표면 바탕처리
- 슬러리 살포
- 인력시공
- 교통개방

포장 파손구간 보수를 위하여 거북등 균열, 블록균열, 종단균열, 횡단균열 등을 검사한 후 이러한 구간에 대하여 소요면적을 계산하고 팻칭을 하거나, 균열실링을 한다. 표면바탕 처리시 차선이나 횡단보도의 도색된 부분은 반드시 제거되어야 한다.

그림 4.1 팻칭

그림 4.2 균열실링

슬러리 살포용 스프레더 박스는 표면의 거칠기를 제어한다. 슬러리실의 스프레더 박스는 오거인 경우가 많다. 마이크로서피싱의 경우는 오거가 두개의 세트로 구성되어 있다.

그림 4.3 차선도색 제거

그림 4.4 슬러리 스프레더 박스

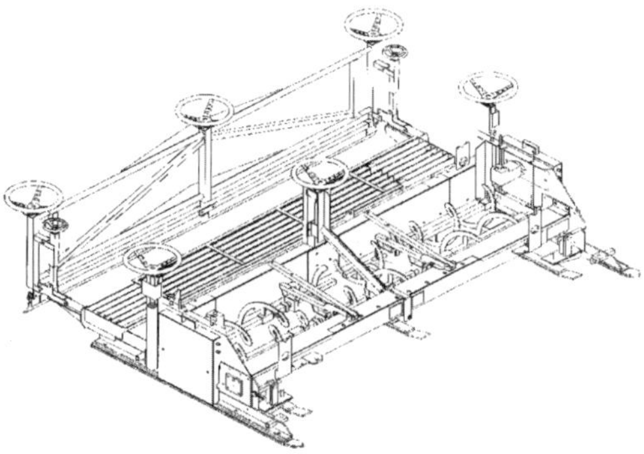

그림 4.5 마이크로서피싱 스프레더 박스

그림 4.6 슬러리실 시공

4.2 칩실(Chip Seals)

칩실은 기존 포장 면 위에 아스팔트를 살포하고 그 위에 골재칩을 살포한 후 로울러로 다져서 골재가 바인더 속으로 침투되도록 하는 공법을 말한다. 칩실의 목적은 포장표면의 미세한 균열을 봉합하고, 표면마찰력을 개선하며, 반사균열 억제를 위한 응력흡수층의 역할을 제공한다. 칩실의 특징은 다음과 같다.

- 저교통 도로에 주로 적용된다.
- 방수층을 형성
- 마모된 표층을 회복

- 블리딩 감소
- 기층을 임시로 마무리

칩실 공법은 구조적 결함이 있는 포장, 6mm 이상의 균열, 심한 정도의 거북등 균열, 포트홀이 심한 곳, 소성변형이 25mm 이상인 곳, 매우 거친 표면 구간 등에는 적용할 수 없다.
칩실의 종류는 다음과 같다.

- 싱글 칩실
- 2중(3중) 칩실
- 캐이프실
- 샌드실
- Fabric칩실

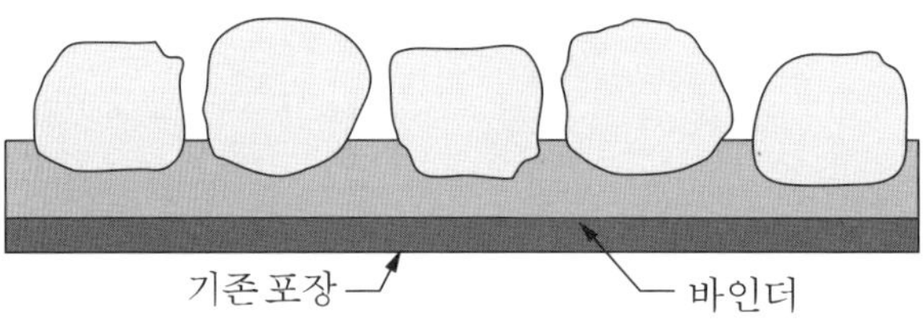

그림 4.7 싱글 칩실

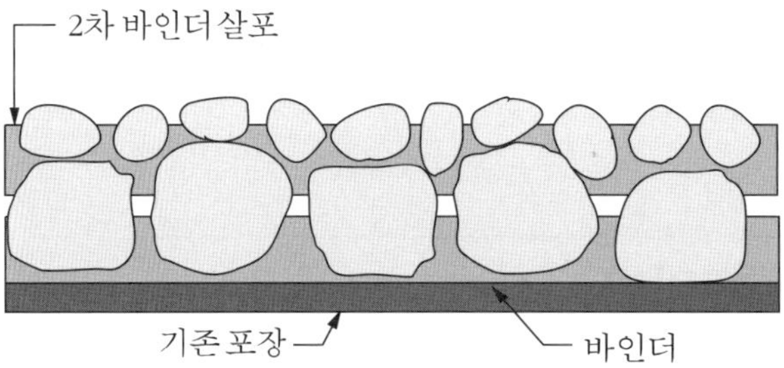

그림 4.8 2중 칩실

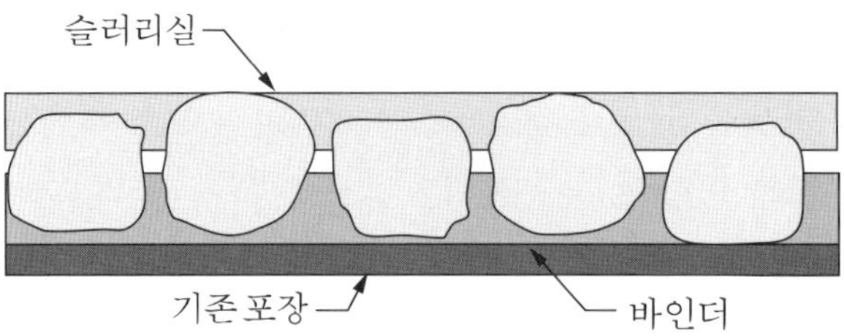

그림 4.9 캐이프실

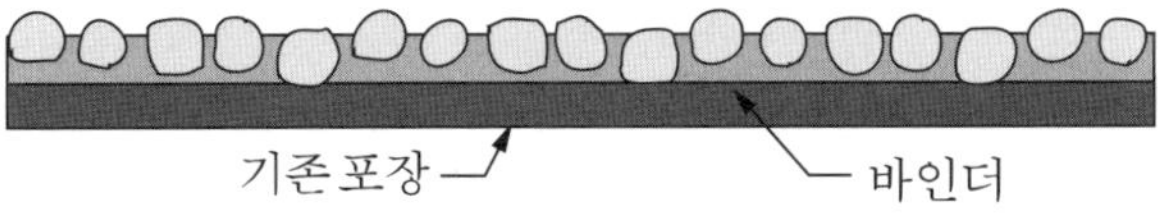

그림 4.10 샌드실

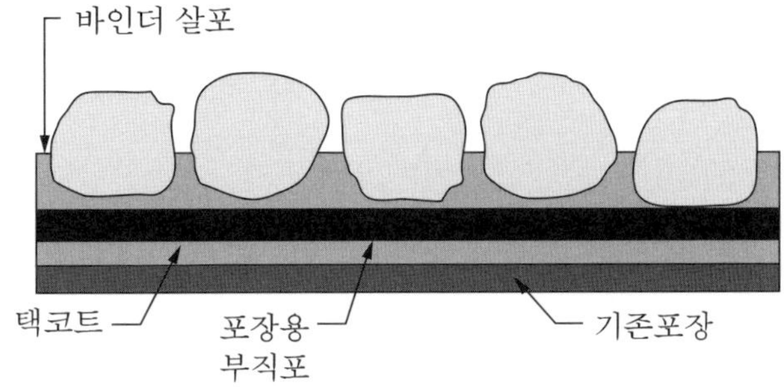

그림 4.11 Fabric 칩실

칩실용 아스팔트 바인더는 급속경화 유화 아스팔트계를 사용하며 폴리머 개질 유화 아스팔트와 아스팔트, 고무 아스팔트 등을 사용한다. 유화 아스팔트의 성분으로는 아스팔트, 물, 유화제(계면 활성제)가 있다.

유화 아스팔트는 대전이온에 따라 양이온계와 음이온계로 구분되며 경화속도에 따라 완속(SS), 중속(MS), 급속(RS) 경화로 구분한다. 그리고, 점성에 따라 고점성(h), 저점성(s)으로 구분한다.

칩실용 골재는 깨끗하고, 내구적이어야 하며, 크기는 6~16mm의 단입도의 입방형 골재로써 편장석이 25~30% 이하이어야 하고, 세립분의 함량은 1~2% 이하이어야 한다. 칩실의 시공순서는 다음과 같다.

- 기존포장 면 청소
- 아스팔트 바인더 살포
- 골재 살포
- 다짐
- 양생
- 잉여골재 제거

그림 4.12 기존포장 면 청소

그림 4.13 아스팔트 바인더 살포

아스팔트 살포 시 낙하거리가 길게되면 노즐별 살포면이 중복되어 살포량이 증가되므로 살포거리에 따라 살포량이 달라지게 된다.

그림 4.14 골재살포

그림 4.15 다짐

그림 4.16 잉여골재 제거

제5장

박층 덧씌우기와 초박층 덧씌우기

박층 덧씌우기(Thin HMA Overlays)는 두께가 19~38mm인 덧씌우기를 말하며, 초박층 덧씌우기(Ultra-Thin HMA Overlays)는 두께가 10~20mm인 덧씌우기를 의미한다. 박층 덧씌우기는 플랜트 생산방식이며 입도에 따른 구분으로는 밀입도, Open Graded Friction Course(이하 OGFC), SMA가 있다. 초박층 덧씌우기는 폴리머 개질 유화 아스팔트로 택코팅하며, 밀입도와 갭입도가 있다.

박층 덧씌우기에 사용되는 골재는 청결하고 높은 품질의 재료가 요구되며, 폴리싱에 대한 저항성이 있어야 한다. 밀입도는 일반적인 품질기준을 만족하면 되나, OGFC와 SMA는 엄격한 품질조건이 요구된다. 덧씌우기 두께는 골재 최대치수의 2배 정도이어야 한다.

밀입도는 일반적인 배합설계 절차를 따르면 되고, 아스팔트 바인더는 교통과 기후조건에 따라 선정하며, 일반적인 아스팔트 혼합물과 동일한 규격을 적용하면 된다. OGFC는 미국의 각 주마다 다르나 드레인다운(draindown)시험과 점도-온도 차트를 이용하여 최적아스팔트 함량을 결정한다.

밀입도 개립도 갭입도

그림 5.1 아스팔트 혼합물의 입도

SMA는 채움재의 투입량이 높으며, NAPA에 따르면 아스팔트 함량은 6% 이상이 되어야 하고, 공극률은 4% 이상이 되어야 하며, 골재간극률(Voids in Mineral Aggregate ; VMA)은 17% 이상이 되어야 한다.

초박층 덧씌우기는 폴리머 개질 아스팔트로 택코팅을 하며 골재는 갭입도 또는 밀입도를 사용하고 덧씌우기 두께는 골재 최대치수의 1.5배 이상이 되어야 한다. 아스팔트 바인더는 기후, 교통, 하중재하조건에 따라 설계하며 탄성회복력이 요구된다.

박층 덧씌우기의 시공순서는 다음과 같다.

1. 포장손상 보수
2. 기존 포장표면 바탕처리
3. 택코트
4. 덧씌우기
5. 다짐

포장 손상보수는 균열, 국부적인 보수, 포트홀 등을 보수하며, 표면청소를 실시한다. 이 때 과도한 포장손상은 박층덧씌우기를 할 수 없다. 층간 접착력을 증진시키기 위하여 택코트를 하며 일반적인 HMA덧씌우기와 같다. 덧씌우기 바로 전에 택코트를 하며 균일하게 살포한다.

포설은 일반적인 HMA장비를 사용하며, 연속적인 시공이 되어야 하고, 작업도중 정지와 출발작업을 최소화시켜야 한다. 재료분리를 방지하기 위하여 재료운반장비(Material Transfer Device ; 이하 MTV)를 이용할 수 있으며, 종단 및 횡단 조인트 시공에 유의하여야 한다.

OGFC와 SMA는 추운날씨에 시공해서는 안되며 운반시간을 단축시켜야 한다. SMA 혼합물은 페이버가 지나고 나면 바로 거칠고 끈적해져 작업하기가 어려워진다. 다짐은 페이버와 바로 붙어서 작업을 하며, 방향을 바꾸기 위한 로울러의 회전을 지양하고, 정지 또는 방향을 바꿀 때에는 진동을 꺼야 한다.

OGFC는 밀도에 대한 규정은 없고 철륜로울러로 2~3회 다지면 된다. SMA는 페이버 뒤에서 바로 다짐을 실시하고 철륜로울러로 2~3회의 다짐을 통상적으로 사용한다.

초박층 덧씌우기도 박층덧씌우기와 작업절차는 같으며, 특별한 포설장비가 요구된다. 포설장비는 택코트와 아스팔트 혼합물 포설이 동시에 이루어진다. 작업중 정지, 출발은 최소화하여야 하며, 온도범위는 143~165℃에서 이루어진다.

다짐은 진동스크리드를 사용하고, 9톤 탄댐로울러로 2회 정도 다지며 포설직후 다진다.

그림 5.2 초박층 덧씌우기

그림 5.3 초박층 덧씌우기용 패이버

그림 5.4 초박층 덧씌우기용 페이버의 오거

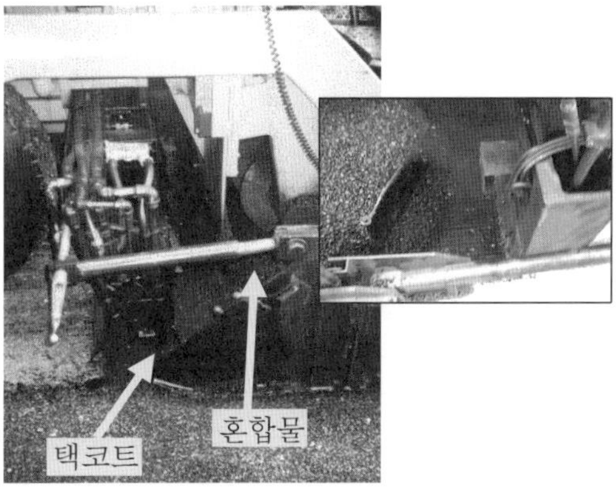

그림 5.5 택코트와 아스팔트 혼합물 포설

PART 7

포장의 재활용

1. 가열재생 아스팔트 포장
2. 상온재생 아스팔트 포장

제1장

가열재생 아스팔트 포장

1.1 기존 포장의 제거 및 보관

아스팔트 콘크리트 도로포장의 제거방법은 크게 절삭방법과 굴착방법으로 나눌 수 있으며, 아스콘 발생재는 이 과정에서 발생한다. 표면 절삭방법에 의해 제거할 경우에는 비교적 잘게 파쇄된 형태로 발생되며, 굴착방법에 의할 경우에는 크기와 형상이 일정치 않은 덩어리 형태로 발생된다. 포장의 제거시에는 소음과 분진 등의 발생을 최소화하여 주변 환경에 피해를 주지 않도록 하여야 한다.

그림 1.1 기존 포장의 제거

재포장 공법에서는 포장의 제거가 1일 작업량을 결정하는 기본이 되므로 계획수립 시 이의 제거방법을 신중하게 검토하여 선정하여야 한다. 포장 제거방법의 분류는 다음과 같다.

(1) 표면 절삭방법에 의한 발생

① 상온밀링 장비에 의한 방법
② 가열밀링 장비에 의한 방법

(2) 굴착방법에 의한 발생

① 포장굴착기에 의한 방법
② 콘크리트 커터로 절단하는 방법
③ 콘크리트 브레이커에 의한 방법
④ 토공기계에 의한 방법
⑤ 드롭햄머에 의한 방법
⑥ 인력에 의한 방법

발생현장에서 재활용하는 방법은 현장가열 표층재생 아스팔트 포장이 대표적이다. 이 방법은 도로현장에서 노후된 포장의 표층을 절삭하여 바로 신재료와 혼합하여 재포설하므로 아스콘 발생재의 운반 및 아스콘 순환골재로 처리하는 공정이 생략되며, 현장에서 모든 재활용 공정이 완료된다.

그림 1.2 아스팔트 혼합물 파쇄

일정장소로 운반하여 처리하는 방법은 플랜트 가열재생 아스팔트 혼합물과 같은 플랜트 재생 방법이 대표적이다. 아스콘 발생재를 가열재생 아스팔트 혼합물 플랜트가 설치된 장소까지 운반하여 재활용에 적합한 크기로 파쇄한다.
아스콘 발생재는 원유에서 추출된 아스팔트가 포함되어 있는 고급 재료이므로 파쇄, 분급 등의 적정 처리 후에 우선적으로 환경오염의 우려가 없는 도로 포장용 아스팔트 혼합물의 재료로 사용하도록 한다. 만일 일정크기 이하로 파쇄된 아스콘 순환골재가 품질 기준을 만족하지 못하거나, 적용 지역에 아스콘 순환골재를 아스팔트 혼합물로 생산하는 시설이 없는 특수한 경우에는 보조기층재의 품질기준에 적합하면 보조기층재로 이용하여도 좋다. 단, 폐기물관리법에 따라 이물질 함량이 부피기준으로 1% 이하이어야 한다.
아스콘 발생재의 운반시 반드시 다른 재료나 이물질과 함께 적재하여 운반하지 말아야 하며, 표면 절삭에 의한 아스콘 발생재와 굴착방법에 의한 아스콘 발생재는 파쇄전의 형상이 크게 차이 있으므로 분리하여 운반 및 처리해야 한다. 또한, 다른 골재나 흙, 나무 조각, 금속편, 블록, 폐콘크리트 등의 다른 건설폐자재나 이물질이 섞이지 않도록 주의하여 정리한 후 덤프트럭을 사용하여 아스콘 발생재를 가열재생 아스팔트 혼합물 플랜트나 중간처리장으로 운반하거나 재생장비를 사용하여 현장에서 재활용한다.
아스콘 순환골재는 다음의 사항에 유의하여 저장하여야 한다.

① 기온이 높은 지역에서는 압밀되지 않도록 하여야 하며, 일반적으로 아스콘 순환골재의 최대 야적 높이는 5m 이하로 한다. 별도의 압밀 방지를 위한 시설이 있을 경우는 예외로 한다.
② 아스콘 순환골재를 사일로나 호퍼에서 압밀이 되지 않도록 유지하여야 한다. 아스콘 순환골재를 저장하는 경우, 빗물 등에 의해 직접 노출되지 않도록 천막을 씌우거나 덮개가 되어있는 시설에 보관하여 함수비가 변동되지 않고, 아스콘 순환골재의 노화가 촉진되지 않도록 한다.
③ 아스콘 순환골재의 사용은 선입선출을 원칙으로 하고 저장기간은 1년 이내에 사용하며, 1년 이내에 소모되지 못할 경우 추가 시험을 실시한 후 사용한다. 아스콘 순환골재에 다른 골재나 유해한 이물질이 섞이지 않도록 주의하여야 한다.

1.2 가열재생 아스팔트 혼합물의 품질기준

1.2.1 순환골재

아스콘 발생재의 품질에 따라 아스콘 순환골재의 품질이 많은 영향을 받으며, 기존 포장체의 노화 정도 또는 성능에 따라 같은 포장구간에서도 차이가 나타나게 된다. 가열재생 아스팔트 혼합물 중 아스콘 순환골재의 사용 비율은 일반적으로 기층용일 경우 최대 50% 이하로 사용하며, 표층용일 경우 최대 30% 이하로 사용하도록 한다.

아스콘 순환골재를 재생 아스팔트 혼합물의 재료로 사용할 경우 일정 기간마다 또는 재료가 변경될 때 아스콘 순환골재를 아스팔트와 골재로 분리 추출하여 다음과 같은 품질시험을 수행하여야 한다.

① 추출골재 입도
② 아스콘 순환골재의 아스팔트 함량
③ 구 아스팔트의 침입도

표 1.1 아스콘 순환골재의 품질

구 분	구 아스팔트량 (%)	구 아스팔트 침입도 (25℃, 1/10mm)	씻기 시험에서 손실되는 양(%)
아스콘 순환골재	3.8 이상	20 이상	5 이하

아스콘 순환골재의 사용 비율의 제한은 KS F 2572 「아스팔트 콘크리트 순환골재」 규정에 따라 기층용은 최대 50%, 표층용은 최대 30% 이하로 정하였다. 그러나, 아스콘 순환골재의 사용비율에 따른 적합한 품질관리가 이루어져 가열재생 아스팔트 혼합물의 품질이 해당 규정을 만족시키고, 재생 아스팔트의 품질 및 골재 입도가 적합하게 확보될 경우 위 기준 이상을 사용할 수 있다.

아스콘 순환골재는 골재에 아스팔트가 도포된 형상으로 이루어져 있으며 가열될 경우 아스팔트의 점성이 약해져 아스팔트와 골재가 분리된 연한상태가 된다. 따라서 아스콘 순환골재의 입도(겉보기 입도)는 가열재생 아스팔트 혼합물의 품질과 큰 연관성이 없으며, 위의 품질규정을 참고하여 재생장비에 사용가능한 최대 골재

크기나 가열시간 등을 고려하여 최대 골재크기 및 입도관리 범위를 정하는 것이 좋다.

플랜트 재생 아스팔트 혼합물용 순환골재는 품질의 안정화와 생산되는 혼합물에 균일한 입도의 아스콘 순환골재가 재료분리없이 적정 비율로 투입될 수 있게 분급하여야 한다. 일반적으로 20~13mm, 13mm 이하의 2단계로 나뉜다. 또한 아스콘 순환골재에 목재, 흙, 폐콘크리트 등의 기타 이물질이 혼입되지 않도록 주의하여야 한다.

구 아스팔트량, 씻기 시험에서 손실되는 양 등의 품질 기준은 불특정한 아스콘 순환골재의 구 아스팔트 함량이 평균치를 벗어나거나 보조기층재 등 아스콘 이외의 물질이 과도하게 혼입되지 않도록 하기 위하여 설정한 것이다. 품질 기준을 만족시키지 못하는 아스콘 순환골재는 보조기층재의 품질기준에 적합하고, 폐기물관리법에 따라 이물질이 부피기준으로 1% 이하로 함유되어 있을 경우 보조기층재로 이용할 수 있다.

1.2.2 재생 첨가제

재생 첨가제의 등급은 60℃의 점도를 기준으로 구분하며, 〈표 1.2〉의 품질 기준에 합격해야 한다.

표 1.2 재생 첨가제의 등급 기준

항목 \ 구분	재생 첨가제 등급				
	RA 1	RA 5	RA 25	RA 75	RA 250
점도(60℃ cSt)	50-175	176-900	901-4500	4501-12500	12501-37500
인화점(℃)	218 이상	218 이상	218 이상	218 이상	218 이상
세츄레이트(wt, %)	30 이하	30 이하	30 이하	30 이하	30 이하
RTFO(또는 TFO) 후의 점도비	3 이하	3 이하	3 이하	3 이하	3 이하
RTFO(또는 TFO) 후의 중량변화율(±, %)	4 이하	4 이하	4 이하	4 이하	4 이하

【주1】 재생 첨가제의 등급 기준은 ASTM D 4552 기준을 적용하였다.
【주2】 일반적으로 가열재생 아스팔트 혼합물에는 RA 5 또는 RA 25 등급의 재생 첨가제가 사용된다.
【주3】 점도비=RTFO(또는 TFO) 후의 점도(60℃ cSt)/원점도(60℃ cSt)

1.2.3 신 아스팔트

신 아스팔트는 도로 포장용 역청재로써 가열재생 아스팔트 혼합물에는 일반적으로 스트레이트 아스팔트가 사용되며, 노화된 아스팔트의 성능을 회복시키고 골재를 결합하여 주는 역할을 한다. 가열재생 아스팔트 혼합물에 아스팔트를 사용할 경우에는 아스콘 순환골재에 포함된 아스팔트가 노화된 상태이므로 일반적으로 침입도가 높은 아스팔트를 선정하는 것이 좋다. 신 아스팔트에 대한 규정 및 품질은 KS M 2201(스트레이트 아스팔트)에 따르며, 침입도 80~100인 아스팔트를 사용하는 것이 좋다.

1.3 가열재생 아스팔트 혼합물의 배합설계

가열재생 아스팔트 혼합물의 배합설계는 소요 품질의 재료를 사용하여 소성변형과 균열 등에 대한 안정성과 내구성이 좋고, 소요의 기준을 만족하는 혼합물을 얻도록 하여야 한다. 배합설계 목적은 아스팔트 포장이 장기간 제 성능을 유지할 수 있도록 아스콘 순환골재, 재생 첨가제, 신 아스팔트, 신골재 등의 배합을 결정하는 것이다.

배합설계는 아스팔트 혼합에 사용될 골재의 입도를 얻기 위해 여러 골재를 혼합하는 과정과 골재 간을 결합시켜주는 역할을 하는 아스팔트의 소요 비율을 결정하기 위해서 실험실에서 실시하는 시험과정을 포함한다.

그러나 배합설계는 단지 좋은 성능을 내는 아스팔트 포장을 만드는 한 단계로서 불량한 포장의 발생 원인은 부적합한 배합설계 뿐만 아니라 실험실의 배합설계와 달리 생산된 혼합물에 기인하는 경우가 많다.

1.3.1 배합설계 순서

가열재생 아스팔트 혼합물의 배합설계는 〈그림 1.3〉에 따르고 다음 사항에 유의한다. 재료의 선정에 있어서는 소요의 품질을 구비하고 필요한 양을 확보할 수 있는 것이어야 하다. 가열재생 아스팔트 혼합물은 일반적으로 흐름값이 높은 경향이 있으므로 아스팔트의 함량을 높지 않게 결정하는 것이 좋다. 물의 영향을 받기 쉬운 곳에 사용하는 혼합물은 0.08mm체 통과량 중 2~3% 정도를 소석회로 치환하면 좋다.

가열재생 아스팔트 혼합물에 자연모래는 사용하지 않는 것이 좋다. 마샬시험용 공시체는 선정한 아스팔트 혼합물의 종류에 따른 아스팔트량 범위를 감안하여 0.5% 간격으로 제작한다. 아스팔트의 동점도가 170±20cSt 및 280±30cSt로 되는 때의 온도를 각각 혼합온도, 다짐온도로 한다.

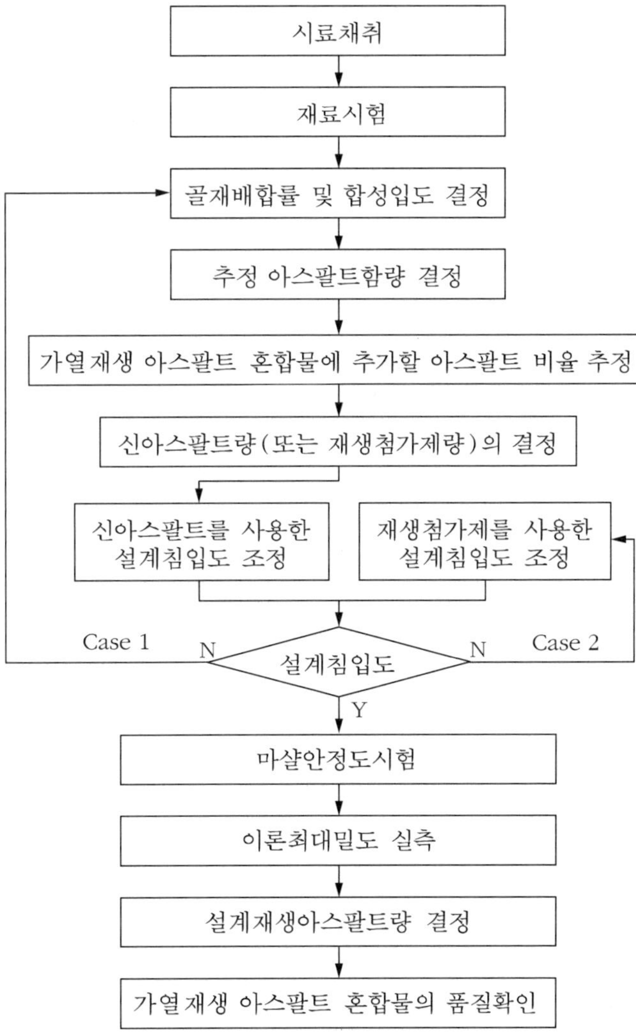

그림 1.3 배합설계 흐름

배합설계에 사용하는 골재 시료는 플랜트에서 오버 사이즈로 제거되는 것과 생산 중 집진시설에서 제거되는 것 등의 양을 추정해서 이들을 고려한 입도의 것으로 하는 것이 좋다. 백필터에 의한 회수 더스트는 포장용 채움재 양보다 적게 사용하는 것이 좋다.

〈그림 1.3〉과 같은 실내 배합설계 후에 플랜트의 핫빈 골재를 이용하여 현장배합을 설정하고, 시험배합하여 현장배합 비율을 결정하여야 한다. 상설 플랜트에서 실내 배합설계 후에 재료의 변동이 없을 경우에는 일상적인 품질관리 자료를 참고하여 현장배합 시험을 실시한다.

1.3.2 재료시험

채취된 아스콘 순환골재 및 신 골재, 신 아스팔트, 재생 첨가제 등의 추가재료에 대한 시험을 하여 품질을 확인하고, 아스콘 순환골재의 아스팔트 함량, 추출골재 입도, 구 아스팔트 침입도를 구하고, 신골재의 입도를 구한다. 가열재생 아스팔트 혼합물의 골재 합성입도는 혼합물의 종류에 따른 기준에 적합하도록 아스콘 순환골재, 추가되는 신 골재, 채움재 등의 비율을 결정한다.

(1) 아스콘 순환골재의 시험순서

① 아스콘 순환골재를 KS F 2354의 '역청 포장용 혼합물의 역청 함유량 시험 방법'에 따라 추출 골재와 추출 아스팔트로 분리한 후, 구 아스팔트의 함량을 구한다.
② 추출 골재의 입도 시험을 한다.
③ KS F 2381의 '앱슨 방법에 의한 아스팔트 회수 시험 방법' 또는 KS F 2396의 '아스팔트 추출 용액으로부터 회전식 증류기에 의한 아스팔트 회수 방법'에 따라 구 아스팔트를 만든 후 침입도를 측정한다.

(2) 골재 배합비 및 합성입도의 결정

골재의 입도는 일반 아스팔트 혼합물의 골재입도와 동일하게 적용한다. 사용 재료의 비율을 결정할 때 아스콘 순환골재의 사용비율을 우선적으로 결정하고 보충재의 비율을 결정하는 것이 좋으며, 통상적인 아스팔트 혼합물의 품질에 적합하도록 배합설계를 실시한다.
아스콘 순환골재는 체가름하여도 미세 골재의 입도를 조정하는 것이 어려우므로 아스콘 순환골재를 사용하여 개립도나 갭입도의 아스팔트 혼합물을 제조할 경우, 밀립도 혼합물의 제조시보다 아스콘 순환골재의 사용비율을 낮추어야 한다.

(3) 추정아스팔트 함량 결정

골재의 입도로부터 가열재생 아스팔트 혼합물에 필요한 추정 아스팔트의 소요량을 결정할 때에는 다음 식에 따른다.

$$Pb = 0.035a + 0.045b + Xc + F$$

여기서,

Pb : 전체 혼합물 중량에 대한 추정 아스팔트의 비율(%)
a : 2.5mm(No.8)체에 남은 골재의 중량비(%)
b : 2.5mm체를 통과하고 0.8mm체에 남은 골재의 중량비(%)
c : 0.8mm(No.200)체를 통과한 골재(채움재)의 중량비(%)
X : c값이 11～15%일 경우 0.15 사용
c값이 6～10%일 경우 0.18 사용
c값이 5% 이하일 경우 0.20 사용
F : 0～2%로서 자료가 없을 경우 0.7～1% 사용. 이는 비중이 2.6～2.7인 보통 골재인 경우에 근거한 값임. 위에 사용되는 %는 모두 정수를 사용함.

1.3.3 아스팔트 함량의 결정

가열재생 아스팔트 혼합물에 첨가하는 아스팔트의 비율은 전체 혼합물 중량에 대한 사용되는 신 아스팔트 및 재생 첨가제를 합한 비율이다. 아스콘 순환골재의 사용비율과 아스콘 순환골재에 포함된 아스팔트 함량비율 및 가열재생 아스팔트 혼합물의 목표 아스팔트 함량 비율을 이용하여 구한다.
혼합물에 포함되는 재생 아스팔트의 침입도를 목표 침입도에 적합하도록 조정하기 위하여 신 아스팔트를 사용한 설계 침입도의 조정 또는 재생 첨가제를 사용한 설계 침입도의 조정을 수행한다. 신 아스팔트, 재생 첨가제, 구 아스팔트 등의 배합비율을 결정한 후에는 결정된 비율로 혼합하고, 침입도를 측정하여 적합성을 확인한다.

(1) 혼합물에 추가할 아스팔트 비율 추정

가열재생 아스팔트 혼합물에 첨가하는 아스팔트의 비율은 아래의 식으로부터 얻을 수 있다.

$$P_{nb} = \frac{(100^2 - rP_{sb})P_b}{100(100 - P_{sb})} - \frac{(100 - r)P_{sb}}{100 - P_{sb}}$$

여기서,

P_{nb} : 가열재생 아스팔트 혼합물에 추가하는 신 아스팔트(재생 첨가제 포함)의 함량(%)

P_b : 가열재생 아스팔트 혼합물의 아스팔트 함량(%)

P_{sb} : 아스콘 순환골재의 아스팔트 함량(%)

r : 가열재생 아스팔트 혼합물의 전체 골재에 대한 신골재의 백분율, 즉, 100 - 전체 골재 중 아스콘 순환골재 사용 비율(%)

추가 아스팔트의 전체 아스팔트에 대한 비율은 아래의 식에 의해 결정된다.

$$R = \frac{100P_{nb}}{P_b}$$

여기서,

R : 추가 아스팔트의 전체 아스팔트에 대한 함량(%)

P_{nb} : 가열재생 아스팔트 혼합물에 추가하는 신 아스팔트(재생 첨가제 포함)의 함량(%)

P_b : 가열재생 아스팔트 혼합물의 아스팔트 함량(%)

(2) 신 아스팔트량(또는 재생 첨가제량)의 결정

재생 아스팔트의 침입도를 설계 기준에 적합하도록 하기 위하여 신 아스팔트나 재생 첨가제를 추가할 경우에는 아스콘 순환골재에서 추출한 구 아스팔트의 침입도와 신 아스팔트(또는 재생 첨가제)의 침입도를 이용하여 혼합후의 재생 아스팔트 침입도를 추정한다. 배합비율을 결정할 때에는 세로축이 아스팔트 침입도를 나타내는 지수 눈금으로 되어있고, 가로축이 신 아스팔트의 비율을 나타낸 〈그림 1.4〉와 같은 도표를 이용하여 조정한다.

우선적으로 '신 아스팔트를 사용한 설계 침입도의 조정'을 하고, 혼합 후 예상되는 설계 침입도가 기준을 만족시키지 못하면, '재생 첨가제를 사용한 설계 침입도의 조정'을 수행한다.

재생 첨가제를 사용할 경우 적은 양의 변화로도 혼합물의 물성이 급격하게 변할 수 있으므로, 생산과정에서의 오차 등을 감안하여 사용비율을 과다하지 않게 결정하여야 한다.

도표를 이용한 방법은 오차가 발생할 수 있으므로 결정된 배합 비율을 이용하여 구 아스팔트, 신 아스팔트, 재생 첨가제 등의 재료를 결정된 비율로 혼합하고, 침입도를 측정하여 목표 침입도에 적합한지 확인한다.

가열재생 아스팔트 혼합물 플랜트에서 아스콘 순환골재의 사용비율을 적게 사용할 경우에는 침입도 등급 80~100의 신 아스팔트를 사용하고, 현장가열 표층재생 아스팔트 포장과 같이 아스콘 순환골재의 사용비율이 많을 경우에는 재생 첨가제를 사용하여 노화된 구 아스팔트의 침입도를 회복시키는 것이 일반적이다.

배합설계에 있어서 아스콘 순환골재의 배합률이 적은 경우(20% 이하)는 아스콘 순환골재의 혼입에 의한 침입도에 대한 영향이 작으므로 설계 침입도의 조정을 생략하고, 신 재료만을 사용한 경우와 같이 배합설계를 실시할 수 있다. 다만 전체아스팔트 혼합물 중 아스팔트함량은 구 아스팔트량을 포함시켜서 계산한다.

재생 아스팔트의 목표 침입도는 지역성이나 교통량과 같은 공용조건을 고려하여 결정한다. 통상적으로 일반지역에 사용하는 재생 아스팔트의 목표 침입도는 50~80인 경우가 많다.

(3) 신 아스팔트를 사용한 설계 침입도의 조정

설계 침입도는 세로축이 아스팔트 침입도를 나타내는 지수 눈금으로 되어있고, 가로축이 신 아스팔트의 비율을 나타내는 〈그림 1.4〉와 같은 도표를 이용하여 구하며, 조정 방법은 다음과 같다.

〈그림 1.4〉 도표의 좌측 세로축에서 구 아스팔트의 침입도에 해당하는 점과 우측

세로축에서 신 아스팔트의 침입도에 해당하는 점을 찾아 직선으로 연결한다. 위에서 구한 추가 아스팔트 비율(R)을 도표의 가로축에서 찾아 이에 해당하는 점에서 수직으로 직선을 그어 올렸을 때 도표에 그은 직선과 만난 점의 세로축 침입도 값이 설계 침입도이다.

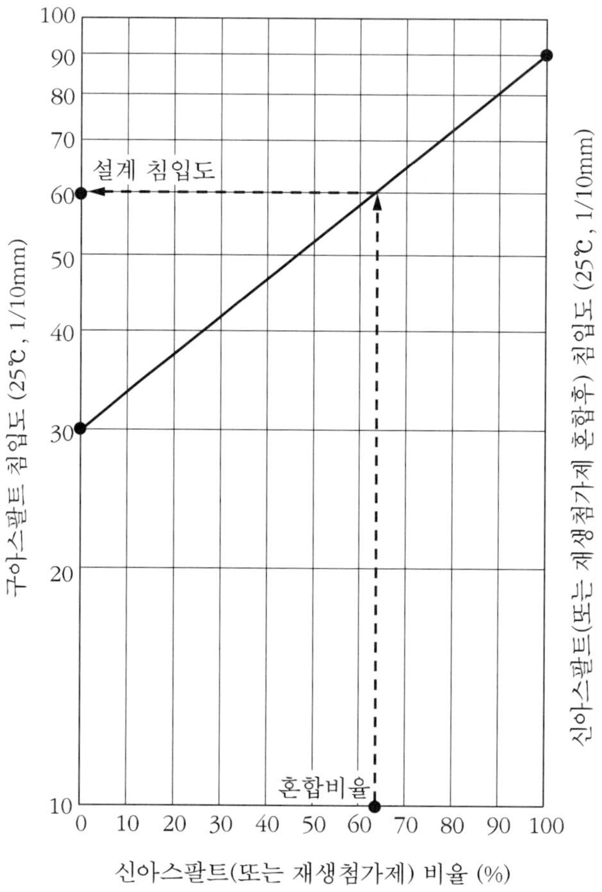

그림 1.4 신 이스팔트를 사용한 설계 침입도의 조정

만일 설계 침입도가 기준과 맞지 않는다면, 신 아스팔트의 종류를 바꾸거나, 아스콘 순환골재(또는 추가할 신골재) 사용 비율 조정부터 다시 시작한다. 이에 의하여도 적합하지 못할 경우 아래의 재생 첨가제를 사용한 설계 침입도 조정을 한다.

(4) 재생 첨가제를 사용한 설계 침입도의 조정

신 아스팔트만으로 설계기준의 아스팔트 침입도를 얻지 못할 경우 신 아스팔트와 함께 재생 첨가제를 사용하여 노화된 아스팔트를 회복시켜야 한다. 추가 아스팔트량 중의 재생 첨가제의 양은 〈그림 1.5〉와 같은 도표를 이용하여 구하며, 조정 방법은 다음과 같다.

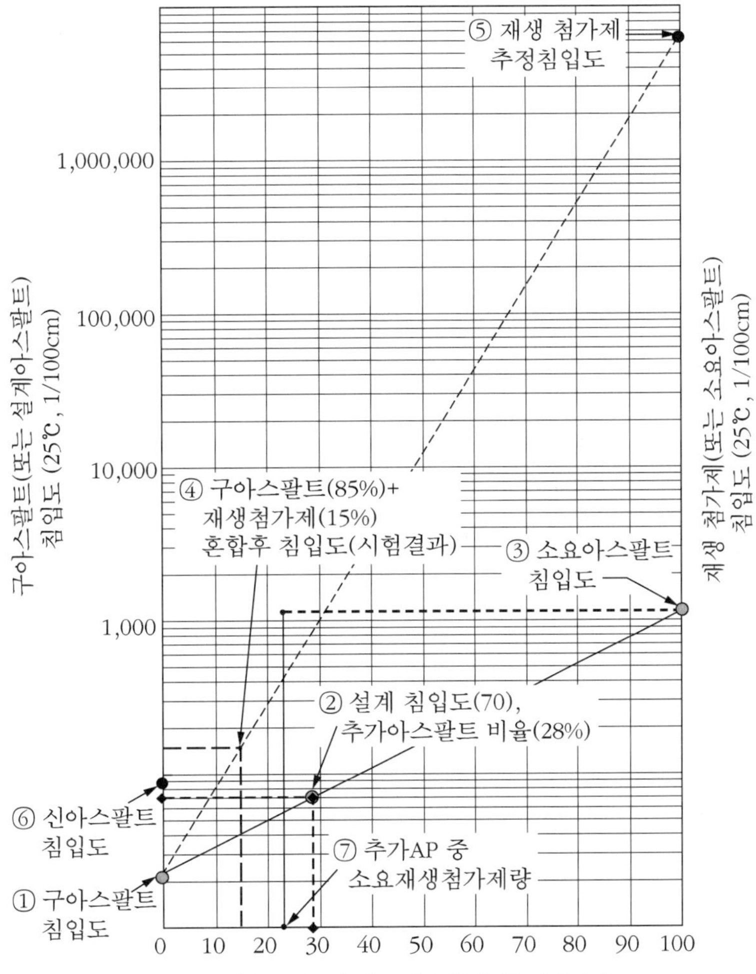

▶ 그림 1.5 재생 첨가제를 사용한 설계 침입도의 조정

〈그림 1.5〉의 좌측 세로축에서 구 아스팔트의 침입도 점 ①과 설계 침입도(70), 추가 아스팔트 비율(28%)에 해당하는 점 ②를 연결하여 소요 아스팔트 침입도 점 ③을 찾는다. 실험에 의하여 구 아스팔트에 일정한 비율의 재생 첨가제(예 : 15%)를 혼합하여 재생 첨가제 혼합 후 침입도를 실측한다.

구 아스팔트침입도 점 ①과 실측한 침입도 점 ④를 연결하여 재생 첨가제의 추정 침입도 점 ⑤를 구한다. 좌측 세로측에서 신 아스팔트의 침입도 점 ⑥과 재생 첨가제 예상침입도 점 ⑤를 선으로 연결한다. 소요 아스팔트 침입도 점 ③과 위에서 연결한 선이 만나는 점 ⑦이 추가 아스팔트 중 소요 재생 첨가제 비율이다. 추가아스팔트를 100%로 계산할 때 신 아스팔트 비율은 소요 재생 첨가제 비율을 감한 값이다. 만일 재생 첨가제의 비율이 추가아스팔트 비율(R) 보다 높다면, 재생 첨가제의 종류를 바꾸거나, 아스콘 순환골재(또는 추가할 신골재) 사용 비율 조정부터 다시 시작한다.

만일 신 아스팔트를 전혀 사용하지 않고 재생 첨가제만 추가한다면, 혼합비율을 얻는 방법은 다음과 같다.

① 〈그림 1.5〉 도표의 좌측 세로축에서 구 아스팔트의 침입도에 해당하는 점 ①과 임의의 비율로 구 아스팔트와 재생 첨가제를 혼합한 후의 침입도와 이때의 혼합비율이 만나는 점 ④를 직선으로 연결한다.

② 설계 침입도에서 그은 수평선이 이 직선과 만난 점에서 수직선을 내려 그어 가로축과 교차하는 점이 재생 첨가제의 비율이다.

가열재생 아스팔트 혼합물을 〈표 1.3〉에 따른 비율로 101.6mm 직경의 마샬공시체를 양면 다짐 75회 또는 50회의 다짐으로 제조한 후 마샬 특성치를 측정하여 최적 재생 아스팔트 함량 비율을 결정한다. 재생 아스팔트 함량이란 구 아스팔트량, 재생 첨가제량 및 신 아스팔트량을 합한 것을 말한다.

이때, 재생 첨가제의 함량은 추정 아스팔트 함량에서의 함량을 기준으로 재생 아스팔트량이 다른 나머지 혼합물에 동일하게 적용한다. 만일 아스콘 순환골재를 많이 사용하여(50% 이상) 전체 혼합물의 아스팔트 함량에 대한 재생 첨가제의 사용비율이 높을 경우에는 〈그림 1.5〉를 이용하여 각각의 재생 아스팔트량(P_b)에 따라 신 아스팔트와 재생 첨가제 비율을 재설정하는 것이 좋다.

표 1.3 가열재생 아스팔트 혼합물의 배합비

구 분	혼합물 전체에 대한 중량비(%)
추가아스팔트(P_{nb}, %)	$\frac{(100^2-rP_{sb})P_b}{100(100-P_{sb})}-\frac{(100-r)P_{sb}}{100-P_{sb}}$
- 신 아스팔트(P_{nba}, %)	$P_{nb}-P_{nbr}$
- 재생 첨가제(P_{nbr}, %)	$\frac{P_{br}\times P_{b(d)}}{100}$
아스콘 순환골재(P_{sm}, %)	$\frac{100(100-r)}{(100-P_{sb})}-\frac{(100-r)P_b}{100-P_{sb}}$
신 골재(P_{ns}, %)	$r-\frac{rP_b}{100}$
합 계	100

여기서,

P_{nb} : 전체 혼합물에 대한 추가아스팔트 함량(%)
P_{nba} : 전체 혼합물에 대한 신 아스팔트 함량(%)
P_{nbr} : 전체 혼합물에 대한 재생 첨가제 함량(%)
P_{sm} : 전체 혼합물에 대한 아스콘 순환골재의 함량(%)
P_{ns} : 신골재의 비율(%)
P_{sb} : 아스콘 순환골재의 아스팔트 함량(%)
P_b : 혼합물에 대한 재생 아스팔트량(%)
P_{br} : 전체 아스팔트에 대한 재생 첨가제 함량(%)
$P_{b(d)}$: 추정아스팔트 함량(%)
r : 혼합물의 전체 골재에 대한 신 골재의 함량(%)

1.4 가열재생 아스팔트 혼합물의 생산 및 시공

가열재생 아스팔트 포장에는 시공방법에 따라 현장 가열재생 아스팔트 포장과 플랜트 가열재생 아스팔트 포장이 있다.

1.4.1 현장 가열재생 아스팔트 포장

현장 가열 표층 재생 아스팔트 포장은 포장의 노면 위에서 기존 노후 포장을 가열하여 절삭하고, 혼합 및 포설 다짐하는 작업을 연속적으로 시행하며, 리믹스 방식과 리페이브 방식, Surface Recycling으로 나눌 수 있다. 일반적으로 기존 표층 혼합물의 골재입도나 구 아스팔트 침입도 등을 개선할 경우에는 리믹스 방식이 사용되며, 기존 표층 혼합물의 품질을 특별히 개선할 필요가 없이 노면의 주행성만을 개선할 경우에는 리페이브 방식이 사용된다.

리믹스 방식은 기존 표층 혼합물의 골재입도, 아스팔트량, 구 아스팔트 침입도 등을 종합적으로 개선하는 경우에 사용하는 시공방법으로 노면에서 절삭한 아스콘 순환골재를 골재입도 및 아스팔트 함량을 조정한 신 아스팔트 혼합물과 혼합한 후 포설하고 다지게 된다.

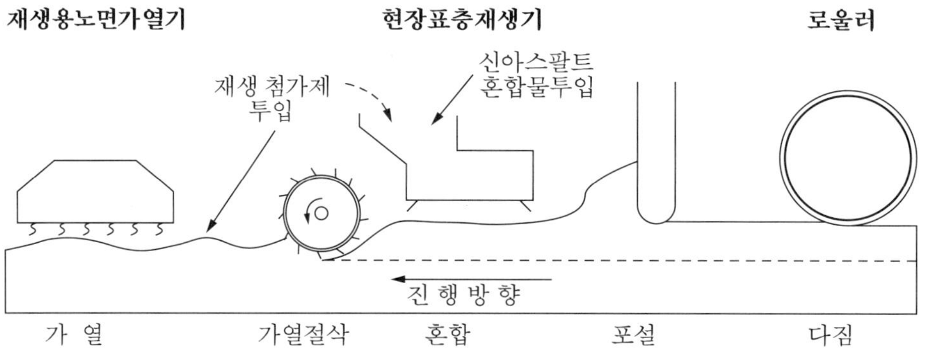

그림 1.6 리믹스 방식의 공정 흐름

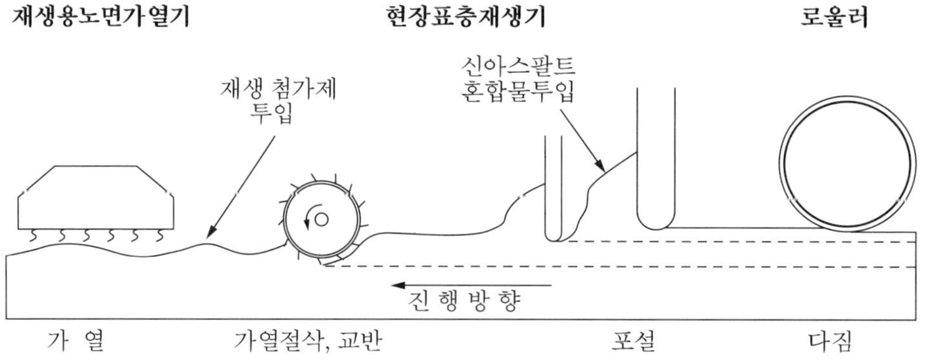

그림 1.7 리페이브 방식의 공정 흐름

리페이브 방식은 기존 표층 혼합물의 품질을 특별히 개선할 필요가 없거나 품질의 경미한 개선으로 충분하여 노면의 주행성을 위주로 개선할 경우에 사용하는 시공 방법으로 노면에서 절삭한 아스콘 순환골재와 필요에 따라 재생 첨가제를 혼합하여 1차 포설한 후, 곧바로 신 아스팔트 혼합물을 상부에 덧씌우고 동시에 다지게 된다. 두 가지 방법의 작업 흐름을 〈그림 1.6〉과 〈그림 1.7〉에 나타내었다.

1. 리믹스 방식

Remixing은 아스팔트 포장을 37.5~60mm까지 가열한 후 긁어내서 긁어낸 부분을 밭고랑처럼 만든 후, 신규골재와 재생 첨가제 또는 신규 혼합물을 첨가하여 퍼그밀에서 혼합한 후 포설 다짐을 하는 방법이다. Remixing의 장점으로는 소성변형과 균열, 그리고 아스팔트 포장의 산화된 부분 50mm까지를 제거할 수 있고, 기존 아스팔트 포장의 산화된 부분을 신규 골재와 재생 첨가제의 혼합에 의하여 신선한 혼합물로 회복할 수 있다.

현장가열 표층재생 아스팔트 포장의 시공장비는 노면 예열기, 리믹서 현장표층 재생기, 재생 첨가제 살포기, 다짐장비로 구성되어 있다. 시공장비는 소요의 품질과 수량을 생산할 수 있는 충분한 능력이 있어야 하며, 환경을 보전할 수 있는 시설을 완비하여야 한다.

리믹스 방식 시공장비의 주요 설비와 공정은 다음과 같다.

그림 1.8 리믹싱 장비

(1) 노면 예열기

노면 예열기는 열풍순환 방식, 적외선 열풍병용 방식, 적외선 복사방식 등으로 기존 아스팔트 포장을 가열하며, 표층을 가열하여 절삭하는데 지장이 없도록 충분한 가열능력을 가져야 한다. 그리고 구 아스팔트의 열화를 발생시키지 않도록 간접 가열방식이어야 한다.
노면 예열기는 다음과 같은 기능을 갖추어야 한다.

① 신축방식 또는 부가방식에 의해 소요 도로폭의 가열이 가능하여야 한다.
② 기존 아스팔트 포장의 표층을 가열파쇄 방식으로 절삭하는데 충분한 가열능력이 있어야 한다. 현장표층 재생기의 가열장치 등도 포함한 합계가 하절기에는 200만 kcal/h 이상, 동절기에는 250만 kcal/h 이상의 열량을 낼 수 있는 것이 좋다.
③ 적외선, 열풍 또는 이들의 조합에 의한 간접가열 방식을 원칙으로 하며, 구 아스팔트의 열에 의한 열화를 적극 억제하여야 한다.
④ 발열량 또는 시공속도의 조정에 의해 가열의 제어가 가능해야 한다.
⑤ 소화장치와 안전장치가 있어야 한다.

(2) 리믹스 현장표층 재생기

현장표층 재생기에는 리믹스 방식과 리페이브 방식이 있으며, 각각의 장치는 수동방식 또는 자동방식에 의해 정해진 폭, 높이로 조절될 수 있어야 한다. 리믹서는 가열된 기존 아스팔트 포장의 표층을 긁어서 절삭함과 동시에 중앙으로 집적하고, 신 아스팔트 혼합물, 재생 첨가제 등과 혼합하여 포설할 수 있어야 한다.
리믹서는 다음과 같은 장치를 갖추어야 한다.

① 신 아스팔트 혼합물 공급장치
아스팔트 플랜트에서 생산된 신 아스팔트 혼합물을 혼합장치에 공급하는 역할을 하며, 일반적으로 아스팔트 피니셔와 같이 호퍼, 바 피이더(Bar feeder) 등을 이용한다.

② 절삭장치

절삭장치는 가열된 기존 아스팔트 포장의 표층을 정해진 폭, 깊이로 긁어 일으키는 기능을 하며, 일반적으로 로터리 스캐리파이어(Rotary scarifier) 또는 타인 스캐리파이어(Tine scarifier)를 이용한다.

그림 1.9 스캐리파이어

③ 집적장치

집적장치는 절삭된 기존 표층 혼합물을 중앙으로 모으는 기능을 하는 것으로, 일반적으로 절삭장치의 뒤쪽에 있는 블레이드(삽날) 등을 이용한다.

④ 혼합장치

혼합장치는 집적된 기존 표층 혼합물과 신 아스팔트 혼합물 및 재생 첨가제를 균일하게 혼합하는 기능을 한다.

⑤ **표층재생 아스팔트 혼합물 포설장치**

표층재생 아스팔트 혼합물 포설장치는 혼합한 재료를 정해진 폭, 두께로 포설하는 기능을 하며, 아스팔트 피니셔의 스크류 스프레다 및 스크리드와 같은 성능을 갖고 있는 것을 이용한다.

(3) 재생 첨가제 살포기

재생 첨가제 살포기는 정확한 살포량의 관리가 이루어질 수 있는 것이어야 한다. 재생 첨가제의 온도조절 및 배관계의 보온 등에 주의하고, 살포온도를 정확히 유지할 수 있어야 하며, 사전에 살포량 시험을 실시하여 정확한 살포량 관리가 이루어지도록 한다.
리믹스 재생방식은 다음과 같은 순서에 따라 시공한다.

① 가열

기존 표층의 가열은 좌우 양쪽으로 10cm 이상 넓게 실시하도록 하여야 한다. 현장 가열 표층 재생 아스팔트 포장의 성능은 현장에서 가열판으로 가열하기 때문에 1차 다짐 전의 온도가 중요하므로, 열량이나 시공속도를 조절하여 표층 재생 아스팔트 혼합물의 1차 다짐온도가 110℃ 이상 되도록 한다. 다만 필요 이상 가열하여 심한 매연이나 발화가 있어서는 안된다.
또한 양단부는 바람의 영향을 받기 쉬우므로 방풍판을 부착하거나 가열량을 크게 하는 등의 대책을 세우는 것이 좋다. 또한 심한 매연이나 발화를 피하기 위하여 복수의 노면 히터를 이용하거나 분할 가열용 노면 예열기를 이용하는 것이 바람직하다. 가열 불균일은 완성된 포장의 품질에 큰 영향을 미치기 쉬우므로 일정속도에 의한 연속시공이 되도록 하는 것이 중요한다. 특히 시공 개시점, 교차점 부근, 도로 구조물부, 교량 조인트부, 또한 재료공급이나 급유시 일시 휴지장소에서는 사전에 처리방법을 정하여 둘 필요가 있다.

② 절삭

기존 표층을 가열하고, 필요한 재생 첨가제량을 살포한 후 정해진 폭, 깊이로 절삭할 때 이상한 부하를 느끼거나 절삭한 면에서 굵은 골재가 깨어진 것이 많이 보일 경우 시공속도를 저속으로 하거나, 열량을 증가시켜 충분한 가열이 되도록 하여야한다. 또한 맨홀과 같은 도로 구조물 및 교량 조인트 등에서는 사전처리를 시행하는 동시에 시공시에는 위치를 표시하고 절삭장비가 그 위치에 이르렀을 때 절삭장치를 올려주는 조치를 취한다.

③ 혼합

신 아스팔트 혼합물을 긁어 일으켜 모은 기존 표층 혼합물과 함께 균일하게 혼합한다. 또한 재생 첨가제를 가열한 노면에 살포하는 방법은 긁어 일으키고 모을 때 교반효과도 기대할 수 있어 효율적이다.
가열된 기존 표층 혼합물과 신 아스팔트 혼합물 및 재생 첨가제를 혼합하는 비율은 시공시작부터 완료될 때까지 항상 일정하여야 하며, 작업자의 판단에 따라 임의로 변경하여서는 안된다.

④ 포설

가열재생 아스팔트 혼합물이 지정된 온도로 가열되었는지를 확인한 후, 공급장치에서 배출된 가열재생 아스팔트 혼합물을 스크류 스프레다에 의해 횡방향으로 넓게 펴고 다시 스크리드에 의해 정해진 폭, 두께로 균일하게 포설한다.

⑤ 다짐

표층 가열재생 아스팔트 혼합물을 포설한 후 즉시 1차 다짐을 실시한다. 1차 다짐의 온도는 110℃ 이상을 목표로 하며, 1차 다짐을 진동로울러를 이용하는 경우에는 무진동으로 1회 왕복다짐을 실시한 후 진동다짐을 시행한다. 이 때 방향전환 등으로 다짐속도가 낮을 경우에는 진동을 주지 말아야 하며, 국부적으로 과도한 다짐이 되지 않도록 주의를 요한다.

2차 다짐은 일반적으로 타이어로울러로 실시하며 적정 다짐온도는 현장에 여건에 따라 결정되며, 절삭한 면의 아래도 가열되어 있어 1차다짐 후 혼합물의 온도가 떨어지는 속도가 비교적 늦으므로, 혼합물의 다짐정도를 관찰하면서 과도한 다짐이 되지 않도록 주의한다. 그리고 로울러의 왕복거리를 길게하여 균일하고 평탄하게 마무리한다.

2. 리페이브 방식

Repaving은 리사이클링 후, 신규 아스팔트 혼합물 덧씌우기를 하는 것을 말하며 깊이는 25～50mm까지 가능하다. Repaving의 절차는 표층을 가열하여 아스팔트층을 연약화한 후 연약화된 포장을 긁어낸다. 그리고 재생 첨가제를 첨가하여 혼합한 후 재생 혼합물을 살포한다. 그리고 재생포장 위에 신규 아스팔트 혼합물을 포설한 후 재생 혼합물과 신규 혼합물을 동시에 다진다. Repaving의 방법에는 Multi-Pass와 Single-Pass가 있다.

리페이브 방식 시공장비의 주요 설비와 공정은 다음과 같다.

(1) 리페이브 현장표층 재생기

현장표층 재생기에는 리믹서와 리페이버가 있으며, 각각의 장치는 수동방식 또는 자동방식에 의해 정해진 폭, 높이로 조절될 수 있어야 한다. 그리고 리페이브 현장표층 재생기는 가열된 기존 아스팔트 포장의 표층을 절삭하여 교반한 후 포설하며, 동시에 그 상부에 신 아스팔트 혼합물을 포설할 수 있어야 한다.
리페이브 현장표층 재생기는 다음과 같은 장치를 갖추어야 한다.

① **신 아스팔트 혼합물 공급장치**

신 아스팔트 혼합물 공급장치는 기존 포장을 교반하여 포설한 표면 위에 신 아스팔트 혼합물을 공급하는 기능을 한다.

② **절삭장치**

절삭장치는 가열된 기존 아스팔트 포장의 표층을 정해진 폭, 깊이로 긁어 일으키는 기능을 하며, 일반적으로 로터리 스캐리파이어(Rotary scarifier) 또는 타인 스캐리파이어(Tine scarifier)를 이용한다.

③ **교반장치**

교반장치는 긁어 일으킨 기존 표층 혼합물을 교반하는 기능을 하며, 일반적으로 회전식이 쓰인다. 로터리 스캐리파이어에 교반날개가 부착되어 있는 경우에는 이것이 긁어 일으킴과 교반을 겸용하는 것도 있다.

④ **표층재생 아스팔트 혼합물 포설장치**

표층재생 아스팔트 혼합물 포설장치는 긁어 일으켜서 교반한 표층재생 아스팔트 혼합물을 정해진 폭, 두께로 포설하는 기능을 하며, 아스팔트 피니셔의 스크류 및 스크리드와 같은 성능을 갖고 있는 것을 이용한다.

⑤ **신 아스팔트 혼합물 포설장치**

신 아스팔트 혼합물 포설장치는 포설한 표층재생 아스팔트 혼합물의 상부에 공급하는 신 아스팔트 혼합물을 정해진 폭, 두께로 포설하는 기능이 있는 것을 이용한다.

현장가열 표층재생 아스팔트 포장의 시공은 현장 작업여건에 따라 재생 아스팔트 포장의 품질이 영향을 크게 받을 수 있으므로 균질한 포장이 이루어질 수 있도록 시공관리를 철저히 하여야 한다. 리페이브 방식은 리믹스 방식과 동일하게 가열, 절삭, 포설, 다짐의 순서로 시공된다. 다만, 리페이브 방식의 다른 점은 가열재생 아스팔트 혼합물을 포설함과 동시에 상부에 신 아스팔트 혼합물을 포설한다.

그림 1.10 리페이브 방식

1.4.2 플랜트 재생가열 아스팔트 포장

플랜트 재생가열 아스팔트 포장은 구재 아스팔트 혼합물을 플랜트에서 신재와 혼합하여 재생 아스팔트 혼합물을 만드는 방식을 말한다. 플랜트 재생 아스팔트 혼합물을 생산하기 위해서는 먼저 기존의 아스팔트 포장을 제거하여야 하며 이 때 제거방법은 노면절삭 또는 파쇄방법을 이용한다. 현장에서 파쇄된 혼합물 덩어리는 원하는 치수에 맞게 파쇄를 한다. Reclaimed Asphalt Pavement(이하 RAP)에서 최대골재치수는 재생 아스팔트 혼합물의 최대치수보다 한 치수 작게 파쇄한다. 파쇄된 재생골재는 골재원별로 구분하여 분리한다. 재생골재는 다져지지 않도록 하며 수분과 오염의 침투를 막아야 한다. 특히 RAP 야적장은 아래 그림과 같이 우수의 침투로부터 보호되도록 덮개가 설치되어야 한다.

재생가열 아스팔트 혼합물 플랜트는 아스콘 순환골재를 제조할 경우에는 아스콘 발생재 저장장소, 신골재의 저장설비, 신 아스팔트 및 재생 첨가제 저장설비, 파쇄설비, 골재분급 및 저장설비, 계량장치, 가열혼합설비, 재생가열 아스팔트 혼합물 저장설비 등을 갖추어야 한다.

그림 1.11 야적장의 덮개

그림 1.12 RAP 콜드빈

아스콘 순환골재를 제조하지 않는 플랜트는 아스콘 순환골재의 저장설비, 신골재의 저장설비, 신 아스팔트 및 재생 첨가제 저장설비, 계량장치, 가열 혼합설비, 재생가열 아스팔트 혼합물 저장설비 등을 갖추어야 한다.

그림 1.13 RAP 이동 시스템

재생가열 아스팔트 혼합물의 제조 시에는 반드시 수동으로 조절할 수 있는 자동기록장치에 의해 순환골재 및 사용재료의 배합률을 확인 가능하도록 하여야 하고, 재생가열 아스팔트 혼합물 플랜트는 소요의 품질과 수량을 생산할 수 있는 충분한 능력이 있어야 하며, 환경을 보전할 수 있는 시설을 완비하여야 한다.

드럼식은 아래 그림과 같이 드럼의 중앙부에 RAP를 투입하여 신규 골재와 혼합하는 방식이다.

● 그림 1.14 드라이어(드럼식)

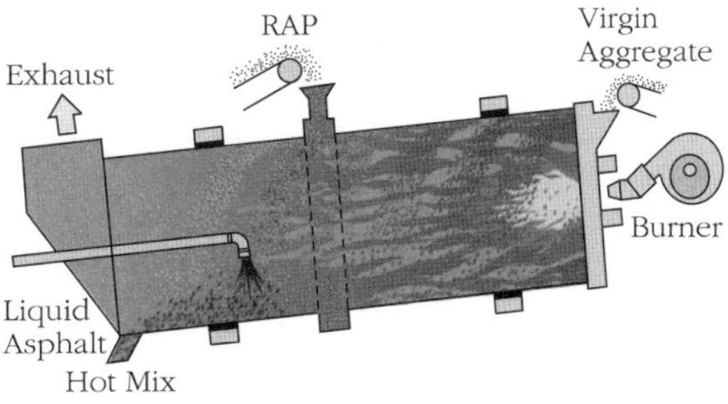

● 그림 1.15 드럼에서 골재의 믹싱(드럼식)

RAP는 직접 화염에 닿게 되면 골재에 피복된 아스팔트가 산화되므로 이를 방지하기 위하여 중앙부에 투입하여 화염에 직접 닿지 않게 하였고, 하단부에서 아스팔트를 투입하여 골재와 믹싱하도록 하였다.

RAP의 산화를 방지하기 위하여 아래 그림과 같이 Double Barrel Mixer를 이용하기도 한다. Double Barrel Mixer는 아래 그림과 같이 이중관을 만들어 내부관에서는 신규 골재만 건조되도록 하고 외부관에서는 RAP를 투입하여 RAP가 직접 화염에 닿지 않도록 하면서 건조되도록 하는 구조로 되어 있다.

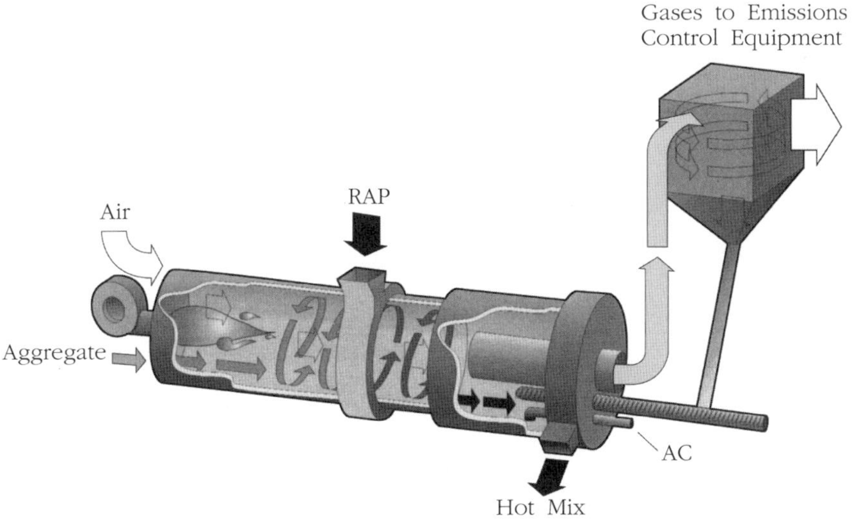

● 그림 1.16 Double Barrel Mixer

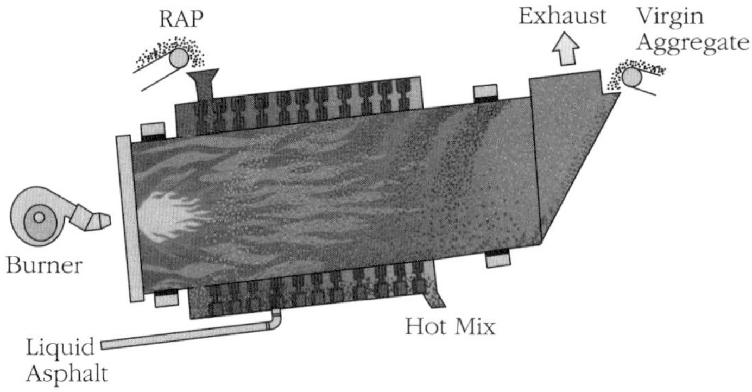

그림 1.17 Double Barrel Mixer의 개요

현장배합은 실내 배합설계를 통해 결정된 아스팔트 함량과 골재의 입도를 이용하여 플랜트에서 생산하기 위해 핫빈 골재를 이용하여 3종의 아스팔트 함량으로 배합하고 최적 아스팔트 함량과 골재비율을 결정하는 현장배합 과정과 실제 플랜트에서 아스팔트 혼합물을 생산하여 확인하는 시험배합 과정으로 나누어진다. 이 때 재생 아스팔트량의 조정은 신 아스팔트로 실시하며, 재생 첨가제량은 일정하게 한다. 이것은 아스콘 순환골재의 배합률이 정해지면 여기에 함유되어 있는 구 아스팔트량도 일정하게 되므로 현장배합에서의 재생 아스팔트량 조정은 신 아스팔트에 의하여 실시하는 것이다.

혼합물 운반은 잘 청소된 덤프트럭을 사용하여야 한다. 보온 및 이물질의 혼입을 방지하기 위하여 천막 등으로 보호하고, 적재함에 혼합물이 부착하지 않도록 한다. 만일 적재함 내측에 기름 등을 얇게 도포할 경우 아스팔트의 점성을 떨어뜨리기 때문에 가능한 도포량을 최소화하여야 한다.

기온 저하시나 강한 바람이 불 때의 운반은 혼합물이 대기중에 노출되면 온도가 급속히 저하하기 때문에 보온재나 미포로 혼합물의 표면을 덮어야 한다.

재생가열 아스팔트 혼합물의 시공은 충분한 온도관리가 행해진다면 일반적인 신 아스팔트 혼합물을 사용하는 경우와 거의 변함이 없으며, 재생 포장공사 시공 시 다음의 사항에 유의하여 시공해야 한다.

(1) 아스팔트 혼합물이 지정된 온도보다 떨어지지 않도록 유의하고, 포설 및 다짐 전에 혼합물의 온도가 떨어졌으면 사용하지 말아야 한다.
(2) 계획된 두께가 균일하게 얻어지도록 혼합물을 균일하게 한다.
(3) 종・횡단경사를 정확히 유지하고 평탄하게 마무리한다.
(4) 현장 다짐밀도는 기준밀도의 96% 이상이어야 한다.

포설작업에 사용하는 아스팔트 피니셔는 자주식으로 설계도서에 표시한 선형, 경사 및 크라운에 일치되도록 포설할 수 있는 자동센서가 부착된 장비이어야 하며, 혼합물을 평탄하게 포설할 수 있는 호퍼, 포설 스크류, 조절 스크리드 및 탬퍼를 장치한 것으로 혼합물의 공급량에 따라 작업속도를 조절할 수 있는 것이어야 한다. 아스팔트 피니셔로 포설할 경우 사전 전압이 충분하도록 진동을 가하여야 한다.

〈그림 1.18〉은 RAP 내의 함수비와 드라이어 온도의 관계를 나타낸 것으로 RAP 내에 수분이 많이 함유될수록 드라이어의 온도를 높여야 하는 것을 알 수 있다 그러므로 RAP 내에 수분이 침투되지 않도록 하는 것이 중요하다.

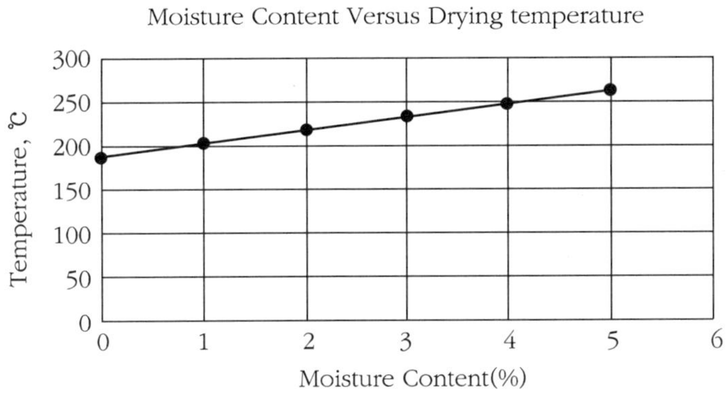

그림 1.18 함수비와 드라이온도의 관계

제2장

상온재생 아스팔트 포장

2.1 상온재생 아스팔트 포장의 품질기준

상온재생 아스팔트 혼합물의 품질기준 중에서 골재 및 채움재의 기준은 가열재생 아스팔트 혼합물의 품질기준과 동일한다. 다만, 아스팔트는 가열 아스팔트가 아닌 상온 아스팔트를 사용하여야 하므로 아스팔트는 유화 아스팔트를 사용한다.

2.1.1 유화 아스팔트

유화 아스팔트는 노화된 아스팔트의 성능을 회복시키고 골재를 결합하여 주는 역할을 한다. 유화 아스팔트는 택코팅, 프라임코팅 등으로 사용하는 RS 계열의 급속 경화성과 아스팔트 혼합물에 사용되는 MS, SS 계열의 중속 및 저속 경화성으로 나눌 수 있다. 또한, 점도를 향상시킨 HFMS 계열의 유화 아스팔트도 아스팔트 혼합물로 사용할 수 있다.

그리고 유화 아스팔트의 이온에 따라 양이온, 음이온, 비이온으로 나눌 수 있으며, 사용되는 골재의 이온에 맞게 사용하여야 한다. 일반적으로 국내에서는 음이온 골재가 많으므로 양이온인 MS(C)-1, MS(C)-2 또는, 양이온의 HFMS, SS 계열이 주로 사용 될 수 있다. 〈표 2.1〉은 국내 KS M 2203 중에서 아스팔트 혼합물에 사용할 수 있는 유화 아스팔트의 기준이다.

표 2.1 상온아스팔트 혼합물용 유화 아스팔트 품질기준

종류 및 기호 항목		양이온 유화 아스팔트		음이온 유화 아스팔트	
		MS(C)-1	MS(C)-2	MS(A)-1	MS(A)-2
앵글로도(25℃, 점도)		3~40			
체잔류분 질량(1.18mm, %)		0.3 이하			
조립도 골재 혼합성		균등할 것	-	균등할 것	-
밀립도 골재 혼합성		-	균등할 것	-	균등할 것
입자의 전하		양(+)		음(−)	
증발 잔류분 질량(%)		57 이상			
증발 잔류분	침입도(25℃, 1/10mm)	60~200			
	신도(15℃, cm)	40 이상			
	톨루엔가용분질량(%)	97 이상			
저장 안정도 질량(24hr, %)		1 이하			

상온재생 아스팔트 기층용 아스팔트 혼합물의 종류는 신 아스팔트 혼합물의 종류를 기준으로 정하였으며, 최대 골재 입경에 따른 〈표 2.2〉의 배합을 표준으로 한다. 혼합물의 명칭에서 「R」은 재생 아스팔트 혼합물임을 나타낸다.

설계 아스팔트량은 배합 설계하여 〈표 2.3〉, 〈표 2.4〉의 마샬시험 기준치의 범위 내에서 경제성을 고려하여 결정한다. 중교통량 도로는 대형차 교통량 1일 1방향 1000대 이상, 또는 20년 포장 설계 ESAL 〉 10^7 으로서 소성변형 등에 대한 대책이 필요한 도로를 말한다.

혼합물의 명칭에서 「BB」는 기층에 적용됨을 나타내며, 「R」은 재생 아스팔트 혼합물임을 나타낸다. 골재 최대크기의 「25R」의 「R」은 소성변형에 저항성이 높은 혼합물임을 뜻한다. 25mm를 넘는 골재는 같은 중량만큼 25~13mm로 치환하여 마샬시험을 행한다.

표 2.2 기층용 상온재생 아스팔트 혼합물 표준 배합

혼합물의 종류		BB-1R	BB-2R	BB-3R	BB-4R
체의 호칭치수		40	30	25	25R
통과질량백분율(%)	50mm	100	-	-	-
	40mm	95~100	100	-	-
	30mm	80~100	95~100	100	100
	25mm	70~100	80~100	90~100	95~100
	20mm	55~90	55~90	71~90	80~90
	13mm	40~80	46~80	56~80	60~78
	10mm	30~70	40~70	45~72	45~68
	5mm	17~55	28~55	29~59	25~45
	2.5mm	10~42	19~42	19~45	15~33
	0.6mm	5~28	7~26	7~25	6~18
	0.3mm	3~22	4~19	5~17	4~14
	0.15mm	2~16	2~13	3~12	3~10
	0.08mm	1~10	1~7	1~7	2~8
아스팔트 함량(%)		3.5~5.5			

〈표 2.3〉에서 상온 마샬 안정도는 공시체의 수침없이 상온에서 마샬 시험방법에 의하여 측정한다. 안정도 손실률은 상온 마샬안정도에 대한 진공 포화 수침한 후의 공시체 안정도의 비율이다(계산식 : 수침 후 안정도/건조상태 안정도×100). 골재 피막 비율은 유화 아스팔트의 골재 도포량을 육안으로 조사하고 판정한다.

상온재생 아스팔트 혼합물의 공극률을 구할 때, 이론최대밀도는 반드시 KS F 2366에 따라 시험에 의해 구하여야 한다. 그리고, 공시체의 밀도는 KS F 2353의 「다져진 역청 혼합물의 겉보기 비중 및 밀도시험 방법(파라핀으로 피복한 경우)」에 따르거나 이에 준한 시험방법으로 구하여야 한다.

〈표 2.4〉에서 이 기준은 대형차 교통량 1일 1방향 1,000대 이상, 또는 설계 ESAL > 10^7인 경우로서 유동에 의한 소성변형이 우려되는 포장에 적용한다. 가열 마샬안정도는 공시체를 30분간 60℃에서 수침한 후 마샬 시험 방법에 의하여 측정한다. 25mm를 넘는 골재는 같은 중량만큼 25~13mm로 치환하여 마샬시험을 행한다.

표 2.3 저교통량 도로용 기층용 상온재생 아스팔트 혼합물 품질 기준

구 분	기 준 값
상온마샬안정도(25℃)	2.5kN(250kgf) 이상
안정도 손실률(%)	50 이하
공극률(%)	3～15
골재 피막 비율(%)	50 이상
다짐회수(회)	양면 각 50

표 2.4 중교통량 도로용 기층용 상온재생 아스팔트 혼합물 품질 기준

구 분		기준값
가열마샬안정도 (60℃)	kN	4.9 이상
	kgf	500 이상
공극율(%)		4～6
포화도(%)		65～75
다짐회수(회)		양면 각 75
골재 피막 비율(%)		50 이상

2.2 상온재생 아스팔트 배합설계

상온재생 아스팔트 혼합물의 배합설계는 소요 품질의 재료를 사용하여 소성변형과 균열 등에 대한 안정성과 내구성이 좋고, 소요의 기준을 만족하는 혼합물을 얻도록 하여야 한다. 배합설계 목적은 아스팔트 포장이 장기간 제 성능을 유지할 수 있도록 아스콘 순환골재, 유화 아스팔트, 신 골재 등의 배합을 결정하는 것이다. 배합설계는 아스팔트 혼합에 사용될 골재의 입도를 얻기 위해 여러 골재를 혼합하는 과정과, 골재간을 결합시켜주는 역할을 하는 유화 아스팔트의 소요 비율을 결정하기 위해서 실험실에서 실시하는 시험과정을 포함한다.

그러나 배합설계는 단지 좋은 성능을 내는 아스팔트 포장을 만드는 한 단계로서

불량한 포장의 발생 원인은 부적합한 배합설계 뿐만 아니라 실험실의 배합설계와 달리 생산된 혼합물에 기인하는 경우가 많다. 따라서 배합설계로 결정된 골재 합성입도와 아스팔트 함량의 혼합물이 상온재생 아스팔트 플랜트에서 생산될 수 있도록 생산된 혼합물의 골재입도, 아스팔트 함량 등에 대한 지속적인 품질관리가 이루어져야 한다.

상온재생 아스팔트 혼합물의 배합설계는 상온 마샬 배합 설계방법에 의한다. 이 배합설계 방법은 〈그림 2.1〉에 따라 추정 아스팔트 함량을 결정하고, 선정된 유화아스팔트의 골재 피막율로 적합성을 판단한 후, 수분을 추가하며 공시체를 제조하고 마샬안정도 시험을 한다. 저교통량 도로용 아스팔트 혼합물은 상온에서 마샬안정도를 측정한 값을 이용하고, 중교통량 도로용은 60℃에서 수침한 후의 마샬안정도를 이용한다. 배합설계시에는 다음에 유의한다.

① 상온재생 아스팔트 혼합물은 표층 및 기층용 입도 기준에 따라 적절한 종류를 선정한다.

② 재료의 선정에 있어서는 소요의 품질을 구비하고 필요한 양을 확보할 수 있는 것이어야 한다. 재료의 품질에 대해서는 재료시험을 실시하여 확인한다.

③ 혼합물의 종류에 따라 기준입도의 범위에 적합하도록 각 골재의 배합비를 결정한다.

④ 상온재생 아스팔트 혼합물에 자연모래는 사용하지 않는 것이 좋다.

⑤ 마샬시험용 공시체는 선정한 아스팔트 혼합물의 종류에 따른 아스팔트량 범위를 감안하여 0.5% 간격으로 제작한다.

⑥ 플랜트에서 콜드빈의 문열림, 모터 속도, 콜드피더의 속도 등을 통하여 배합비율을 설정하고, 시험배합을 실시하여 마샬시험의 기준치와 대조하여 검토하고, 다시 현장 등에 포설한 상황을 관찰하며, 필요하면 실내배합을 수정하여 현장배합을 설정한다. 상설 플랜트에서는 일상적인 품질관리 자료를 참고하여 시험배합 등을 실시한다.

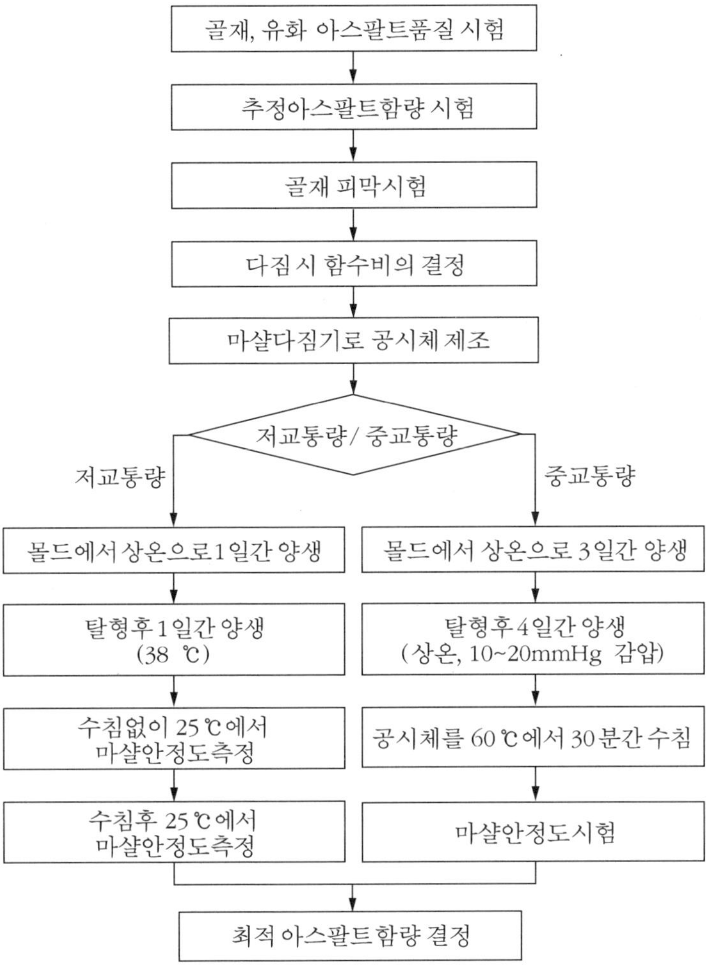

그림 2.1 상온 마샬배합설계공정

2.3 상온재생 아스팔트 포장의 생산 및 시공

2.3.1 플랜트 상온재생 아스팔트 혼합물의 생산

상온재생 아스팔트 혼합물 플랜트는 신골재의 저장설비, 유화 아스팔트 저장 설비, 골재 저장 설비, 계량장치, 상온 혼합설비, 상온재생 아스팔트 혼합물 저장설비 등을 갖추어야 한다. 아스콘 순환골재를 제조할 경우에는 아스콘 발생재 저장장소,

파쇄 및 분급 설비 등을 갖추어야 한다.
상온재생 아스팔트 혼합물의 제조시에는 반드시 수동으로 조절할 수 없는 자동기록장치에 의해 순환골재 및 사용재료의 배합률을 확인 가능하도록 하여야 한다.
상온재생 아스팔트 혼합물 플랜트는 소요의 품질과 수량을 생산할 수 있는 충분한 능력이 있어야 하며, 환경을 보전할 수 있는 시설을 완비하여야 한다.
상온재생 아스팔트 혼합물 플랜트는 아스콘 발생재가 도심지에서 많이 발생하기 때문에 도시 근교에 건설되는 경우가 많다. 이로 인해 환경보전과 관련한 설비를 갖추어야 할 필요성이 크며, 다음과 같은 점에 유의하여야 한다.

① 아스콘 순환골재를 생산하려면 기계 파쇄 또는 상온 파쇄 장치가 필요하며, 플랜트의 설치장소에 따라서 이로 인한 소음과 분진방지 등의 시설이 필요하다.
② 분진대책에는 발생장소에서 물을 뿌리거나 간단한 가건물, 외벽 등을 설치하는 방법이 있으며, 상온재생 아스팔트 혼합물의 상온 혼합 장치로는 건식 또는 습식의 집진기 등을 사용한다.
③ 소음대책에는 간단한 가건물, 외벽, 녹지대 등을 설치하는 방법이 있다.
④ 진동대책으로는 기계 기초에 방진 장치를 설치하거나 플랜트와 이웃한 건물 사이에 간격을 두는 방법이 있다.
⑤ 유화 아스팔트, 신 골재 등의 재료를 저장하는 탱크 또는 저장빈과 계량 혼합설비가 필요하다.

상온재생 아스팔트 혼합물 플랜트의 주요 설비와 공정은 다음과 같다.

(1) 분급 및 저장

파쇄된 순환골재는 진동체 등으로 분급하여 저장하거나, 분급 직후 플랜트 본체에 공급되며 다음의 사항에 유의한다.
① 아스콘 순환골재는 생산되는 혼합물에 균일한 입도의 아스콘 순환골재가 재료분리 없이 적정 비율로 투입될 수 있게 분급하여야 한다. 일반적으로 20~13mm, 13mm 이하의 2단계로 나뉜다.
② 분급된 아스콘 순환골재는 품질관리상 각각의 재료가 서로 섞이지 않게 하기 위하여 칸막이 벽을 설치한 저장소에 저장하는 것이 바람직하며, 빗물 방지 대

책으로 지붕을 설치하거나 덮개를 씌우는 것이 좋으며, 배수 설비를 할 필요가 있다.

③ 아스콘 순환골재의 제조에서부터 아스팔트 플랜트에서의 혼합까지 일련의 공정으로 이루어진 경우에는 아스콘 순환골재의 저장 공정은 생략된다.

(2) 계 량

아스콘 순환골재와 추가되는 신재료를 계량장치에 의하여 정확히 계량해야 한다. 계량방식은 배치중량 계량방식, 연속중량계량방식, 연속용적계량방식이 있으며, 어느 방식에 있어서나 골재의 계량시 순환골재 배합율을 확인할 수 있는 자동기록장치를 설비하여야 하며, 반드시 수동으로 출력값을 조절할 수 없어야 한다.
유화 아스팔트의 투입에 필요한 계량장치를 설치하여야 하며, 연속식의 경우는 아스팔트량과 재생 첨가제량의 계량이 골재합계 중량과 비례 제어 될 수 있는 장치를 설치하면 좋다.
자동기록 장치에는 최소한 다음의 항목을 기록할 수 있어야 한다.

① 제조일시 및 혼합물의 종류
② 아스콘 순환골재의 사용 중량
③ 사용되는 골재의 중량
④ 재생 아스팔트 혼합물의 중량
⑤ 유화 아스팔트의 중량

(3) 혼 합

상온재생 아스팔트 혼합물 플랜트의 상온 혼합설비는 혼합방법에 따라 배치식 혼합과 연속식혼합으로 나눌 수 있다. 상온 혼합설비는 다음과 같은 사항을 고려하여 소정의 품질을 가진 상온재생 아스팔트 혼합물을 제조할 수 있도록 설치하여야 한다.

① 상온의 아스콘 순환골재, 신골재와 적정 온도로 가열된 유화 아스팔트를 충분히 혼합할 수 있어야 한다.
② 유화 아스팔트의 저장 설비와 계량, 분사 설비가 필요하다.

③ 소음, 분진, 냄새 등의 환경과 관련한 방지설비가 필요하다.

(4) 공해방지

상온재생 아스팔트 혼합물 플랜트는 소음, 진동, 대기오염, 수질오탁 등에 관한 환경관계법을 만족하고, 주변환경에 대한 보전대책을 시행하여야 한다.

(5) 저 장

① 믹서에서 혼합된 아스팔트 혼합물은 믹서에서 운반차로 직접 출하되는 경우를 제외하고 지붕이 있는 저장소에 보관하거나, 사일로에 저장한다.

② 상온 아스팔트 혼합물의 재료분리가 발생하지 않아야 하며, 혼합물의 압밀을 방지 하기 위하여 특별한 시설이 없을 경우 3m 이하로 저장하여야 한다.

③ 다짐 시의 최적함수비 이하로 수분이 증발되지 않도록 저장시간을 조정하여야 하며, 슬래그 또는 시멘트를 사용한 경우에는 저장하지 않고, 상온 아스팔트 혼합물을 제조 후 즉시 포설하여야 한다.

상온재생 아스팔트 혼합물의 생산에 있어서 다음 사항에 주의한다.

④ 골재 야적장에서 콜드빈에 골재를 투입할 때는 골재입도가 변하거나, 이물질이 혼입되거나, 각 구획내 골재에 입경이 다른 골재가 혼입되지 않도록 주의해야 한다.

⑤ 잔 골재와 아스콘 순환골재는 함수비가 높으면 뭉쳐서 피이더로 보내지기 어렵기 때문에 주의해야 한다. 특히 아스콘 순환골재를 여름철에 장시간 저장할 경우 이에 주의해야 한다.

⑥ 콜드빈의 골재저장 깊이가 낮아지면 콜드 피이더의 유출량이 변화하는 경우가 있으므로 가능한 콜드빈 깊이의 1/2 이하가 되지 않도록 주의한다.

⑦ 혼합량은 혼합중 믹서의 날개가 보이지 않을 정도로 많아서는 안된다.

⑧ 작업을 종료할 때는 반드시 믹서를 잘 청소하고, 특히 날개, 라이너 및 접속부에 붙은 아스팔트 혼합물을 제거해야 한다.

⑨ 운전개시 후 1배치 또는 일정시간(일반적으로 약 1분)은 입도나 아스팔트량이 안정되어 있지 않기 때문에 폐기하는 것이 좋다.

2.3.2 상온재생 아스팔트 포장의 시공

1. 플랜트 상온재생 아스팔트 포장

상온재생 아스팔트 포장(Cold Mix Recycling)은 재생 아스팔트 혼합물과 신규 아스팔트 바인더와 신규골재가 가열없이 상온에서 혼합하는 방식을 말한다. 재생 아스팔트 혼합물은 현장이 아닌 플랜트에서 생산된다.

적용개소는 라벨링, 블리딩, 길어깨 박리, 러팅, 골재분리 등의 손상에 적용 가능하고, 박리와 노화가 일어난 아스팔트는 제거하여야 하며, 기존 포장과 신 아스팔트 포장간의 블리딩이 문제될 수 있다. 플랜트 재생 아스팔트 포장의 절차는 기존포장을 제거하고, 파쇄 및 저장 후, 믹싱과 포설, 양생 및 다짐을 한다.

그림 2.2 상온재생 플랜트

그림 2.3 상온재생 아스팔트 혼합물 포설 및 다짐

2. 현장 상온재생 아스팔트 포장

현장 상온재생 아스팔트 포장(Cold In-Place Recycling ; 이하 CIR)은 기존의 포장 재료를 제거 후, 현장에서 새로운 재료와 함께 혼합하여 시공하는 방식을 말한다. 현장 상온재생 아스팔트 포장은 라벨링, 포트홀, 블리딩, 미끄럼 저항, 러팅, 골재분리, 밀림, 피로균열에 적용하고, 종방향균열, 횡방향균열, 온도균열, 반사균열, 승차감저하 등이 발생한 곳에 적용가능하다. 일반적인 현장 상온재생 아스팔트 포장의 깊이는 50 ~100mm이다.

현장 상온재생 아스팔트 포장 장비로는 Single Machine과 Two-Unit Train, Multi-Unit Train이 있다. Single Machine은 밀링머신과 페이버, 믹서가 한 장비로 구성되어 있다.

▶ 그림 2.4 Single unit CIR

▶ 그림 2.5 Two unit CIR

〈그림 2.5〉는 Two unit CIR 장비를 나타내는 것으로 이 장비는 믹서와 페이버의 두 개의 장비의 조합으로 구성되어 있다.

기존의 재료에 신규 골재가 추가로 필요할 경우에는 밀링머신과 Single Machine 사이에 위치하여 골재를 추가하고, 유제탱크는 Single Machine 뒤에 위치한다. Single Machine은 신규골재와 재생골재를 혼합한 재료에 재생 첨가제를 살포하고, 재생 혼합물을 스크리드로 선 다짐한다.

Single Machine과 Two-unit Train의 장점은 생산속도가 빠르고 회전반경이 작으며 단순하다. 반면에 단점은 깊이에 제한을 받으며, RAP의 oversize, 혼합제어의 불균질, 혼합시간의 부족 등을 들 수 있다.

Multi-unit Train은 밀링머신, screening and crushing unit를 적재한 트레일러, 퍼그밀 믹서를 적재한 트레일러로 구성되어 있다.

재생 첨가재로는 유화 아스팔트, 재생제, 컷백 아스팔트, 폼드 아스팔트, 화학 첨가제 등이 있다. 상온재생 아스팔트를 시공할 때 수분을 감소시키고 증발을 위하여 양생과 공기주입 공정이 필요하며, 다짐을 지연시키고, 아스팔트 혼합물의 정치를 위하여 무거운 중량의 타이어 로울러를 사용하기도 한다.

재생 혼합물이 높은 공극률을 가지고 있으므로 마모층을 사용하여 수분의 침투로부터 방지할 수 있다. 마모층을 사용하기 전에 수분 제거를 위하여 10~14일간 추가적인 양생을 할 필요가 있다.

교통조건이 허락된다면 포그실을 적용할 수도 있다. 마모층은 가열 아스팔트 덧씌우기 또는 2중 표면처리를 사용할 수 있다. 양호한 접착력과 작업성을 위하여 혼합물의 물의 양 또는 재생 첨가제의 양을 조절할 수 있다.

그림 2.6 Multi-unit Train

CIR의 장점은 대부분의 포장 손상의 중요한 구조적 해결과, 승차감 향상, 환경문제 최소화, 포장확장이 가능한 점을 들 수 있고, 단점은 함수상태를 계속 관찰하여야 하며, 마모층 시공이 요구되고, RAP의 최대치수에 제한을 받는다.

3. 전 단면 재생

전 단면 재생(Full Depth Reclamation)은 포장단면의 모든 재료를 재활용하는 방법으로 재료의 양을 미리 계산하고, 안정처리 기층으로 사용한다. 전 단면 재생은 모든 종류의 피로파손, 승차감 저하, 영구변형 등에 적용 가능하다. 전 단면 재생의 절차는 기존 포장을 분쇄하고, 첨가제를 첨가 및 혼합한 후, 혼합 재료를 다짐하고, 새로운 표층을 시공한다.

전 단면 재생의 방법에는 다음과 같은 종류가 있다.

- 다단계 방식(Multiple-Step Sequence)
- 2단계 방식(Two-Step Sequence)
- Single Machine
- 연속방식(Single Pass Equipment Train)

다단계 방식을 위한 장비로 리핑 또는 긁어 일으키는 장비(그레이더 혹은 도저), 골재치수를 작게 소할하는 장비(sheep foot roller 또는 탬핑 foot 또는 햄머밀), 혼합장비(로타리 믹서)가 있다.

그림 2.7 이동식 햄머밀

그림 2.8 Transverse-Shaft Mixer

2단계 방식에서 1단계는 노면절삭기를 사용하며, 2단계는 입상재료 혼합 장비 또는 재생 첨가제 추가를 위한 이동식 믹서(Traveling Mixer)를 사용한다.

그림 2.9 Blade Mixer

그림 2.10 이동식 믹서

그림 2.11 Single Machine

그림 2.12 Single Pass Equipment Train

Single Machine은 파쇄, 분쇄, 재생첨가재 투입을 한번에 할 수 있는 밀링머신을 사용한다. Single Machine의 잇점은 시공속도가 높은 반면에 단점은 오버사이즈 골재가 나올 수 있으며, 깊이에 제한을 받는다.

연속방식(Single Pass Equipment Train)은 밀링, 분쇄, 혼합, 포설장비의 세트를 이용하는 것으로 장점은 시공속도가 높고, 아스팔트 층의 부분제거가 가능하며, 오버사이즈 골재가 없다.

전 단면 재생의 안정화 방법은 기계적 방법, 화학적 방법, 아스팔트 방법이 있으며, 일반적인 재생 첨가제는 유화 아스팔트(MS, SS), 포틀랜트 시멘트, 석회, 플라이 애쉬, 칼슘 염화물, 폼드 아스팔트가 있다. 양생은 물을 줄이고, 로울러 무게를 견디기 위해 필요하며, 개질제 타입, 물 함량, 주변온도, 습도에 따라 조절한다. 다짐은 정적 철륜 로울러, 타이어 로울러, 진동로울러, 또는 각 로울러들의 조합을 사용한다.

전 단면 재생의 장점은 도로 기하구조에 영향을 받지 않으면서 포장구조를 개선할 수 있고, 균일한 포장구조를 제공한다. 또한, 동상 민감성이 개선되고, 낮은 공사비, 재료 및 에너지 등이 보존되고, 공기오염의 문제가 없다.

반면에 전 단면 재생의 단점은 교통통제가 문제될 수 있으며, 함수상태를 주의깊게 관찰하여야 하고, 마모층이 필요할 때가 있다.

Index

찾아보기

이경하(李慶河)

1963년 대전 출생
성균관대학교 토목공학과 졸업
성균관대학교 대학원 공학박사
한국도로학회 유지보수 및 재활용 분과위원장
과학기술 우수논문상 수상
한국건설기술연구원 객원연구원

행정안전부 기술고시 출제위원
부산지방국토관리청 설계자문위원
한국건자재연구원 전문위원
경희대, 한경대, 단국대 대학원 강사
국토해양인재개발원, 건설기술교육원 강사
도로 및 공항기술사

현재 한국도로공사 도로교통연구원 포장연구팀

東和技術

도로포장의 신기술·신공법 정가 20,000원

인 쇄 2010년 9월 15일 초판 1쇄
발 행 2010년 9월 30일 초판 1쇄
저 자 이경하
발행인 정우용
발행처 도서출판 동화기술
경기도 파주시 교하읍 문발리 파주출판도시 500-13
Tel (031)955-4211~6 donghwae@kornet.net
Fax (031)955-4217 www.donghwapub.co.kr
(등록) 1977년 12월 19일/9-16호

Printed in Korea
ISBN 978-89-425-1514-1